室內裝修木工材料及工法初步解析

木工相關技術士學科考試教材

柯一青 林木發 編著

作者序

　　自從政府舉辦木工相關技術士以來，明顯看出此工項證照漸漸受重視，業主對持有證照專業人才之重視及尊重亦相對提升，使具木工獨立作業及技術指導能力之專業人員漸多。技術士具有技術士之專業技能和相關知識外，並能依照施工圖繪製簡易施工圖及應用木工機器與手工具從事木工技術實質工作。

　　室內裝修工程管理證照的興起，雖然木工為室內裝修工程內之絕對重要之項目，但室內裝修工程管理乙級技術士之命題其對於職校木作為主的科系來說較為吃虧，木工題型較少再加上其他題目法規、水電、消防及勞安等題型分量極高，增加木作從業人員及職校木作科系專職人員錄取之困難度。有鑑於此，政府亦有規定職校及其他業界木工專業者可以考取裝潢木工乙級技術士後，經過受訓後同樣可達到室內裝修工程管理人員資格，單對木工裝潢工作者而言，可以參加講習換取專業人員證照，走這條路較快，比去考室內設計施工管理乙級證照容易的多，實為業界木工師傅及職校木工專科較為容易達到的目標，故筆者希望可以給予職校及其他業界木工專業者一些協助。

　　基於坊間仍較缺乏對於此等技術士考試之專書，筆者前次完成《木工材料及工法初步解析：裝潢木工乙級技術士學科題庫解析》

乙書，一直受到讀者們的支持、鼓勵，經過三刷仍銷售一書難求，顯見各界對木工專書的需求，本次重新參考各類考試歷屆試題重點重新校閱與編撰，特別感謝林木發理事長撥冗校閱，再版此書以利考者儘快了解試題型態，加深考題印象、減少準備時間，一次就能順利通過學科測試，若於學校教授木工專業課程亦將可達到更好之學習效果，俾能互相觀摩學習、促進研讀者解決問題之能力。倘內容若有疏漏，仍請指證，以利修改。

柯一青

2017.05.29

目　錄

第一章　樹木 vs 木材

第一節　樹木之特徵

　　木作工程為室內裝修長久以來相當重要的工項，而木材則是工程中不可或缺的原料，依據各方研究指出植物一般分為**木本植物**（vascular tissues）及非木本植物（nonwoody plants），我們一般將木本植物稱為樹木，也就是現在建築裝潢工程所使用之木材（timber），而本木植物的組織如下：

　　一、具有**維管束組織**（vascular tissues），維管束主要作用是為植物體輸導水分、無機鹽及有機養料等，並支持植物體，也就是有這些組織才能植物直立。所以乾燥後的木材如有膨漲現象係由於吸收了水分引起，木材之含水量約為 30%時，**稱為纖維飽和點。**然而木材的含水率會因環境之溫度與溼度變化而改變。而**木材含水率的單位為百分比（%）。**

　　二、維管束組織係由**木質部**（xylem）**及韌皮部**（phloem）**所構成**，木質部和韌皮部排列方式也因各種植物而有所不同。一般我們所使用之木材，即為樹木中之木質部。

　　建築材料中，木材習慣上使用之代表符號為右圖

　　，材料圖例則為，實木橫斷木理剖面符號，係以徒手繪出而與物體輪廓傾斜45度，由此可知植物在經過切剖後之情況，不同的紋路及顏色也給與建築美學上不同的感受。技能檢

定中瞭解木材的性質也是考試中必定測驗的項目之一。木材之收縮膨脹都與水分有關，收縮率多少也就表示其膨脹率之多少。**一般比重越大的木材，收縮率越大。木材纖維方向每隔數年向左或向右呈螺旋狀交替生長者，稱之為交錯木理**，這類的題目並不難懂，通常從字義即可判斷，**交錯木理較易發生變形翹曲**。木材之收縮以弦向為最大，徑向次之，而縱向最小。木材**收縮與膨脹與含水率高低成正比：弦向>徑向>縱向**。含水率在纖維飽和點以上之木材稱為生材。木材所含水份在某種溫度與濕度下，與大氣溼度達成平衡狀態時，謂之平衡含水量。

　　木材的組織構造影響其物理、機械或化學性質，木料之選擇更影響日後加工家具是否美觀或變形等因素。木材之所以會腐朽，原因大部分為菌類的生長，木材之菌一般為嗜乾菌及嗜濕菌，可以加溫殺菌方式處理或者將木材進行表面碳化或防腐處理（如CCA、ACQ），除此之外，木材儲存環境必須維持乾燥環境使之通風，隔絕空氣與水氣等。

第二節　樹木之種類

　　一般針葉樹因材質較軟，所以稱軟木；而大部分闊葉樹又因材質較硬故稱為硬木。硬度較高的木頭其耐磨性亦較高。針葉木主要在高海拔及寒冷地區，葉細、常綠，冬天不落葉，材質軟而輕，例如：檜木（黃檜及紅檜）、白楊、松柏等。闊葉木則主要在低海拔溫暖地區，葉寬扁、秋冬變色、落葉，材質硬及重，例如：柳安木、樺木及樟樹等等。臺灣針葉五木為：臺灣扁柏、紅檜、臺灣杉、肖楠及香杉；臺灣闊葉五木：臺灣櫸、黃連木、烏心石、毛柿及牛樟。

進口材目前以美國進口最多，多為針葉樹材（Soft wood），例如越檜、美檜、白松、花旗松、雲杉、黃松木、黑檀木、紫檀木（馬來西亞、印尼）、花犁木、橡木、黑胡桃木、巴塞木、柳安木（菲律賓群島）、冰片樹、南洋櫸木、柚木（泰國、馬來西亞）、楓木、白木及山毛櫸等等。明清硬木家具使用之材料多為紫檀木、花梨木或酸枝木等。

一、喬木（tree）：主幹通常單一，分枝位置高，具一定之樹，一般將稱為**樹**，也是建築工程等主要材料之來源。

二、灌木（shrub）：**通常無主幹**，植株離地低處（一般距地面1.3m 作為界線）即開始分枝，以致由側枝形成小幹叢立（deliquescent），並無固定樹冠者，稱為灌木，故於建築工程中多為種植為景觀用途。

三、木質藤本（woody liana）：植物其本身不能直立，必須利用其莖蔓、捲鬚或吸根等，藉由旋捲、攀繞其他植物、石頭或其他物件方能向上生長者，**稱之為藤本（liana）**。根、莖部分已木質化者，則稱為木質藤本。

木材的變形：木材因收縮不均勻產生變形

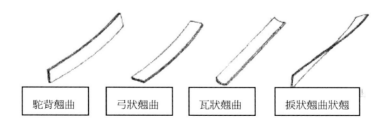

| 駝背翹曲 | 弓狀翹曲 | 瓦狀翹曲 | 撳狀翹曲狀翹 |

第三節　樹木之外觀

　　樹木生長至成熟時期即可進行伐樹，將樹木之主幹鋸斷，除去枝葉，進而取得有經濟價值之樹木主幹，此主幹即爲**原木**。

　　樹木由**根部**（root）、**樹幹**（stem, trunk）**與樹冠**（crown）等三部分組成。

　　一、根部生長於樹幹下之土層中，吸收樹體成長所需之水分、溶解性礦物質及氮氣，經由邊材向上疏導至各部位；另外，根部亦可防止水土流失，並支持樹木，此部分並非建築等工程需應用部位。

　　二、樹冠爲樹木上方枝葉著生之部位。植物之葉中存有葉綠體，葉綠體可擷取光能，將空氣中二氧化碳與根部所吸收之水，轉化爲葡萄糖，經由韌皮部之內樹皮向下傳送到樹木各部供成長之所需。若有剩餘，則會再轉化爲澱粉而儲藏起來。

　　三、樹幹爲樹冠以下地面以上之部位，呈通直或彎曲狀，用以支持樹冠之重量，此部分爲木材之主要來源，木材可爲木造建築之主結構，也可做爲 RC（鋼筋混凝土）或其他建築之裝修材（構造物副材料）。

　　從樹林中將樹木砍下就是所謂的**原木**。主要分**針葉木及闊葉木**，針葉木與闊葉木特性比較如下表。

　　瓦形翹曲：木材**寬面形成橫向彎曲**之狀況。

　　弓形翹曲：木材**寬面**自一端向另一端**縱向彎曲**（形成弓狀）。

　　振狀翹曲：木板於**縱向旋轉**即成**螺旋扭曲變形狀**。

　　駝背翹曲：木材**側面**自一端向另一端縱向彎曲（形成弓狀）。

樹木的種類表

特性＼樹種	針葉木	闊葉木
葉型態	細、常綠、冬天不落葉	寬扁、秋冬變色、落葉
木材材質	木質軟、輕	木質硬、重
適宜生產地	高海拔及較寒冷地區	低海拔及較溫暖地區
舉例樹名	檜、松、柏、杉、白楊	柳安、楠木、樺木、樟木

樹冠

樹幹

▲樹冠及樹冠

第四節　樹木之生長

　　樹木的樹幹或枝條的先端具有頂端分生組織，一邊分裂細胞，一邊會將樹幹本身向上生長，因此樹木會增加高度，稱為**伸長身長**。分裂後之新生細胞不久後及分裂為初生組織，而後產生形成層。

　　形成層之細胞（起源至始原細胞之木質部母細胞）分裂而形成後生木質部。形成層邊向內側形成木質部，邊將其本身向外側推動。樹幹將會越來越粗大，此稱為**肥大生長**。如此，樹木藉由兩個不同的分裂活動而逐漸生長，但其活動並非一直持續不斷，而是會間斷性的休止。包含此休止期間在內，稱為一個生長期間，於活動初期進行頂端分支時，優勢者形成主幹，其他則稱為枝條。

　　一般在溫帶地區之樹木，由於生長季節差異分明，因此生長發育的週期為一年，所以樹幹在橫斷面上可以看到以髓心為中心的同心圓狀環輪，稱為**年輪**。但是熱帶地區由於沒有明顯的生長季區分，所以在橫段面上不易看到同心圓狀年輪，故應該稱為**植物之生長輪**。

　　使用木材一般有著較混凝土構造物較易產生的缺點，**節**（合生節、捲入節、枚節、腐節及孔節）、**彎**、**心裂**、**輪裂**、**空洞**、**變形**及其他。由木纖維包圍一單獨之節而形成的稱為**單節**。

　　樹木既為含水植物其乾燥法相形重要，一般分為**空氣乾燥法**，不包括曬太陽方式，是指把木材放置儘量增加空氣接觸面另有**水中乾燥法**（把樹液排除使之溶解，缺點是木製品易碎、無彈性易斷），此部分都屬天然乾燥法。蒸汽乾燥法、煮沸乾燥法、熱氣乾燥法、熱煙乾燥法、高周波乾燥法等即為**人工乾燥法**（seasoving），**缺點是費用較為昂貴**。木材乾燥後木材重量減少，可降低用費，減少木材製品收縮及龜裂之發生並可增加木材之強度，最重要的是不易使

菌類繁殖而腐朽。木材的含水率降到纖維飽和點即開始收縮，弦向大於徑向，徑向又大於縱向。

第五節　木材的外觀

一、**髓心**：髓心位於樹幹、枝條及根之中軸，係屬生長點分裂而成的初生組織，由薄壁細胞組成。主要功能為儲存營養物質。髓心依其斷面形狀、色澤、大小可作為木材鑑別之依據，如青剛櫟屬之髓心呈星型；山毛櫸屬、樺木屬及赤楊屬髓心成三角形；胡桃屬之髓心色黑；山黃麻、江某及白塞木髓心呈白色。

二、**邊材與心材**：成齡樹幹之木質部包含邊材與心材兩個區帶。通常邊材顏色較心材淺，較粗鬆；但也有些樹種如雲杉、鐵杉或白楊木等，其邊心材之顏色難以區別。心材收縮較小，含水量較小。心材材質堅硬具耐久性且木紋緻密，可刨削出較平整紋路。邊材的維管束木質化後，就成了心材。

三、**生長輪、早材及晚材**：樹木因週期性的生長，而在木口面形成同心圓狀之木質部層次。此木質部層次稱為生長層，其斷面稱為生長輪。暖溫帶地區生長之樹木，通常生長期為一年，故又稱為年輪，沒有明顯季節區域則不會有年輪故應稱為生長輪。**在一生長輪內，其內側組織於生長季初期（春季）所形成，故稱為早材，又稱春材（earlywood），年輪中成長快、紋寬、顏色淺的部位；而在外側組織，是在生長季末期（夏、秋）形成，故稱為晚材、夏材或秋材（latewood），年輪中成長慢、紋窄、顏色深的部位。**

四、木材外皮顏色分類由深到淺，胡桃木->櫻桃木->白櫸木，臺灣櫸木木材色淡黃褐至黃紅褐色，性質如赤皮、又名雞油。木材

的色澤對加工完成後的成品有極大的影響。

　　五、木紋爲縱斷面取材紋路，紋路自然美麗，**而正理板爲版面木紋互相互行，反理板則爲版面木紋傾斜迴轉山脈狀。**

　　六、木材之三切面定義

　（一）橫切面：木材之切面方向爲橫向與樹幹垂直之方向切過
　　　　　　　樹幹。

　（二）徑切面：木材之切面方向沿著木質線並以縱向方向切得
　　　　　　　之切面。

　（三）弦切面：木材之切面方向與木質線垂直並以縱向方向。

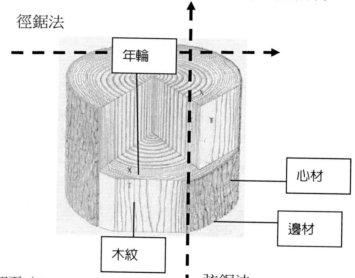

徑鋸法

年輪

心材

邊材

木紋

T：弦切面（Tangential section）　弦鋸法

X：橫切面（Cross section）

R：徑切面（Radial section）

　　木材之節一般有**孔節、腐節、合生節、捲入節、枚節**等，如下
圖示：

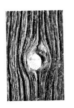

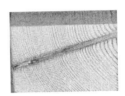

▲孔節　　　▲腐節　　　▲杖節

▲捲入節　　▲合生節

筆記：

_____

_____

_____

_____

_____

_____

_____

第二章 木作工程所需材料

　　木材製品因其寬度與厚度不同，可分為**板類、割材類及角材類**，我們先以天然材料及市面一般裝飾材來做分類說明，也就裝潢工程所稱的板材。臺灣所定國家標準**最小橫斷面之寬度之三倍以上者稱之為板材**。另外基本的材料單位換算也必須熟記，如一公尺約等於 3.3 台尺。一英呎等於 12 英吋。一坪等於 36 台尺。1 甲地=10 分地 =2934 坪。一般坊間常用的夾板或木心板之尺寸為 3×6 尺、3×7 尺及 4×8 尺。板材類可分為板（指板厚 0.6cm 以上，未滿 3cm，寬 9cm 以上的製品）、小幅板（指板厚 0.6cm 以上，未滿 3cm，未滿寬 9cm 的製品）、厚板（指板厚 3cm 以上，6cm 未滿的製品）及特厚板（指板厚 6cm 以上製品）。割材類則為製品橫切面的一邊未滿 6cm，寬為厚的三倍未滿者，又可分為正割材（指寬度相同橫切面成四方形的製品）及平割材（橫切面為長方形的製品）。厚度的標示為圖說上木材的重要標註，建築或室內裝修圖面上註記 T 或 TH，即是代表材料的厚度。

　　一、夾板：（素面：薄板/中厚板/厚板）其單位為片。夾板內若為多層單板之組合，通常為奇數層。夾板內中間層數之木理是互相垂直的。以二、五、七層單月薄片，取木紋相互垂直方式膠合，有些表面加以印刷木紋圖案、顏色，再壓制一層合成樹脂就是常用的美耐板、麗光板等主要裝潢建材。另以柚、檜或胡桃木等優質木貼皮，就成為高級家俱的材料。夾板的翹曲較實木為小，夾板縱橫方向的強度方向一致。

　　（一）**薄板**一般厚度為 0.8mm、2.2 ㎜、2.4 ㎜及 2.7 ㎜三種，長

寬度一般為3×6尺、3×7尺及4×8尺三種，薄板（片）因其厚度很薄，若與相同材積之實木相比較，其與大地接觸之面積，要比木材大很多。

(二)中厚板一般厚度為3.6 mm、3.8 mm、4 mm及5 mm四種，長寬度一般為3×6尺、3×7尺及4×8尺。

(三)厚板一般厚度為7 mm、9 mm、12 mm、15 mm、18 mm及24 mm六種，長寬度一般為3×6尺、3×7尺及4×8尺。

用途說明：係由高級天然柳安木捲片，再依木片纖維縱錯排列機械拼板後，經過加溫高壓以尿素膠黏貼而成，其特性為板身平直、板身輕、用途廣及具環保概念之木製原料。**使用尿塑膠貼合大面積的 0.8mm 木薄片時，以平面油壓機貼合較適當。而各種樹木貼皮應注意正反面。**

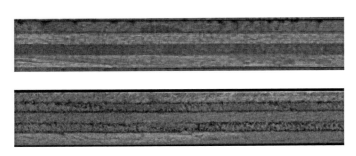

▲夾板剖面

筆記：

_____

_____

_____

二、**彎曲板**：（長籤/短籤）（二夾）其單位為片。一般厚度為 3 mm、5 mm 及 8 mm，一般長寬度為 4×8 尺。

用途說明：係由高級天然柳安木捲片後經過加溫高壓以尿素膠黏貼而成，其特性為彈性特佳、可作 360 度彎曲、具環保、適用於裝飾造型及圓柱造型與充當模板或修補。

▲彎曲板

筆記：

_____

_____

_____

三、**木芯板**：木芯板厚度為 18 mm、24 mm 及 30 mm，一般長寬度為 3×6 尺、3×7 尺及 4×8 尺。

用途說明：係由高級天然柳安木夾板及原木芯材，依木片纖維縱錯排列機械拼板後，經加溫高壓以尿素膠黏貼而成，木芯合板以木條為小板。其特性為板身平直、可雕塑、板身輕、具環保及利用率高等。**如標示為 PLY18，阿拉伯數字係表示木芯板的厚度。木芯板與夾板一樣皆為現今木作家具或裝潢最主要建材。欲彎曲木芯板作為結構體時，應將背面鋸切數條鋸溝後再彎曲（取適當等距間隔，鋸切深度約 5/6）。木心板彎曲成型封夾板時，除釘接外，接合面應加膠合劑。在木心板邊緣封實木邊，可增加美觀、防止發生凹陷及裂痕。比起塑合板、纖維板、粒片板，木芯板之耐火性較差。**

▲木芯板剖面

筆記：

_____

_____

_____

_____

_____

_____

_____

▲上 7 片為夾板，下為木芯板

▲木芯板施作之書櫃

筆記：

_____

_____

第一節 木作工程之其他加工板

一、夾板板面加貼＞山毛櫸/波麗板/樟木板/木薄片

一般厚度爲 2.7 mm 及 4 mm，木薄片則亦有 3mm 左右之尺寸，一般長寬度爲 3×6 尺、3×7 尺及 4×8 尺。

用途說明：係由高級天然柳安木夾板經加工黏貼，特選天然紋人造皮及表面波麗處理；如經加工黏貼特選天然樟木皮，具有防蟲防蟑螂之效果，爲不可多得天然材料。

其特性爲板面木紋自然、克服天然紋路缺陷及差異及可營生出天然氣息。3mm 的夾板用熨斗貼木薄片時，應將薄片與薄片間部分重疊處，使用割刀配合平直壓板進行切割，切割時應以能切斷下層爲原則。木質薄片拼合貼飾時，使用橡膠滾輪來佈膠，較快速且膠量均勻。使用尿素膠貼合大面積（如餐桌面）的 0.8 mm 木薄片時，以平面油壓機貼合最適當。木作加工時採用實木薄片厚度以 0.1～0.3mm 較易工作。木作工程中木質薄片貼合後，進行磨砂工作時應順木紋磨砂。

▲天然皮

二、塑合板面加貼＞美耐皿（Melamine）

一般厚度為厚度約 18～20m/m 一般長寬度為 4×8 尺等，在從前塑合板是利用製作夾板所剩木材或者較為裂質木材打碎成木屑，再將小木屑高壓組合而成，以膠合劑來分有尿素甲醛樹脂缺點為耐水性較差，戶外建材多會使用甲醛樹脂，塑合板施工缺點為釘著力較差，施工通常用木螺釘與小螺栓作為結合物。一般市場上常用的木質板名稱（Particle Board）即代表塑合板。

用途說明：在傢俱製作上，通常會再塑合板表面會貼上一層美耐皿（Melamine），提高板子的耐磨與耐用度，美耐皿具有耐燃的功能，故該板材也被以「耐火板」稱之。

有些大賣場中的商品為了降低成本，會使用「塑膠皮（PVC）」或「紙」取代美耐皿，質感與耐用度將變差，且不具有耐燃的功能，大大影響其功能及品質。

▲塑合板剖面

三、密集板（Medium Density Fiber Board）

簡稱 MDF，密集板即為俗稱的「甘蔗板」，即所謂中密度纖維板，也有翻譯為密迪板／密集板。同樣是以膠合方式產生的板子，不過蕊材的質地較塑合板細。就是以品質不拘的木材蒸出纖維絞碎或絞碎木材，加溫加壓膠合而成。中密度纖維板乃在高溫蒸汽熱力下研發出木纖維，再經過人造樹脂混合而成，其密度約 650～80kgs/m3，

抗折 300kgs/cm2，含水率約 7%。MDF 也可作成地板，有 20x20cm、
10x20cm、15x15cm、15x30cm、30x30cm 等，塗膠著劑約 3mm 及 4mm
厚於木板面或平坦水泥面。針對門片的安裝強度而言，纖維板板料
安裝的西德鉸鏈效果最佳。

《門板後鈕的調整方式》

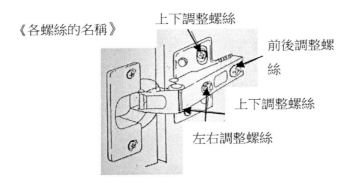

▲西德繳鏈的調整螺絲位置

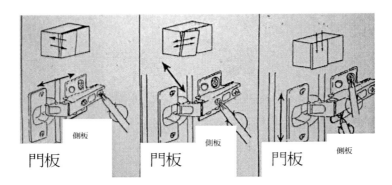

▲西德繳鏈的調整方法

一般厚度爲厚度約 5.5/9/12/15/18mm 一般長寬度爲 4×8 尺等

用途說明：除了與塑合板完全相同的表面處理方式外，因爲 MDF 蕊才的質地較塑合板細密，非常適合烤漆加工。經過烤漆處理後的板子，可以呈現出「平光」或「亮面」不同的風貌，細膩的質感與原木相比有過之無不及。

桌子、櫃子等傢俱是 MDF 使用的主要範圍，不過因爲烤漆加工的關係，通常成品的質感比一般塑合板來得細膩，價格也高出許多。

系統櫃板材材質爲塑合板，又稱顆粒板（Particleboard）以英文直接翻譯又可稱爲"木屑板"，或粒片板，表面所貼的材質爲美耐皿，即爲薄的美耐板。也有貼材質較差的 PVC 貼紙或波音軟片。現在室內裝修施作爲家具大多以高密度纖維板（high desity fiberboard）。

簡言之：

除了實木材料一般稱爲木質材料，其餘木材或木材廢料經搗碎、攪拌、切割或壓榨等加工出來的都稱爲木基材料。

「塑合板」是將木料打成細粒後膠合，兩面用美耐皿貼合。

「木芯板」是板中間用小木條拼接成板，兩面用夾板貼合。

（一）、而塑合板等級區分由其吸收水份之膨脹係數區分 V20、V100、V313。以及所含甲醛釋放值 E1、E2、E3 而定三種等級。

（二）、依膨脹係數等級（依防潮等級）及甲醛釋放質等級區分：

1.V20 膨脹係數 20%一般板，24 小時浸水厚度膨脹率 12%以上，E1 甲醛釋放質需小於 0.1ppm。

2.V100 膨脹係數 12%一般稱防潮板；24 小時浸水厚度膨脹率 6%～12%，E2 甲醛釋放質需小於 0.2ppm。

3.V313 膨脹係數 16%一般稱防水板；24 小時浸水厚度膨脹率

6%，E3 甲醛釋放質需小於 0.3ppm。

V20,V100 的板材，現在大賣場還看的到，一般的系統家具公司都已改以 V313 為主。V313 則是用美耐皿膠聚合而成俗稱防水板(V20 是用尿素膠俗稱普通板，V100 俗稱防潮板)，另外,V313,就是：其測試方式是經三天高溫，一天低溫，三天乾燥，此程序重覆三次而得。其優點為：

1. 防潮性佳，不助燃，吸濕率低，不易變形。
2. 游離甲醛含量低於 0.065ppm，。裝修完成後長期接觸對人體無害。
3. 膠合劑不含氯化物，燃燒時無毒性，屬環保建材。
4. 密度高，內聚強度高，膨脹係數穩定。
5. 板材抗彎強度高，不易龜裂。
6. 表面美耐皿熱壓合處理，耐磨性佳防焰等級為一級。
7. ABS 收邊整體較為美觀。

筆記：

_____

_____

_____

_____

_____

▲V313 系統櫃施作完成圖

塑合板的種類表

種類	膨脹率	抗潮性	國家運用範圍	備註
V–20	高	低	使用於家具及廚具上	臺灣早期系統組合家具最普通的材料，也就是大賣場常見的產品，材質較差且無防潮作用。
V–100	中	中	應用於衛浴櫃等較潮濕區域之類	基材提升具有防潮功能，適合臺灣氣候及工廠加工生產，但仍會有受潮之可能。
V–313	低	高	工業用板類，高度防潮效果，可以作爲隔間例如浴室隔間及系統櫃等	由於臺灣爲海島型氣候，屬於高潮溼區，故目前一般的系統家具皆採用 E1 級 V313 塑合板爲主要基材。

筆記：

_____

_____

　　一般塑合板（粒片板）較不適用鐵釘方式接合。塑合板的優點為施工速度快，在工廠機器施工膠合板材，因此膠著力強且弧邊收尾較為美觀，且損料較少，無木芯板知辛辣味，質量較輕不易被蟲咬，若失作為隔間效果良好，缺點則為搬運過程容易碰撞，且組合師傅必須詳加訓練工事與方法，還有物件形狀圓弧或不規則複雜之造型，使用塑合板則較無法達到預期之效果。

▲塑合板種類剖面圖

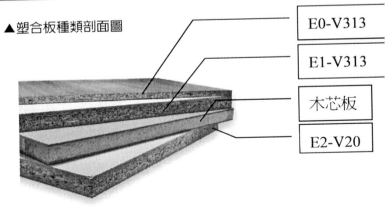

| E0-V313 |
| E1-V313 |
| 木芯板 |
| E2-V20 |

▲塑合板種類

第二節　木作工程之防火材料

一、矽酸鈣板

規格：厚度 4 mm 6 mm 8 mm 9 mm

長/寬度：【3×6】【4×8】尺

用途說明：係符合 CNS12514 防火時效 1 小時（耐燃 1 級）
絕不含石棉

特性：適用於天花板/內外牆/廚房浴室/防火門/鋼結構防
火披覆等用材，依「建築技術規則」，經中央主管
建築機關認定符合耐燃二級之材料可視同為耐火
板。

▲矽酸鈣板

二、石膏板

規格：厚度 3、4、5、8 分

長/寬度：【3×6】【3×7】【4×8】尺

用途說明：係由石膏灰拌膠擠壓成形具有消音/隔熱/耐火
之功能

特性：適用於一般隔間/包覆牆壁/廚房等隔間用料

▲石膏板

三、防火角材

　　規格：長【8/12】尺×寬【1.2/1.8】寸×高【1】寸

　　單位：支

　　用途說明：係由高級天然柳安木裁製條狀經加浸泡防火化
　　　　　　　學藥水而成

　　特性：具符合建築法規之要求/除輕鋼架外是目前裝潢選
　　　　　擇必須用料

▲防火角材(一般會上顏色標記)

四、防火合板

　　單位：片

　　用途說明：係由高級天然柳安木合板經加浸泡防火化學藥
　　　　　　　水而成

　　特性：具符合建築法規之要求/除非木材外是目前裝潢選擇
　　　　　必須用料

筆記：

_____

_____

防燄合板規格
4尺*8尺

▲防火合板(又稱防焰合板,一般會上色區分)

筆記：

第三節　木作工程之隔音材料

一、隔音棉捲

規格：厚度 25 mm 50 mm 長 1 米 寬度【10/20】米

單位：捲

▲隔音棉捲

二、鋁箔棉捲

規格：厚度 25 mm 50 mm 長 1 米 寬度【10/20】米

單位：捲

▲鋁箔棉捲

第四節　木作工程之一般材料

一、一般角材

　　規格：長【3/4/6/7/8/12】尺×寬【1.2/1.8】寸×高【1】寸

　　用途說明：係由高級天然柳安木裁製條狀而成。

　　特性：是裝潢內材/骨架最佳選擇用料。

　　角材類是指製品橫切面的一邊 6cm 以上，寬為厚的 3 倍未滿者，正角材是指橫切面成正方形的製品，平角材則是指橫切面為長方形的製品。角材與割材之計算：寬×長×厚。

▲一般角材

二、防腐角材

　　規格：長【8/12】尺×寬【1.2/1.8】寸×高【1】寸

　　單位：支

　　用途說明：係由高級天然柳安木裁製條狀經加浸泡防腐化
　　　　　　　學藥水而成。柳安木之主要來源為南洋。

特性：具有防蟲防腐之功能／適用於潮濕／霉氣重的地方／
　　　且耐久性高。

▲柳安木防腐角材

三、**南方松材**（美國南方松包括：1.長葉松 2.短葉松 3.
濕地松 4.火炬松。）

規格：可依圖說材切適當尺寸，可為主要材料也可為骨材

單位：支

用途說明：係由天然南方松經加浸泡防腐化學藥水而成。

特性：具有防腐防黴防蟲及白蟻之功能／適用於戶外／環保
　　　無毒耐久性穩定性高。該材料防腐處理特別重要，
　　　一般以應符合「美國木材防腐協會」AWAP 認可
　　　的標準。南方松材之養護及防腐防蟲需要相當
　　　確實，如僅施作表面則白蟻由長期曝曬所產生

之裂縫漸漸進入，如施作產品為護欄則恐產生
公共安全之危險。

▲南方松材

▲南方松遭白蟻啃蝕相片

筆記：

_____

_____

_____

第五節　木作工程其他附註工項

一般室內裝修之木材裝潢，木材之製材方法，可分為徑切法及弦切法等方法。弦切法較為美觀有變化，但缺點就是容易變形。其木片薄片的紋路分為徑切花紋（MaSa）及弦切花紋（MoGu），弦切木皮較有變化。

木作之所以需要一度底漆，主要目的為填補木料孔隙，可以用噴的也可使用塗刷，塗佈前表面打磨光滑，若是要貼木皮至少要做到清潔乾淨，貼木皮的過程須注意清潔，再進行補土修補欲施作的表面，俟乾後再進行研磨上膠（軟性白膠），預張貼之木皮需先泡水使其軟化，木皮貼合後半乾後再使用木工熨斗推平，進行最後的研磨。

木材製品之一般塗裝程序：先進行材面整修，在行研磨注意與紋理平行，材面管孔填充，再進行材面塗膜著色，再將材面塗料（底塗）一般稱為封漆，再進行中間塗裝（砂磨底漆），最後進行表面塗裝（消光、鏡面）。

木作製品塗裝之步驟：先進行工作物表面修整：工作物在加工完成後，各種可能之刀痕、機械加壓痕跡或污漬等，均須以砂紙耐心研磨，務使表面光滑平整。再進行著色處理（視材料狀況而定、若有木色不均勻之情況，可進行著色處理）。著色處理完成後施以一度底漆（一度底塗之目的在於使木面膠固，並填充木材間孔隙，以防止上層漆及著色被木材孔隙水分破壞及防止木材本身吐油破壞漆層）。一度底漆處理後需僅行磨掉纖毛之步驟（一度底塗後，木料表面纖毛凸起，需以#200至240號砂紙砂磨）。用砂紙處理完成後需再上二度底漆（又稱砂磨用底漆，含有研磨性顏料，經噴、刷

於木面後，形成極薄一層之漆膜，用#200 至 240 號砂紙砂磨後會有
白色粉末產生，使木面非常光滑，以利上層漆繼續塗裝；此步驟可
重覆二至三次效果更佳）。此時還需詳細檢查是否需再著色修正（著
色不均時，進行修正）。最後進行材料之面漆塗裝：常用於木器最
表層之塗裝，如透明漆（清漆），或加入顏料即成顏色噴漆亦稱磁
漆，作為有色不透明之塗裝；若加入染料即成有色透明塗裝。木作
裝潢時常不慎將飲料罐或其他物品放置於木器上，造成白色膜，可
使用防發白噴漆稀釋劑施工，或者用磨砂紙將白膜部分磨除在重新
上漆。

　　透明漆色呈淡黃，刷在木面上即成無色透明之薄膜，光亮平滑，
又能耐酸、熱是為一般木工常用之塗料。決定硝化纖維漆，塗膜厚
度的兩個主要因素是樹脂＋硝化棉。二度底漆砂磨時會產生多量白
色粉末。平面噴塗時，噴槍與塗件若不保持直角，噴幅兩端的距離
不同會造成被塗面的漆膜不均。硝化纖維漆（拉卡）的木器噴塗膜，
在下雨天（溼度達80%以上）易發生白化現象。木器用聚胺脂漆（PU）
附著力極佳、耐水性與耐候性均優。

　　砂布（紙）是用來磨光木材表面的，尤以在工作物塗裝或組裝
前須經砂紙砂光過，砂紙（布）的製成是以細小且堅硬的天然或人
造之研磨材料顆粒，均勻的黏貼在堅韌的布或紙上。砂布（紙）的
規格是以磨料的粒度（ｇｒｉｔ）來表示，粒度就是磨料的大小，
以篩網目號數來表示，如 12 號粒度的磨料，表示能通過在一英吋
（25.4mm）長度上有 12 個網目的篩網，同裡類推能通過 100 號網
目篩網的磨料，其粒度就是 100 號目前坊間仍沿用習慣法來表示粒
度，例如 2、1/2、2/0、..等。在市面砂布（紙）分單張或成捲二
種，單張尺寸多為 225*280mm（9"*11"），通常以 25、50、100

張包成一單捲；通常在砂紙（布）背面上印有磨料記號、粒度及廠牌等。有關磨料記號例氧化鋁１級之磨料記號為ＡＡ、碳化矽１級記號為ＣＣ、石榴石記號為Ｇ。號數：指每一平方英吋的網目數，如100＃砂紙就是在1"*1"的面積裡，分佈了100*100粒研磨顆粒。號數有美國規格與歐洲規格（加註Ｐ字）兩種，兩者在180＃及500＃時粒度相同，但美國規格粒度只到600＃，約比P1200細一些，歐洲規格則細到P3000號。**而木作施工時除了需使用砂紙外之主要工具至少包括榔錘、老虎鉗、平鉋刀、平頭鑿、修邊機、磨砂機、弓形鑽及弓鋸等等，裝修工種中工具較多之工項。**

施作木作隔間時，表面材質不同，有不同的注意事項，表面貼薄片時，結構料最好用木芯板裁切成角材使用。避免角材潮濕被夾板吸收產生霉狀黑斑。表面為美耐板，留溝縫時，應以較厚夾板施工現場黏貼，避免翹曲。表面如為化妝板則應先釘一層夾板。若表面材為薄銅、鋁板或軟皮時應選較厚並刨修、磨平之夾板。表面為塗裝或壁紙，則應使用不鏽鋼釘或膠釘。3.5×25CNS1051註解中之25代表釘長為25mm。木釘直徑為接合材料厚度的0.45倍以內，木釘材質要比接合材稍硬，使用前需均勻佈膠於孔壁。鑽木釘孔時，應選用突刺鑽頭較為適當。木螺釘號數愈大，表示螺桿直徑愈大，針對各種不同紋路木釘的組合強度而言。木釘要使用螺旋紋路最好，就木釘的鑽孔深度而言，兩方總深度要與木釘實長多2mm。

筆記：

第三章　木地板施工說明與介紹

（銘木地板/複合式地板/靜音合板）　單位：坪/箱

一、**銘木地板（現已進步為海島型地板）**

規格：厚度 12 mm 長/寬度【1 尺×6 尺】

單位：坪

用途說明：係由高級天然柳安木夾板經加工黏貼精選天然
　　　　　木皮及表面亮漆處理

特性：板面木紋自然/呈現天然感觀/施工容易/無空間受限
　　　/具調節溫度功用

二、**複合式地板**

規格：厚度 12 mm 長/寬度【4 寸×3 尺】

單位：箱

超耐磨地板　厚度 12 mm 長/寬度【3 寸×3 尺】

單位：箱

用途說明：係由高級天然原木經加工處理表面亮漆處理

特性：板面木紋自然/呈現天然感觀/施工容易/不受空間
　　　受限/具調節溫度功用

三、**靜音合板**

規格：厚度 11 mm 14 mm 長/寬度【3 尺×6 尺】

單位：片

用途說明：係由高級天然柳安木夾板經加工黏貼橡膠

特性：具有消音/吸震/防潮之功效適合於牆壁/地板地底
　　　層用料

四、PVC防潮布

　　規格：厚度 0.05 mm 0.1 mm 長/寬度【4 尺×50/100 碼】

　　單位：支

　　用途說明：由 PVC 編織而成系防潮/防靜電/防塵等之用料。

　　　　　　　適用於地板底層/電子產品包裝/機械包裝/建築.

　　　　　　　裝潢保護層等

五、靜音防潮布

　　規格：厚度 1.5 mm 長/寬度【4 尺×36 碼】

　　單位：支

　　用途說明：鋁箔用於隔絕水氣，中層的泡棉則有靜音功能。

　　實木的木地板大致上可分為深色系、淺色系及偏黃色系。它的顏色取決於木材浸提成分的色素，所以木材的顏色與木質的硬度、抗潮穩定度並沒有任何關聯。整塊為實木製成，木頭容易熱漲冷縮，因此產生變形或縫細，並不常使用。

　　海島型木地板是將實木切成厚片，使用膠合技術一體成型，不膨脹、不離縫、防白蟻，臺灣屬海島型氣候故相當適用。使用三層複合成型，使材質更穩定，所以不會有膨脹、離縫及翹曲變形等情形發生，讓木質地板使用壽命增長，達到經濟環保實用的多重好處。另超耐磨木地板是密集板製成的，一般使用於舞蹈教室等空間，密集板的甲醛含量高，使用前應考慮空間實際狀況，超耐磨地板是現今市場上表面硬度最高的地板,商業空間,公共場所等人潮走動多和耗損率高的地方都是唯一的選擇。

　　目前木地板施工方式有兩種，一種是先做地板再作隔間或家具，會較好施工，家具更動位置時木地板仍在，空間運用較為靈活，

但是費工費料；另一種則較常見即為先施作隔間或家具，缺點為彎
角施工不易，空間難以變更。

第一節　木地板材質

一、實木

實木有其重量感，材質較高級，但相對單價也高。正常使用下，
壽命約十年左右，但易變形並不適合臺灣地區使用。一般為平口與
企口兩種，一般保齡球館較常使用平口，室內裝修則以企口為主。

二、銘木及其他地板

採用合板，面貼各種木皮，較經濟，維修保養比較簡單，銘木
地板的結構與海島型複合式地板皆類似，是利用夾板來貼合木皮，
其表面木皮非常薄，僅 0.2mm，耐用度更差，但價位便宜，適合鋪
設於磨損率不高的場所，一般會被誤以為就是海島型地板，表面結
構上層原木皮是由數十片小木皮貼合，表面約為 0.6～0.8mm，單片
面積為 1x6 呎。但現在已經很少採用銘木地板多以品質較好的海島
型地板代替，海島型寬度 3 寸～6 寸，長度 2 尺～6 尺，厚度 3 分～
6 分，皮厚 0.6～4mm 都有，大部分的海島型都比銘木地板佳，單價
也高出許多，銘木地板平鋪施工一坪大約 3 千多元，海島型一坪從
3 千多～甚至上萬塊都有，為現在最常用的木地板。另也有環保超
耐磨地板，缺點為材質經合成纖維膠合後，漸少實木之感覺。

三、鋪設工具&材料

（一）鋪設木地板大概使用工具為鐵鎚、鋸子、鑿子、拔釘器、
鋼絲鋸及一公分木塊數個等。

（二）使用材料：塑膠防潮布、夾板、PE泡棉、地板材、白樹脂及防潮膠帶鐵釘等。

四、施工步驟說明

（一）確定地板施作高度，以直呎確認素地面之平整度，可使用紅外線測量儀器確認高程。（**專業木工必須技術成熟，並具有技術士證照爲之**）清理施工工區現場，原來地面的舊地板、地磚、磨石子或夾板可以保留。若是地毯則建議拆除。以直尺檢驗地面是否平坦，原則上每2m不能出現超過3mm的不平整素地面，否則視覺及行走將有不平整感的出現。如地面是木板或舊地板，如不拆除應先鉋平再施作，如果是粉光或打底之水泥面或地磚則可以用厚膠板托平或者採用自平水泥先行施作。

（二）**舖設防潮布邊緣需重疊20cm以上，並用專用皺紋膠帶貼好，近牆邊的地方要預留10cm長的膠布。膠布上要舖一層約3mm之防震吸音棉，吸音棉不用重疊，牆邊也不能超長。**

（三）舖PE泡綿（與防潮布舖設同位置）。

（四）舖設底材，一般爲6分木芯板或4分夾板，並用鋼釘固定底材。在使用時才把地板包裝盒的膠紙拆開，以免木地板受潮。每塊地板在安裝前要檢驗地板表面是否有瑕疵。若牆身不是直線或不是成直角，應先放樣彈墨斗線。而近牆的地板亦要鋸成近似牆的形狀，其餘地板才能成方正直線。

（五）舖設木地板，面材與牆面接合處最好留約8mm；複合式地板，以雙針裝釘施工，背面可點膠固定）第一塊地板是槽面向內，通常由距離門遠處先施工，牆邊四周要留10mm的空間，以便地板受潮膨脹。每行地板的牆邊至少預留10mm空間要用"頂位木條"頂住以固定已經施作之木地板。

（六）地板材凸邊緣上白樹脂，插入凹槽，以釘子斜釘兩片木板的中間。要在槽口的上部均勻的施放白膠，然後將兩塊地板貼實。地面不能有膠水，槽位不能打釘。流出地板面層的膠水，應即時用濕布清理。鋸短了的地板可以用在新一行的第一塊。兩塊地板相接時，長身相接的地方不能少過 50cm，橫身相接的地方一定要有溝槽相接及用地板專用的膠水貼齊。

（七）隔著一木塊，敲緊地板邊使之緊密。安裝時要用敲擊且間接槌打地板的木筍，以達到緊接的效果，但不能用槌頭垂直擊打地板，施力不當將會破壞木筍。如遇門框線等位置，則先要把門框門線鋸一凹位，預留地板可以膨脹之空間。

（八）用乾淨濕布，立刻把多餘之白樹脂擦拭乾淨。

（九）木地板離牆面需保持 8-12mm 空間以利木板乾燥期間收縮。施作最後的一塊地板，要鋸成牆型及用有倒鉤的鐵板，將地板反擊緊接其餘地板，將可使地板十分的緊實。

（十）鋪設完畢，至少需等候 3-5 小時以後才可允許在上面走動。

五、架高木地板步驟

（一）由牆面內側自地面起黏貼防震週邊板。

（二）直角兩側開始鋪設防震墊，**間距一般為 40 到 60 公分，以角材間隔 30 公分架起框架**。地板骨架施工時，其下橫材等分之後，其支撐距離間隔不超過 65 公分為原則。高架地板之支柱採用嵌槽接以釘固定榫接合較適當。**方格子之十字接合是屬於搭接榫接合。**

（三）防震墊空隙填充玻璃棉。

（四）直角兩側起鋪設木芯板致滿鋪。

（五）木芯板接縫處固定並固定彈性橫槽。

（六）切除週邊隔離板至 RC 下 1 公分並以矽膠填充。

（七）舖表面材。

架高地板缺點就是若空間不高則會產生壓迫感，價錢較貴，強度和耐固性較差，踩起來較空洞，施工需較專業技術人員。但因其木板地板下有高架的角材，有較好的乾燥效果。

▲架高地板施工照片

以上介紹為一般木地板之施工法，目前坊間也有 DIY 的木地板施工法，施作方式大同小異，並未施作防潮布及泡棉，如地坪狀況不佳，則有受潮之可能。

筆記
_____

_____

_____

第二節　木地板保養須知

　　一、保養木地板前應先用吸塵器將地面灰塵吸淨，為免刮傷地板，再用毛巾沾適量地板腊擦拭即可，嚴禁用水腊或清潔液潑灑地板擦拭，坊間也有出現木地板保養劑或清潔液，亦可使用。

　　二、免刮傷地板，屋內椅腳、桌腳及櫥櫃底部皆需用護墊或護套來保護，避免無法恢復之痕跡產生，尤其是辦公室之滑輪桌椅櫃更易造成損傷。

　　三、**搬移、搬運傢俱或安裝其他工程時，為免傷及地板，請抬起該項物品移位，切勿將物品直接拖拉，建議可使用護墊或護套**，工程則建議以瓦愣板先行保護。

　　四、**請避免陽光直接照射**，保持通風雨天時請關閉窗台以免滲水，所以施作位置設計師應詳加考量。

　　五、請特別注意勿將水潑灑鄰近木地板之區域。

　　一般來說，依據工作項目工率表，和式地板約 7m2/2 人/組，木梯腳則為約 63M/2 人/組。

　　筆記：

_____

_____

_____

第三節　鋪設木地板之優點

一、具有自動調節室內的溫溼度之特性，多少可減少風溼性關節炎的發生。

二、具有吸收紫外線的功能，使人眼睛感到舒適，多少可預防近視的產生。

三、具有吸音、隔音、降低音壓及縮短殘響時間，為吸音材。

四、具有適度的軟硬性及粗滑性，不像硬質磁磚等材料易摔傷及受傷。

五、具有不結露不發霉的特性，可避免蟎類細菌的繁殖，多少可避免過敏疾病的產生。

六、有適當的彈性，可緩和腳部的重量負荷。

七、有美觀紋理，含有精油及芬多精等成份，身處鋪地板之室內，有如置身於大自然之森林。

八、冬天不冰冷可赤腳行走，使人位於自在的環境中活動之感覺。

第四節　木地板的材料種類

而各種實木地板皆有其特色及所帶給人的不同感覺，其他種類的木地板原則也都以仿實木色為表面材質，木地板通常使用闊葉樹木，因其較硬，一般來說直接將木板直接貼於地上稱為木磚地板，將木地板以角材架高起來則稱為木板地板：

紫檀木：材質堅硬，抗潮性佳，深色系有沈穩，給予人內歛的感覺。

山毛櫸：質地溫和軟木，淡色系溫暖氣息曾為相當普遍使用之顏色，年輪清楚，紋理清楚而漂亮。

紅檀木：帶有復古風味，具有芬多精的清香，是紅木地板的精典。

楓木：紋路變化細緻，有舒服與潔淨的感覺。

柚木：抗潮性佳，具有自然紋理及油質，會有油質的木頭，不怕蚊，硬度較花梨木稍差。

玉檀木：獨特彎曲木紋，凸顯質感的味道，屬較為特殊之材料。

胡桃木：復古風味極佳，穩定紋路，色澤細緻。

緬甸金檀木：質地溫和有朝氣，是金檀木中品質最穩定的木頭。

緬甸花梨木：仿古傢俱的最愛，色澤紅潤，獨特紋路。

越檜：木紋精細，會散發出清香味，防蟲蛀且穩定性高，不怕白紋，不怕潮不易黑，但硬度較差。

正紅花梨木：顏色朱紅有清香味色澤好，木紋精細清晰明顯，年輪多樣富變化，抗蟲蛀特佳油質含量中高，不易變形，纖維有脂囊，不怕白紋，不怕潮不易黑，堅硬且耐磨，伸縮率小。原木多用途，如古傢俱、神案均採用之材，木地板則較少使用。

黃花梨木：顏色朱紅，木紋較粗穩定性略差。

櫻花木：顏色分多種，色澤淡雅有粉牙，淺桃色較美，質輕鬆軟，穩定性較不佳。

第五節　木作地板藝術崁花

地板崁花為早期常見的美化方式，近年極簡風興起後，崁花即較為少見，一般施作在玄關等較為特別區塊。

▲玄關藝術崁花

▲木地板崁花圖樣

筆記：

_____

_____

_____

_____

第四章　木作扶手及樓梯

一、木作扶手施工前準備工作

1.於施工前應先至現場實際丈量，不得僅靠圖說尺度，以防差誤。所有木材需施作防腐處理並遵守 CNS 規定。

2.木材之防腐處理須於組合木件切割及挖孔後行之。否則切割及孔口處應於組立之前先處理，務必確認所有木件都已完成防腐處理。

3.安裝位置應清除乾淨。

二、木作扶手施工方法

1.應依施工圖及配合現場實量如有現場尺度不符之情形，應提出討論。

2.所有必須之繫結鐵件於使用前應先作防銹處理，或選用不銹鋼材。

3.除特別註明外，木材露見部分應一律刨光。

4.貼靠或伸入牆身之木料，均須塗刷熱柏油 2 度，以防濕腐。

5.儘量運用暗榫組合，如必須使用接頭時，應在不顯著處，接榫處認為必要時應以黏著劑黏貼加強。

6.完工前後，凡發現因使用未乾透木料或施工不良，以致有脫桿、開裂、變形或其他瑕疵時，應拆除重做。

如與鍛造鐵件或其他材料相互配合，亦須先行協調及丈量以免造成施工之困難及配合不佳。如需鑽孔請注意誤傷及地磚或原先施作之木梯踏步。樓梯階與扶手合併施工應避免踏階過高

▲常會有接縫處色澤差異太大現象

▲配合鍛造欄杆施工

▲旋轉樓梯（行走不易較少施作）

▲以木作修改樓梯踏步之情況

▲樓梯側面封板後

▲踏階面貼實木地板側牆批土油漆

▲施作完成照片

▲配合鐵件欄杆施作最困難處在轉彎處

▲接縫處施作前圖

▲接縫研磨

▲完成後圖

註：以上圖為歌林關係企業富林建設天母蘭雅特區室內櫸木扶
　　手施工相片，本次施工因與鐵件為不同承商承作，鐵件承
　　商施工前並未確實等分放樣另則因粉刷時樓梯中間所留挑
　　空部分大小不一，間接影響扶手施作後每轉彎處大小不一
　　轉彎角度亦不同，其他案件施作為應注意之重點。

第五章　木作天花板及窗簾盒施工

一、天花板吊筋、間距@，x.y（長縱材）方向不得大於 90cm，水平間距@x.y 方向不得大於 60cm。

二、天花板之吊筋多採用 1.2 吋*1 吋柳安角材。

三、施工時需配合相關水電、空調施作相互協調避免造成問題。

四、高程須由牆上一米線引用，高程先與空調協調可行性。

五、使用線板釘製正八邊形框（八卦形），每一線板接角應裁切 22.5 度。

六、如施作方格子之十字接合署於搭接榫接合。

一般吊式天花板的木角材遇熱碳化後強度即會喪失，如採用耐燃材料或者塗佈防火漆，則可使整體結構較為安全。施作時應注意熱漲冷縮、受潮或震動所造成的裂痕，以批土、加紗布或施以 AB 膠、塑鋼土，也有以貼膠帶後再披土油漆之作法。天花板施工原則，四周水平一致，中央可稍微提高作預力，以防天花板自重而下沉。一般居室及浴廁之天花板淨高應避免小於 2.1 公尺。

筆記：

_____

_____

_____

_____

_____

_____

_____

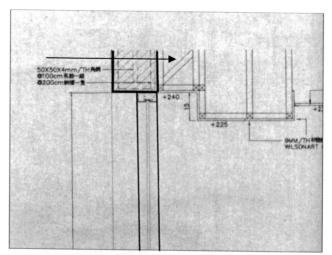

▲視情況增加斜撐補強施工

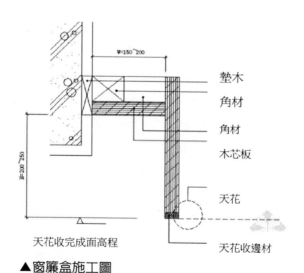

▲窗簾盒施工圖

▲天花板施工（預留抽風孔之補強做法）

▲天花板封板後接縫批土處理

第一節 各種形式的木製天花

▲最常見之間接照明方式

▲不同形狀的間接照明方式

第六章　木作牆面施工說明及介紹

第一節　木隔間牆

　　一、木隔間牆之牆筋及橫檔等須照設計圖示尺寸，牆筋上、下兩端與橫檔銜接均須使用膠合劑黏合，並以鐵釘固定使不稍走動為度。木筋間須加適當之斜撐撐實之。

　　二、灰板牆之板條均為厚 7mm、寬 30mm 之機製木板條，每條縫之間距不得超過 8mm，於每支牆筋上釘洋釘二枚，板條之接縫須每隔 1m 左右參差相釘。

　　三、凡設計圖註明為玻璃板壁或分間隔板者，其用料及尺寸須照設計圖之規定，其式樣與結構須依詳圖製作。

　　四、必要時，可採用符合規定之膠合劑配合施工。

　　五、壁板施工作業時，施工架之工作台面寬度至少有 40cm 以上。

　　木作隔間牆最後靠近牆邊之面板修配的收尾劃線，以木塊在上下接合處畫記號，再以此木塊順牆面畫線較為快速精準。

　　筆記：

_____

_____

_____

_____

_____

第二節　牆面面貼美耐板

　　牆面面貼美耐板，美耐板貼飾材料最能耐磨及耐熱，缺點為色澤較不自然，即使使用原木色澤，與原木較有差異。

▲面貼美耐板後照片

▲施工完成後

第三節　矽酸鈣板施工之要求

一、牆面釘木筋垂直、橫向水平需一直線，木筋表面需塗膠。

二、施作於混凝土牆面請注意整體格局之垂直方正，務必視現況調整之。

三、如為面貼美耐板時務必平整一致，表面無瑕疵且不得裁接。

四、施工時應注意與其他工種之配合預留水電開關或其他開口。

筆記：

_____

_____

_____

_____

▲矽酸鈣板牆面施作

室內裝修木工材料及工法初步解析

第四節　製圖及識圖

　　第一角畫法，是先看到工作物再看到投影面，右側視圖在前視圖左邊時，物體的俯視圖畫在前視圖下方的畫法即為第一角法。例

如在工作圖上標註  即表示此圖為第一角畫法。

左圖的第一角法視圖為：　　　　　　　。第一角畫法，是

先看到工作物再看到投影面。而第三角畫法，則俯視圖畫在前視圖之上方。工作圖上較長之尺寸恆置於較短尺寸之外。斜投影可以採用 30°、45°、60°的斜角表示之。製圖時，物體之隱藏部分應以實線一半粗細之虛線表示之。家具內部之結構，通常可用剖視圖表示。第一角法之俯視圖，置於前視圖之下方。－－－－－此種線條

表示隱藏線。而一般合板圖識會標註 PLY　　　　　　　。工作圖上各種標註符號需適當，已讓人看圖即可理解為主。圓規係劃圓弧用的工具，分規則用以量取長度及等分線段用。在圖中，比例欄註明 1：5 表示此圖為縮小圖，而 1：10 之比例圖，表示該圖為縮小 10 倍之圖面，比例 1：2 是表示縮小一半的圖，製圖比例如 1/2 即表示放大 1/2 倍。圖上如標示 φ15mm 係指半徑 15mm 之圓。從前製圖需以鴨嘴筆上墨時，應先把圓弧部分上墨後再進行直線部分。而畫圓時圓規的兩腳需垂直於圖紙，尺寸才會較為準確。完備的尺度註明包括箭頭在內。完整的製圖訓練，除能繪圖外，還要閱讀別人

所繪的圖，亦即能製圖及識圖。工作圖上較長之尺寸恆置於較短尺寸之外。繪製透視圖斜投影可以採用 30°、45°、60° 的斜角表示之。製圖時，物體之隱藏部分應以實線一半粗細之虛線表示之。實線是表示自外部能見的部分。劃垂直線時通常都是由下往上劃，較為準確。我國國家標準度量衡單位是公制。天氣炎熱時愈長的尺，拉長誤差得愈多。劃線規有木製或鐵製兩種。用游標卡尺量工件時，內卡是量內徑，外卡是量外徑，使用游標卡尺量取尺寸，其精確度可達到 1/100mm，游漂卡尺之測爪，不可當分規使用，游標卡尺不能測量角度，量榫頭應使用游標卡尺較為精確。而短角尺可用來測量直角或垂直線。劃線規用於劃平行於木材邊緣的線。直尺的刻度通常包括公制、英制和台制。徒手畫橫線應由左向右、由上往下依次畫下去。放樣最大效用在於求取接合角度及分件的正確形狀。劃線規使用的正確方法是向後拉。使用劃線規劃線需靠基準邊。捲尺前端的金屬鉤，會有些微移動，是為了正確量取工作物的內外徑。劃與板側平行的線，最常用的工具是平行尺。

　　在正投影中，其畫面即稱為投影面。利用三角板配合丁字尺，可作成 15° 之倍數角度。鉛筆級別中之 B 表示軟而黑，鉛筆心的硬

度以 H 為硬級。在右圖　　　　　　中　　符號表示符號表示割面線。四開圖紙是指全開紙連摺二次。圖學的兩個要素是線條與文字。旋轉剖面通常是將剖視圖上旋轉 90°。

指線是用於記入尺寸或註釋。下圖之剖面符號爲旋轉剖面符號

。下圖之剖面符號爲先鑲邊後貼簿片

符號。製圖上標記圖的半徑時，一般在尺寸

及字的前冠以何種半徑符號R。右圖 表示一實

木與一木質加工材料，用膠接合。依我國木工專業製圖國家標準，

" " 符號表示木理方向。木質板先以實木單

板貼面後，再以實木封邊，其表示方式爲： 。正六

角形之每一內角等於 120°。 左邊的符號爲木釘。尺度

標註中，D 表示直徑。一英寸等於 25.4mm。量測角度的工具是分度

器。一英尺等於 1.0058 台尺、304.8 公厘。可劃任何角度的工具是

自由角規。圓規之用途除了畫圓還可用來劃垂直線。長角尺用來測

直角十分適當。一般鳩尾榫規之斜度爲 1：6。劃與板側垂直的數條

平行線最方便的工具是直角規。劃出較大的圓弧有特有的長徑規可

繪製。角材之連線一般使用短角尺。劃線精度最高的工具是尖刀。

角材劃線的時候從第一面到第四面之間，角尺要調方向。劃鳩尾榫

時，下列何種工具最適合？自由角規。搬線的工作應該選擇角尺。

劃長距離直線最佳工具爲墨斗。劃與側邊平行之榫孔、榫頭線時，

應使用劃線規。劃線直接影響成品的精密度，較精密的鑿切線是刀

線。在木板上劃縱向平行線最好的工具是劃線規。紙張的大小有三種規格，分別爲 A、B、菊等。通常較常用到的是 A、B 兩種，也是一般影印紙的規格。菊開則用於印刷上。製圖紙以 A 規格爲多。紙張未裁切時稱爲全開，所以全開製圖紙就是寫成 A0，當全紙裁切一刀時，就稱爲 A1，也稱爲對開或 2 開（也有人稱爲半開，但不是正確說法），全紙裁切兩刀時就稱爲 A2，也就是 4 開，依次 A3 就是 8 開，A4 就是 16 開。

第五節　木作牆面材料施作方式及方法

　　木構中牆面最下層稱爲地檻水平偶榫，地檻水平偶榫上方橫料稱爲木地檻，上下貫穿整根木柱稱爲通柱，施作至樑底則稱爲管柱，最上方橫料則稱爲大樑，牆中間垂直骨料則稱爲牆骨，整個牆面對角斜材稱爲斜撐，橫向骨料稱爲水平向角料。

　　壁板作業中，角材的大小，一般以 1.0 寸×1.2 寸尺寸爲架構，而木構造建築物其支柱由底層直達頂層，上下貫穿整根木柱稱爲通柱，木造建築物中之木構架分爲構架及桁架，而東洋式桁架一般稱爲爲抬樑式與穿斗式。

　　筆記：

_____

_____

_____

_____

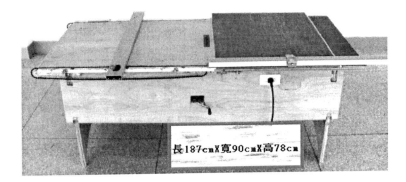

▲常見之簡易施工切割機具平台

▲木作牆面完成

筆記：

_____

_____

第七章　木門框（窗）施工注意事項及施工法

門框組立時形式使用水平尺或垂球施工

▲門框組立時形式使用水平尺或垂球施工

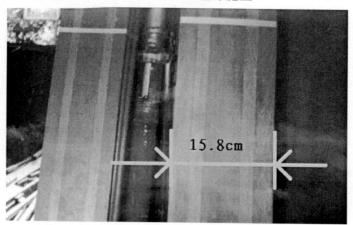

▲木門堆置場約門框寬度約 15.8cm

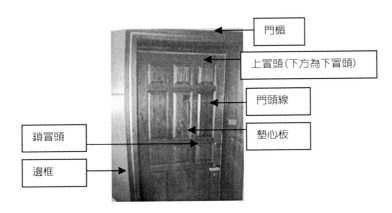

▲門扇與門斗完成後門結構圖

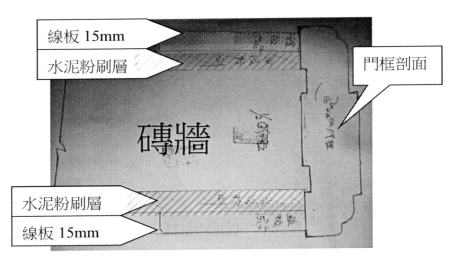

▲門框組立需注意舖貼材質調整進出線

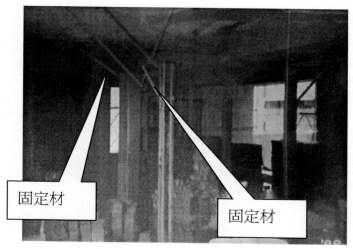

固定材

固定材

▲門框組立後完成圖

保護措施

固定鐵件

▲門框組立後保護及下方固定鐵件圖

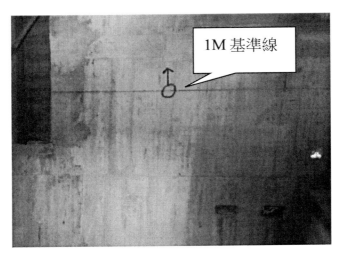

▲依地坪舖貼材質並一牆上一米線為基準組立

▲切磚施作固定片以防日後產生龜裂

筆記：

_____

_____

　　砌磚所留之崁縫寬度需足夠太小的施作縫易造成施工不易，更易造成為使填縫充實造成之木框料變形。除實木門外，也有塑合門，是門扇內以木角材，外以塑膠材質當門面，經高壓一體成型製成。

▲木門完成圖

▲木作邊條及告示牌

筆記：
_____

_____

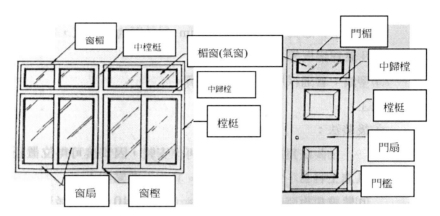

▲門窗各部位名稱

木製門扇含框的五金配件，一般為絞鏈、門把、滑軌、門止及其他配件，例如門弓器、天地閂、門閂等等。房間門扇安裝時，門扇啓閉之頂緣、兩側需留 1.5mm 之淨空隙，一般門下緣維持之淨空隙爲 9mm。門框在組合完成後，要在門框角落釘上斜角板或是橫木板固定，以防門框在搬運時變形。依據 CNS 標準，空心合板門不論採用貼木皮或貼美耐板方式，其收邊一律採用木皮或實木收邊，且實木收邊厚度不得小於 6mm。

木門窗用料細長，且可能處於日曬、雨淋的條件下，應以不反翹無節疤且無蟲蛀並具備適當硬度材料爲宜，在臺灣多採用檜木、雲杉或柳安木，也有使用欅木施作但費用較高。門窗樘過去較常使用榫接，因施工具備困難度現較少使用，但仍應瞭解榫接的各種方式。

筆記：

_____

_____

_____

(A)雙面露筍　　(B)單面露筍　(C)雙面穩筍

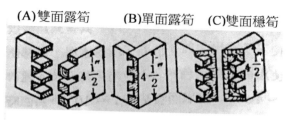

偶角之筍接

A 平口　B 平口　C 平口　D 錯口　E 企口　F 燕尾筍平口
　　中榫　　中榫　　　　　　　　　　平口

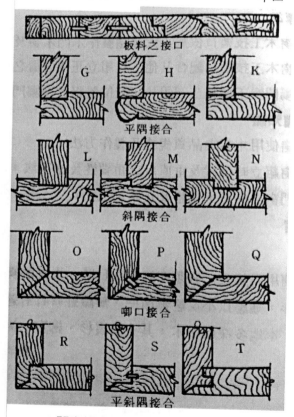

板料之接口

平隅接合

斜隅接合

唧口接合

平斜隅接合

▲門窗細木作之隅角及 T 形接口

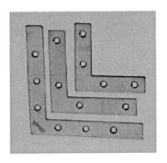

▲ 木工補強金屬扣件 1

▲ 木工補強 L 型等金屬扣件 2

▲ 木工補強 T 型金屬扣件 3

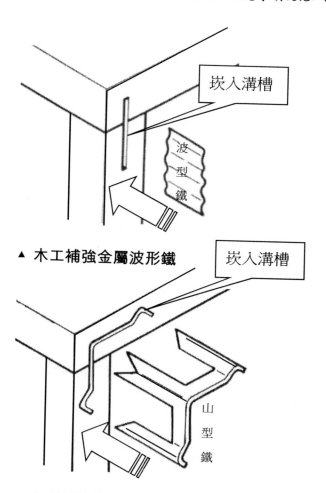

崁入溝槽

波型鐵

▲ 木工補強金屬波形鐵

崁入溝槽

山型鐵

▲ 木工補強金屬山形鐵

筆記：

第八章 木作踢角板施工注意事項

一、 施工時應注意地面高程（施作多爲地坪已施工完成施作）。

二、 施作踢角處應於施作前注意避免門檔或水電開關影響美觀。

三、 各空間轉角處應爲直角（粉刷時應注意）以免造成明顯缺點。

四、 應避免小階段裁接及施作不平整之狀況。

五、 施作木材應避免色差過大之材料銜接。

六、 與地坪相接觸處應平整以免藏污納垢。

七、 如採於地坪施作前施工應做好保護且預留地坪施作前之高度，以免施作好高度不足驗收時無法合格。

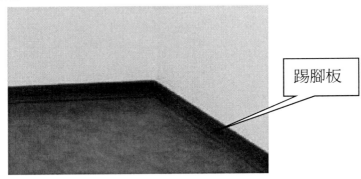

踢腳板

▲踢腳板完成圖

筆記：

第九章　木製家具及櫥櫃

第一節　現場施工注意事項

　　一、應依據設計圖說規定，將所有櫥櫃工作於現場放樣，若有部分現場尺寸與圖說不符時，應即提出解決方案向設計者。

　　二、若有特別需求，應依業主要求製作足尺樣品以供檢視。核可後方得繼續施作。

　　三、所有木作均按設計圖規定辦理，若有未註明或不明之處應請設計者解釋，並符合設計圖說之原意。

　　四、櫥櫃等木作接頭，應儘量運用暗榫，並可配合使用冷膠、鐵件加強。若採用非本規範規定之其他方式或必要時運用膠合劑接合取代接榫處理時，應事先徵得設計者之核可後方得施工。一般裂口榫榫接方式較不適用於板材組成之箱型組合結構設計。

　　五、線腳（板）或水平橫材之外角，必須用斜拼縫，各種線腳（板）之內角亦必須混合斜角及一邊覆蓋於另一邊之上。線腳（板）不得隨意接續，所有接頭應儘量在轉角扣搭之處。

　　六、所有板面之接縫，必須精密。板面貼木薄皮者，其木理之疊合及拼接方法須依圖施工；所有平面薄皮木工作之外角，必須密合暗榫，斜拼縫以冷膠加強。內角須用企口接縫，並留伸縮之微隙。

　　七、局部如需用鐵釘暫時固定，在恢復原狀後，其釘孔必做精細之修飾。

　　八、所有櫥櫃直接與混凝土或圬工面相接觸者，其接觸面應先

滿塗適當之防腐塗料，或以原設計者核可之墊料加以保護。

九、木製品固定於混凝土或坵工構造時，除設計圖另有規定外，均應視實際需要，以固定件或木磚繫固；其固定間距不得超過90cm。固定件若為鐵件，其表面應鍍鋅處理。

十、木製櫥櫃應裝置平直，併接緊密，所有搭接之處均須採用榫接，並隱蔽可能發生之伸縮及其牆面、樑底面之不平整。

十一、若無特殊規定時，一律以設計工程師核可之材料予以填實固定件或木磚與混凝土或坵工間之空隙；並加木製蓋板或工程司同意之方式予以適當收頭處理。抽屜前板與側板以半隱鳩尾榫接合時，其鳩尾榫長度應為板厚之2/3。針對門片的安裝強度而言，夾板板料安裝的西德鉸鏈效果最佳。

第二節　表面裝修

一、施工面於施工前應先清理潔淨並須乾透。櫥櫃材料若以膠合劑膠結時，溢出之膠合劑應於未乾前拭去並不得滴落於已完成之工作上。

二、釘結時不得損及櫥櫃材料或其他工作之表面裝修。

三、若須水泥粉刷配合做收頭處理時，其污漬應及時除去不得污損其他工作成果。

四、完成面應依設計圖予以表面塗裝，施作時不得污損其他工作成果。

五、工作與其他鄰接工作之材料轉換界面，均應以填縫料加以處理。

　　廚櫃表面之透明塗料受刮傷後一般以硝化纖維素塗料為最容易在修復之塗料，如有抽屜則以如以較早前之抽屜做法，抽屜前板與側板以半隱鳩尾榫接合時，期鳩尾榫長度為板厚之 2/3，抽屜側板鉋溝崁入底板時，溝槽深度最大不得超過板厚之 1/2。施作廚櫃需增厚時，約兩寸寬之曾厚板，用釘子上膠固定，此種方式稱為面與面接合。繪製廚櫃剖面詳圖時，可用中心線來簡化表示鉸鏈軸的位置。廚櫃組裝上膠時應注意平行、密合及直角。安裝 200cm 高以上的廚櫃門片，至少要安裝 3 個西德鉸鏈，又以實木材質最適合安裝西德鉸鏈，安裝角度不得超過 190 度。桌面板為了實用，再封實木邊時，先貼薄片再封實木邊條，實木封邊一般採用蚊釘槍。廚櫃等家具之剖視圖可用顏色區分，一般以藍色系來表示側剖視圖。在木製家具表面刻意作成蟲蛀、釘痕、碰撞或黑點等現象之塗裝方式一般稱為美式塗裝。櫥櫃之鑲板門構造其實就是框架結構。

▲電視櫃 3D 圖

▲床頭吊櫃

▲立式書櫃

▲衣櫥

▲床頭設計

▲貼壁式櫥櫃

▲電腦桌

▲造型鞋櫃

筆記：

_____

_____

_____

_____

▲浴廁內的木作

▲浴廁內的木作

　　木作的櫥櫃上配置大理石或人造石洗臉盆，施工時需注意木料必須採用防水材，且必須作好乾溼分離，據說使用效果不彰，櫥櫃以木芯板貼實木皮最後遇溼氣仍然脫落，部分地區採用之木製信箱，但因設計太低，使用不便，且因大理石地板清洗造成貼木皮的信箱受潮產生面皮脫落或皺褶之現象。

　　木製家具常使用許多絞鏈，一般常用絞鏈分類如下：

一、按底座類型：脫卸式及固定式。

二、按臂身的類型：滑入式及卡式。

三、按門板遮蓋位置：分為全蓋、半蓋及 內藏。

四、按鉸鏈發展階段分為：一段力、二段力及液壓緩衝。

五、按鉸鏈開門角度分為：95–110度、45度、135度及175度。

六、按鉸鏈的類型分為：短臂鉸鏈、旗型絞鏈及蝴蝶鉸鏈等等。

▲西德絞鏈，使用於家具櫥櫃面板

▲剪刀絞鏈，使用常使用於門板入柱

▲鋼琴絞鏈，用於鋼琴上下翻板合頁、長櫃門和裝飾盒合頁、
　金屬信箱合頁、廣告箱合頁及車門合頁

▲旗形絞鏈，多使用於一般門扇(可拆卸)又稱為脫卸絞鏈。

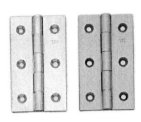

▲蝴蝶絞鏈，多使用於一般門扇，為最常見的形式。

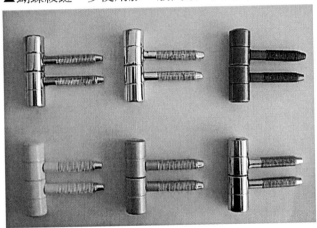

▲阿奴巴絞鏈(活葉)用於可拆卸的門。

▲針車絞鏈

　　木工用槍釘種類眾多，一般可分 ST 與 T 兩種，ST 表示不銹鋼 T

型槍釘，　T 表示普通 T 型槍釘　，的英文代碼是種類，後面的阿拉伯數字則爲五金長度(mm)，例如 ST-64、ST-57、ST-50、ST-45、ST-38 等。

1.ST 釘槍(一般稱爲大砲)，使用寬頭釘針，可裝鋼釘用於貫穿 RC 牆面、磚牆以及 C 型鋼，一般木工裝潢使用 ST64 或 ST45 鋼釘或鐵釘(64mm 即 6.4 公分)。

2.F 釘槍（單腳仔），使用小頭釘針，可裝 F50、40、30、25 等鐵釘針或白鐵釘針，一般木工裝潢於接合角材及夾板。

3.J 釘槍（一般稱爲ㄇ釘槍或雙腳仔），此釘槍之釘針爲ㄇ字形，一般使用 J422 或 419 等釘針通常用於固定薄板。

4.蚊子釘，釘入板材後釘孔很小，故一般木工裝潢常使用在最後的面板、線板的修飾。

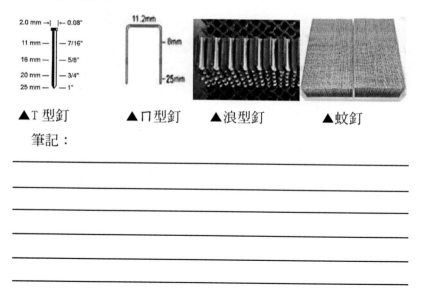

▲T 型釘　　　▲ㄇ型釘　　　▲浪型釘　　　　▲蚊釘

筆記：

_____

_____

_____

_____

_____

_____

第十章　木作工業、廚房及機具介紹

一、廚房主要考量長期使用性及耐用的器具與溫馨的感覺

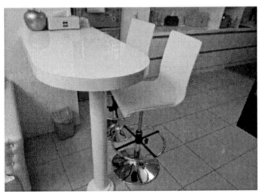

▲木作美耐板餐檯

▲木作人造石餐檯，人造石即可避免美耐板所產生之縫隙

二、木作浴廁櫃

　　浴室化妝室在於實用性與符合人體工學的設置，又是每天要用的地方常採用天然的石材及木材為主。

　　筆記：

_____

_____

_____

_____

_____

_____

▲浴廁內木作家具

第一節　現今木材工業概況

一、概說

應用木材作為主要原料的加工或製造業，即為木材工業。製材、合板及木器製作等三類木作工業的一般現況、作業過程、職業知能及施作機具等作進一步的介紹，此部分在測驗時為經常出現的題目。

（一）木器工業木器工指利用木材製造器具的工業，木器工業所生產的產品廠，一般來說常設有下列主要部門：

1. 設計開發部門：負責新木器產品的設計、打樣及工作圖與電腦圖說繪製等工作。

2. 刀具製作和維護門：負責製造木工廠內加工機器刀具的製作及修護或申請的部門，一般廠房如已委外購買，則不設此部門。

3. 木料供應部門：負責生產加工用板條的製造和施作木材乾燥工作，如已委外購買，則不設此部門。

4. 生產製造部門：負責木材的製造加工之部門，包括包裝等業務。

5. 品質管制部門：負責製造過程 sop 品質管理及產品的品質檢驗和分析等工作，含去具檢驗報告。

6. 生產控制部門：依據訂單需求量規劃生產線，並規劃生產時間及交貨時間。

近幾年，臺灣木器工業，因由歐美引進現代化生產機械和管理技術，產量和品質不斷提高。目前木器產品，除供應國內市場外，還曾大批外銷到歐洲及中東等地區。目前坊間大量引進的大陸產品

多材料品質不穩，臺灣本土產業更應堅守品質要求，給予消費者更完善之產品。

（二）製材工業

製材是指把原木經由機械鋸解成木條或木板。大型製材廠，大多採用現代化製材設備，產量及品質都較早期提高。

製材過程：

1.貯木：負責原木的貯存和管理，環境必須做好溫控並保持乾燥。

2.鋸解：負責操作送料機和鋸木機，將圓木鋸解成板條或方材。

3.切板邊：將木板的反邊切除。

4.截板長：將木板截成所要的長度。

5.檢查及分級：負責木板的品質之檢查和分級。

（三）合板工業

臺灣合板工業原本只有數家經營內銷合板，1949年之後，開始進口菲律賓柳安木，大量製作合板除內銷外並大量外銷。此現象到1979年，產量達最高峰，除內銷外，外銷遠及歐美及東南亞各地。近年來，東南亞各地控制原木出口，並提高原木價格，加上大陸材料的充斥，致使影響臺灣合板工業的發展，產業應不斷精進提高品質，避免被外來品所取代。

（四）木工機具及刨類機具

木材之製材方法，可分為徑切與弦切，其中徑切的性質為紋理美觀但易變形，弦向鋸切的板材，其板面紋理因年輪形成山紋狀。一般量測木材材面是否平直一般以鋼尺最適合。木作常用的封邊機是一種常用的機械，一般使用熱熔膠來當膠合劑。另一種平面壓床，貼面壓合時，壓力大小的決定是以面積為基準。

1.自動平鉋機

自動平鉋機為鉋平木板至所需之厚度的自動木工機器。其主要構造包含機架、機台、輸入輪和輸出輪、前後壓桿、鉋銷量調整手輪以及刀軸等。當木料送入平鉋機的進料口後，即轉由輸入輪自動輸送，經過刀軸上鉋刀鉋削，再由輸出輪自動送出鉋機。壓桿用來壓住鉋削中的木料，並防止被擊退。

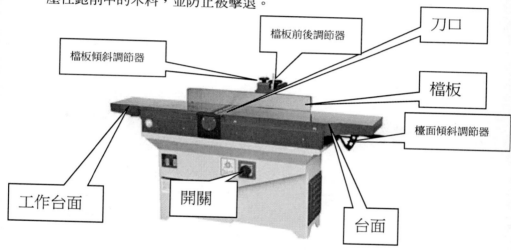

| 刀口 |
| 檔板前後調節器 |
| 檔板傾斜調節器 |
| 檔板 |
| 檯面傾斜調節器 |
| 工作台面 |
| 開關 |
| 台面 |

▲平鉋機

平鉋機操作要領及安全注意事項

（1）確實檢查木板

・清除木板上的的砂土、細粉、髒污釘子或其他附著物。

・木料長度一般不可短於 30 公分以下。

・併排鉋銷之兩木料，厚度相差不可大於 3mm 以上。

（2）清除機器台面上任何東西，如工具、材料、文具及飲料等。

（3）測量木板厚度，並調整機器鉋削厚度。一般每次鉋削量，以不超過於 1mm 為宜。

(4) 開動機器，然後送木料進入平鉋機，進行鉋削。

　　‧雙手不可接近平鉋機進料口 5cm 內，以策安全。

　　‧木料必須順紋鉋削。

　　‧鉋削中，不可由進料口窺視鉋削情形，避免危險。

(5) 送進木料後走到平鉋機出料口，協助鉋削之木料，或由另一人協助接料。

(6) 繼續上述鉋削方法，直到獲得所需厚度為止。

(7) 鉋削完畢，關掉電源，俟機器確實完全停止才可離去。

2.手壓鉋機

　　手壓鉋機是因需要用手推送木板鉋削而得名，因其非常適合鉋削木板側邊，故又名邊鉋機。手壓鉋機的用途非常多，還曾被用來鉋製斜面、斜錐和端面。手壓鉋機主要結構有機架及進料台、出料台、刀軸、導板、台面調整輪和安全保護罩等。由於手壓鉋機的整個鉋削過程必須仰賴操作者雙手推送木料，因此操作中必須特別注意安全。使用手提電鉋後，**發現木料尾端有凹陷現象，是出料台太低所造成之現象。手壓鉋機台面的潤滑，宜選用２０號數的機油。**

筆記：

_____

_____

_____

_____

_____

▲手壓鉋機

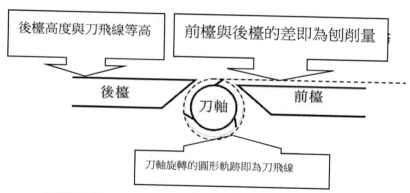

▲手壓鉋機工作模式可能的狀況：

1. 後檯高於刀飛線：尾端會鉋成尖錐型。

2. 後檯較低於刀飛線，鉋削前端材料沒有接觸到後檯。

3. 後檯較低於刀飛線，材料後端翹起後端鉋不到。

4. 後檯較低於刀飛線，材料離開前檯支撐後會下掉尾端會有凹陷鉋痕。

　　筆記：

_____

_____

_____

手壓**鉋機**操作要領及安全注意事項

（1）確實檢查木板

‧清除木板上的的砂土、細粉或釘子，或其他附著物。

‧木料長度一般不可短於 30 公分以下。

（2）檢查和調整機器

‧調整鉋銷量，以不超過 1mm 較為安全，然後鎖住固定螺絲。

‧確實檢查鉋刀銳利及安全保護罩。保持良好狀況的安全保護罩，操作時才能防止鉋刀外露，保護手的安全。

‧待機器完全靜止後才可進行任何調整工作。

（3）打開電源，等待鉋機全速運轉，才可進料。

（4）一般鉋削木料方法

‧放木板於進料台上，左手按壓木板前，使其緊靠導板，右手按住木板後，然後慢慢推進，始能鉋削。

‧鉋削薄或短小的木板，建議使用推板以策安全。

（5）鉋削完畢，關閉電源，俟刀軸完全停止，始可離去。

筆記：

_____

_____

_____

_____

_____

_____

_____

第二節　木工機具及鋸類機具

一、鋸類機器

線鋸機

其主要功用在於鋸裁曲線，尤其是小曲度弧線和內封閉曲線。線鋸機的結構包含：機座、機臂、機台上下夾頭、張力裝置以及導引組件等。線鋸機的動作原理有如縫紉機一樣，係做上下往復直線運動。由於速度慢，鋸程短，一般而言，較其他木工機具安全。

二、裝鋸條的方式

（一）視工作物的厚薄、弧度的大小及木材的硬度，選擇適當寬度的鋸條。

（二）將台面上的嵌板取下，用手將下夾頭升至最高度。

（三）把鋸條插入下夾頭，然後扭緊固定螺絲，鋸齒方向需朝下。

（四）將張力套筒拉下，使上夾頭套到鋸條上端，然後鎖緊夾頭螺絲。

（五）再將張力套筒向上拉高 1 公分，然後鎖住張力筒。

（六）用手轉動馬達（或皮帶輪），觀察鋸條是否正常運動。

（七）調整導引組件上的導輪和導環。導環上的槽寬需配合鋸條厚度，而導輪位置則以恰好接觸到鋸條背為宜。

（八）檢查所有固定螺絲是否鎖緊。放回嵌板，機器可使用。

三、鋸割曲線要領及安全注意事項

（一）檢查木料：

　　1.清除木板上之釘子和砂土及其他附著物等。

　　2.木板放在機台上以應能平穩移動，而不會翹動為宜。

　　　　3.檢查畫在木板上的曲線是否能與鋸條的寬度相配合。

（二）檢查和調整導引組件：

　　　　1.將木料放在鋸條旁，降下導引組件，使Y形彈簧片恰好壓在木板，以防木板在鋸截時上下翹動。

　　　　2.用手試轉機器，檢查鋸槽和導輪是否皆在適當位置。

（三）開動機器，俟鋸條全速運轉，才開始進料。

（四）鋸切曲線：

　　　　1.雙手分別按在木板上的鋸切線兩側，使鋸齒對準鋸切線，緩緩向前推進木板。

　　　　2.遇較小曲線，需減慢進料速度。一旦發現鋸出線外，立即停止推進，設法調整板位置，調整回復到正確方向後，再行推進。

　　　　3.鋸割內封閉曲線的方法：先在曲線內鑽孔，然後插入鋸條，依上述方法安四、裝鋸條和進行鋸切。

筆記：

_____
_____
_____
_____
_____
_____
_____
_____

四、裝鋸條和進行鋸切

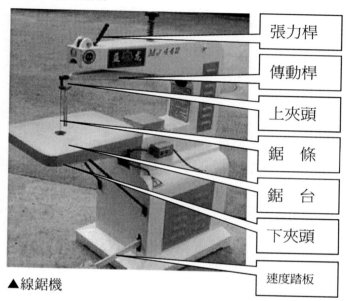

張力桿

傳動桿

上夾頭

鋸　條

鋸　台

下夾頭

速度踏板

▲線鋸機

帶鋸機

帶鋸機因鋸條成帶狀而得名。鋸條較窄之帶鋸機除鋸切直線外，尚用來鋸割曲線和斜坡。帶鋸機的主要結構有：上下鋸輪、機台、導引組件以及上鋸輪升降把手和傾斜調整把手等。其中的導引組件包含導梢和導輪。帶鋸機的規格稱呼爲機械的鋸輪直徑。鋸截要領及安全注意事項如下：

（一）檢查木料：

　　1.清除木板上之釘子和砂土及其他附著物等。

　　2.木料和台面必須能穩定接觸，推料時應平穩不可有翹動不穩現象。

（二）檢查和調整機器：

1. 檢查鋸條的寬度是否適合所要鋸切曲線的需要。

2. 調整導引組件和木板的距離。一般約高於木板 5 公分。如調太高將使鋸條暴露太多，易生意外。

3. 檢查機器臺面是否成直角。如要鋸斜面，先使臺面傾斜至所要角度。

4. 如要做平行木板側邊的縱割操作，則要確實調整導板和鋸條平行距離。

（三）開動機器，俟其達到最高速度時，方可進料鋸切。

（四）一般鋸切直線：

1. 雙手分別按在木料鋸切線兩側，或是一手在板前，引導進料方向，一手在板後推進，使鋸切線對準鋸齒，然後慢慢推進木料鋸切。

2. 鋸截狹窄木料，可用推桿協助推進。

3. 如使用導板協助縱鋸，左手使木板平直一邊緊靠導板，右手由板後推進即可鋸切。

（五）鋸截曲線：

1. 視工作物曲度，再選擇適當寬度的鋸條。

2. 如同一般鋸截方法，進行鋸切。但鋸切轉彎弧線時，推料速度要放慢些，避免扭斷運動中的鋸條。

（六）鋸切完畢，須即關閉電源，待機器完全停止，方可離開。

筆記：

_____

_____

_____

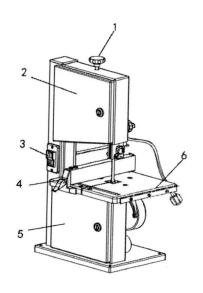

| 1.調整手柄 |
| 2.上門蓋 |
| 3.開關 |
| 4.檔板 |
| 5.下門蓋 |
| 6.工作檯 |

▲帶鋸機

手工鋸

　　最準確的手工鋸–夾背鋸：鋸上加一個厚背支撐，鋸片就不會因為受力而變形，鋸子的厚度可以進一步降低。

▲木工用夾背鋸

第四節　木工研磨機

一、砂磨機

　　落地型砂磨機有帶式和盤式兩種，學校用砂磨機常綜合兩種型式，稱為兩用式砂磨機。出機器外表觀察，兩用式砂磨機的構造。帶式砂磨機之使用及安全注意事項如下：

（一）檢查木料，除去上面任何砂土及釘子與其他附著物。

（二）檢查和調整機器：

　　　1.視工作的實際需要，可把砂帶調成臥式或立式。

　　　2.檢查臺面與砂帶面成需要角度。

（三）進行砂磨：

　　　1.慢慢放下木料至運轉中的砂帶，即可進行砂磨。

　　　2.如果木板薄，則需用推板協助手的按壓，以策安全。

　　　3.配戴口罩和戴安全眼鏡，以保護口鼻和眼睛。

（四）砂磨完畢，關掉電源，等待機器停止，方可離去。

▲砂磨機

第五節　木工車床

　　木工車床是製造圓形工作物的機器，一般常見可製作棒球棒之機具。車床工作法有兩種，一篇圓軸車削法，需應用兩頂心固定木料車削，適合車製球棒等；另一種圓盤車削法，需應用鐵製面盤固定木料，適合車製木碗、木盤等。車床的主要構造及附件。車刀是車床之切削工具，常用的有平口車刀、斜口車刀、菱形車刀、半圓車刀及分隔車刀等。圓軸車削要領與安全注意事項如下：

　　一、選擇木料：

　　　　1.清除木料上所附著的金屬物和砂土及其他附著物。

　　　　2.木料以方形角材為宜。

　　　　3.木料有裂縫和鬆節，應放棄使用。

　　二、在木料上定中心，鋸十字槽，並把活動頂心前端裝入槽內。

　　三、把活動頂心插入車床之前座主軸孔中，並移動尾座至適當位置，固定於床臺上。然後旋動尾座手輪，使尾座上固定頂心緊緊頂入木料中心孔。

　　四、用手轉動木料數過，然後反轉尾座手輪一圈，稍微退出固定頂心，添注潤滑油入木料的中心孔內。再順時鐘方向旋轉手輪，使頂心重新進入中心孔內。此時木料不但被頂心牢牢頂住，轉動也十分順利。

　　五、移動車刀座至適當位置，並固定於床臺上。然後調整車刀架高度。此時刀架面應與木料最外緣距離 3mm 左右。

　　六、用手試轉木料，觀察刀架位置是否適當，木料是否能平穩地轉動，如發現異常，立即重新調整。

　　七、開動機器以最低速運轉，觀察運轉確已穩當，才可進刀。

八、應用半圓車刀進行粗車：

　　1.一手握車刀前，穩定車刀位置，並作方向引導，另一手
　　　握車刀柄，控制進刀量。

　　2.由木料中央向兩端車削，至木料成全圓為止。

　　3.木料未成圓軸時，須用低速車削；木料成圓軸後，改用較
　　　高速車削。

　　九、停止機器，再度調整車刀位置，然後依圖指示，用筆在木
料上畫出將進一步車削的位置。

　　十、依作品之實際需要，應用適當形式車刀，做成形車削。一
般言，車削內凹弧，宜用圓口車刀或半圓車刀，車削方槽宜用分隔
車刀或平口車刀，車削V形槽和凸弧，宜用菱形車刀或斜口刀，車
削平直線則用平口車刀和斜口車刀。

　　十一、車削成形完畢，移去刀架，然後用砂紙砂磨。

　　其他重點：圓鋸機鋸切加工時，為了安全起見，鋸片之鋸齒應
突出工件3～6mm為適當。手電鑽不適合長木條之導角。鉋削類手提
機具，應由逆刀飛線方向進料。使用蚊釘槍具可作為實木封邊用，
封邊效果良好不易見痕跡。假設直刃銑刀的直徑為12mm，中心導梢
直徑為10mm，則工模刀徑補正量應為正1mm。目前花鉋機等高速切削
的刀具材質，以使用鎢碳鋼最為普遍砂輪機新換裝之砂輪，啟動時
應試轉3分鐘。木工磨刀用之游標卡尺最適合作榫頭、溝槽等精密量
測用。市面現成簡便鋸台適用於各廠牌手提式圓鋸機，初次使用應
先對鋸片平行及垂直作校正，以增加準確性。

▲圓鋸機

主軸　　　　　刀架　托架　頂尖　尾架

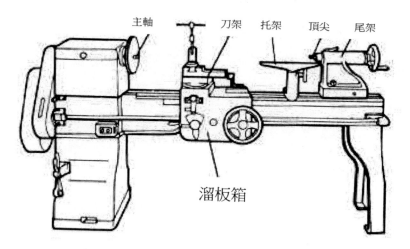

溜板箱

▲一般木工車床

▲木工用空氣壓縮機：壓力錶上的單位為 k g／c m

第十一章　木作工程完成圖例及結論

▲玄關

▲客廳

▲和室

▲臥室

▲主臥室

▲浴室

▲石門風箏節的南方松步道

▲花蓮糖廠之南方松木座椅

結論

　　本次針對裝潢中之木作工程進行部分的研究，木工常為建築工程之最後一環，也總是最細的一環，必須相當專業的技術才能完成，近年來木地板的盛行木製產品取代了大理石或磁磚的舖貼，施工更為輕便也較為容易，產生的工程二次污染也較少，為現今流行的趨勢，且木工與其他材質之融合性也相當高，便於設計師作多元化之設計，提高室內裝潢之設計感與趣味感，也期望考者都能看過此書後達到技能檢定證照取得之願望。

　　筆記1：

_____

_____

_____

_____

_____

_____

　　筆記2：

_____

_____

_____

_____

_____

附錄：技能檢定模擬試題及題解

是非題部分（參考即可，目前都以測驗題爲主）

解答　題次　題目

(O) 1. 在工作圖上標註  表示此圖爲第一角畫法。

(X) 2. 工作圖上各種標註符號愈少愈好，最好的方法是用口頭說明。

(X) 3. 爲簡化製圖，輪廓線可直接當作尺度線用。

(X) 4. 兩件相鄰物件的剖面線，方向和間隔要一致。

(X) 5. 分規係劃圓弧用的工具，圓規則用以量取長度及等分線段用。

(O) 6. 第三角畫法，俯視圖畫在前視圖之上方。

(X) 7. 圖中 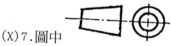 表示此圖爲第三角法。

(O) 8. 第一角畫法，是先看到工作物再看到投影面。

(O) 9. 在圖中，比例欄註明 1：5 表示此圖爲縮小圖。

(X) 10. φ15mm 係指半徑 15mm 之圓。

(X) 11. 家具工作圖，以立體圖標註尺度就能充分表達。

(X) 12. 製圖上墨時，應先把直線部分上墨後再進行圓弧部分。

(O) 13. 畫圓時圓規的兩腳需垂直於圖紙。

(X)14.完備的尺度註明不包括箭頭在內。

(O)15.完整的製圖訓練,除能繪圖外,還要閱讀別人所繪的圖,亦即能製圖及識圖。

(O)16.工作圖上較長之尺寸恆置於較短尺寸之外。

(X)17.繪製 1:1 工作圖時,不必標明尺寸,可直接由圖上量取之。

(O)18.斜投影可以採用 30°、45°、60° 的斜角表示之。

(O)19.製圖時,物體之隱藏部分應以實線一半粗細之虛線表示之。

(X)20.圓之中心點應以互相垂直之細實線表示之。

(X)21.1:10 之比例圖,表示該圖為放大 10 倍之圖面。

(X)22.實線是表示自外部不能見的部分。

(X)23.劃垂直線時通常都是由上往下劃。

(O)24.家具內部之結構,通常可用剖視圖表示。

(O)25.第一角法之俯視圖,置於前視圖之下方。

(X)26.木工工作圖中,"├──┤┤"表示鐵釘。

(X)27.量度尺寸用游標卡尺比捲尺誤差大。

(O)28.我國國家標準度量衡單位是公制。

(O)29.天氣炎熱時愈長的尺,拉長誤差得愈多。

(O)30.劃線規有木製或鐵製兩種。

(O)31.精密量具應小心使用,勿隨便放置並預防跌損。

(X)32.用游標卡尺量工件時,內卡是量外徑,外卡是量內徑。

(O) 33. 短角尺可用來測量直角或垂直線。

(X) 34. 一般測量榫頭厚度均用小鋼尺。

(X) 35. 捲尺是使用最方便，也是最準確的量具。

(O) 36. 使用游標卡尺量取尺寸，其精確度可達到 1/100mm。

(X) 37. 鋼尺除可量度外，還可當螺絲起子用。

(X) 38. 1 吋＝2.54 公分；1 呎＝25.4 公分。

(O) 39. 木材材積單位有公制、英制、台制三種方式。

(X) 40. 1 公尺等於 3 台尺。

(X) 41. 短角尺因可彎曲劃弧線故又稱曲尺。

(X) 42. 自由角規有木製與鋼製，通常是量四十五度斜角。

(O) 43. 分規可連續度量等分長度。

(O) 44. 游漂卡尺之測爪，不可當分規使用。

(X) 45. 三角板在製圖工作中是劃直線的工具，但亦可用來割紙。

(X) 46. 一般鋼直尺的最小刻度為 0.5 公厘。

(X) 47. 使用劃線規劃線，為清楚起見，應該用力滑動。

(X) 48. 一塊 10 公分寬的木板要畫出三等分，因 10 無法被 3 除盡所以無法畫出三等分。

(O) 49. 劃線規用於劃平行於木材邊緣的線。

(X) 50. 在木材上劃線，使用墨水筆較鉛筆為佳。

(O) 51. 直尺的刻度通常包括公制、英制和台制。

(O) 52. 徒手畫橫線應由左向右、由上往下依次畫下去。

(X) 53. 原子筆廣泛被採用，它是理想的劃線工具。

(X) 54. 劃線刀是雙斜刃。

(O) 55. 放樣最大效用在於求取接合角度及分件的正確形狀。

(O) 56. 劃線規使用的正確方法是向後拉。

(X) 57. 使用劃線規劃線不需靠基準邊。

(X) 58. 使用鋼尺量尺寸，最好從鋼尺前端量起。

(X) 59. 測定方框之直角度，唯一的方法是利用直角規。

(O) 60. 捲尺前端的金屬鉤，會有些微移動，是為了正確量取工作物的內外徑。

(X) 61. 劃與板側平行的線，最常用的工具是直尺。

(O) 62. 木材的年輪愈密集則表示其組織愈細密，所以其比重也相對的提高。

(O) 63. 夾板係由多層奇數之單板，縱橫交互重疊膠合而成。

(X) 64. 高密度之粒片板，吸濕性會較高。

(O) 65. 春秋材不分明之木材，大都生長於熱帶地區。

(O) 66. 木材乾燥後可減少製品發生變形開裂等缺點。

(O) 67. 翹曲是木材的乾燥缺點。

(X) 68. 木材乾裂，均因表面水分蒸發過慢之故。

(O) 69. 紅檜是針葉樹一級木。

(X) 70. 木材之纖維有方向性，但其強度方向不受到限制。

(O) 71. 木料之邊材較心材容易腐爛。

(O) 72. 一般而言，比重大之木材，乾燥速度較慢。

(X) 73. 木材乾燥時之收縮變形，一般針葉樹較闊葉樹嚴重。

(O) 74. 木材乾燥時，會逐漸收縮通常縱向收縮極微，橫向收縮頗大。

(O) 75. 乾燥後的木材能間接防止菌類及昆虫的爲害。

(X) 76. 中密度纖維板無法用機器鉋削花邊。

(O) 77. 木材砍伐後愈短時間內將之製材乾燥，則木材強度較佳。

(O) 78. 太乾之木材製成木器，回潮後木材膨脹將使接合處變化。

(X) 79. 闊葉樹材因材質較軟，一般稱爲軟材。

(O) 80. 針葉樹大部分生長在寒帶，闊葉樹大部分生長於熱帶、亞熱帶。

(O) 81. 原木浸入水中是屬於正常的貯存方法。

(O) 82. 木材因含水率的減少而體積隨著縮小，其中闊葉樹材比針葉樹材的收縮率高。

(O) 83. 通常針葉樹材較闊葉樹材穩定而不易變形。

(O) 84. 木材水分含量超過纖維飽和點稱爲生材，未超過纖維飽和點的稱爲氣乾材。

(X) 85. 合板爲最普遍的人造木質材料，它是利用膠合劑，以偶數單板互相直交重疊而成。

(O) 86. 扁柏之生長較紅檜緩慢，所以木肌較爲細緻堅實。

(X) 87. 天然乾燥可使木材達到人工乾燥無法達到的低含水率。

(O) 88. 材料厚度增加,則抗彎強度增加。

(O) 89. 針葉樹樹幹通直,闊葉樹樹幹大都彎曲分叉。

(O) 90. 通直木理之木材較斜走木理者不易變形。

(O) 91. 楠木也是一種普遍被使用之家具材料。

(O) 92. 木材含水率可能超過 200%。

(X) 93. 木料發生端裂是樹種之本性使然,無法預防。

(X) 94. 柳安木較檜木類價廉且容易取得,是理想之高級家具材料。

(X) 95. 一公尺×一公尺×一公尺等於一立方公尺,每立方公尺相當於 369 才。

(X) 96. 1 立方台尺叫做 1 才。

(X) 97. 木材一定要絕對乾燥後,才後製作家具。

(X) 98. 一般說來,弦切面都呈相互平行的紋理為多。

(O) 99. 木材在製材時有徑切、弦切兩種不同的製材方式。

(X) 100. 樹木分為針葉樹與闊葉樹兩大類,臺灣櫸木、檜木都是針葉樹。

(X) 101. 台制材積計算單位係以「才」、「石」為主,每 1000 才為一石。

(O) 102. 徑切製材比弦切製材費功夫,而且製材率較低,所以成本較高。

(O) 103. 闊葉樹材絕大多數均較針葉樹林堅硬與強韌。

(X)104. 木材年輪由春材與秋材組成，秋材生長快速故厚而色淺，春材緻密而色深。

(O)105. 同一樹種木材比重有時亦相差甚大。

(X)106. 濕材從端面蒸發水分較板面為慢。

(X)107. 木材經天然乾燥後，未經人工乾燥者謂之生材。

(O)108. 比重較大的木材，能獲得較光滑的材面。

(O)109. 濕材從端面蒸發水份較板面為慢。

(X)110. 比重大之木材其收縮率常大於比重小之木材。

(X)111. 木材中含水量並未影響膠合劑乾燥速度及接合處強度。

(O)112. 比重表示材料的相對密度，即使同一樹種木材比重有時亦相差甚大。

(X)113. 木材年輪有春材及秋材之分，蓋秋材生長快速，故厚而色淺，春材緻密而色深，兩者交互而成年輪。

(O)114. 從年輪可看出年齡，每一圈年輪為一年。

(X)115. 通常購買半寸厚以下的木料，要加一分的厚度計算價錢，稱為"加分計值"。

(O)116. 皮囊係樹皮為生長之木材所捲入而形成。

(X)117. 白桐又稱梧桐，質軟甚輕，屬針葉樹材。

(X)118. 木材細胞腔之水份開始逸出時，細胞即開始收縮。

(O)119. 中密度纖維板，可直接用花鉋機鉋出花邊。

(X)120. 臺灣紅檜是名貴的闊葉樹材，現已管制砍伐。

(O) 121. 右圖的木板是屬於弦面板

(X) 122. 端面如右圖的木料 ，乾燥收縮後會變成

。

(O) 123. 蜂巢裂是一種在木材內部發生裂開的現象，由外表不易看出。

(X) 124. 所有針葉樹材的硬度都較闊葉樹材低。

(X) 125. 心材位於邊材內部，色澤較淺。

(O) 126. 木材的形成層位於木質部與樹皮間，能使木材肥厚壯大。

(X) 127. 弦面板的木理成平行線走向。

(X) 128. 在木材端面塗漆，主要用於識別材料。

(O) 129. 人工乾燥較能控制木材含水率。

(O) 130. 木材分闊葉樹和針葉樹兩種。

(X) 131. 針葉樹材的比重通常較大於闊葉樹。

(O) 132. 端面如右圖 之弦面板，乾燥以後會翹曲如右圖

。

(O) 133. 用粒度表示砂紙粗細，#180 的砂紙比#240 的砂紙粗。

(O) 134. 平衡含水率係指木材所含水份之蒸氣壓力與四週大氣之蒸氣壓力相等。

(X) 135. 邊材因靠近樹幹邊緣，故其含水率通常比心材小。

(X) 136. 木材的收縮，以徑向收縮最大。

(O) 137. 美耐板耐熱、耐磨，是貼飾桌面的良好材料。

(O) 138. 木工用的砂紙怕潮溼，受潮時應烘乾後再使用。

(X) 139. 夾板的層數是偶數，如此才可互相牽制而不易變形。

(O) 140. 用鐵釘釘接時，硬材的釘著力比軟材大。

(O) 141. 木材乾燥不當，容易造成翹曲與變形。

(O) 142. 木材的優點是有優美、雅緻的木紋，缺點是乾燥不當容易翹曲、收縮及變形。

(X) 143. 弦面板紋理呈平行走向不易翹曲，徑面板紋理呈山形較不安定容易翹曲變形。

(X) 144. 角材端面如右圖 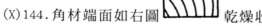 乾燥收縮後，端面可能變成

 的形狀。

(O) 145. 層疊木（層積材）是將木材切削成薄片或薄板，層疊膠合加壓製成平面或彎曲面形狀。

(O)146. 纖維板、粒片板、夾板及木心板是現代工業界常用的人造板材。

(X)147. 鉋硬木材之刀刃角應較小些。

(O)148. 調整手鉋壓鐵和刀刃的距離細鉋比粗鉋小。

(X)149. 縱開鋸齒通常成尖刀狀。

(X)150. 為了省力，弓形鑽頭的鑽尖不需要螺旋。

(O)151. 手工鉋刀、鑿刀之主要材料為高碳鋼。

(O)152. 研磨刀具先用粗之磨石研磨，再以細磨石將之磨利。

(O)153. 通常打鑿的鑿身較修鑿厚。

(O)154. 鑿削硬材時，刀刃角度愈大愈不易傷及刃口。

(O)155. 鉋削工具之刀刃角與工作物之硬度成正比。

(O)156. 鉋削木材前應先判別木理方向，切勿逆木理鉋削。

(X)157. 雙面鋸是一種推鋸，為一邊粗一邊細的鋸子。

(O)158. 一般的手工框鋸，鋸齒朝前，故推送時用力。

(X)159. 為快速研磨刀具，研磨時，以乾磨為宜。

(X)160. 手鉋鉋刀和壓鐵間應留一間隙以讓鉋屑通過。

(X)161. 手鉋鉋刀之鋼面應磨至如右圖所示  。

(X)162. 鉋削木材時逆木理鉋削，容易鉋出較光滑之平面。

(X)163. 研磨鉋刀片時，通常先研磨鋼面後磨刀刃斜面。

(0)164.螺絲起子是應用輪與軸的原理工作，故手柄直徑愈大，其機械利益愈大。

(0)165.鉋刀缺口應經砂輪機研磨後，再以油石、細石研磨之。

(0)166.鉋削軟材之刀刃角約為 20°～25°。

(X)167.橫斷鋸齒需撥齒，縱開鋸齒無需撥齒。

(X)168.用油石磨刀應加機油或黃油潤滑。

(0)169.用鉋刀割薄紙，可試出其是否鋒利。

(X)170.木工水平儀最大用途在檢查表面是否垂直。

(X)171.使用手鉋鉋削木材，無論粗鉋或是細鉋都要把壓鐵儘量靠近刀刃。

(0)172.使用手鉋時並不完全靠體力，如能體會要領必定省力多了。

(X)173.使用手工具是一種非常落後的工作方法，我們應該捨棄之。

(X)174.粗鉋用以鉋粗大木材，細鉋用以鉋細小木材。

(0)175.壓鐵的作用在防止撕裂、逆傷，如材質容易鉋光，壓鐵與刃口距離可以加大。

(X)176.上木螺釘如果螺釘槽口常有被損傷情形，則表示起子太厚了。

(X)177.手鉋有長有短，長的是細鉋，所以凡是短的都是粗鉋。

(X)178.雙面鋸都是向內拉時鋸切木材，所以向前推要施力重一點。

(0)179.普通拔釘時，為了不傷及木面，都在鎚頭下墊木塊然後拔釘。

(X) 180. 一般手工具的使用都比機械安全、容易，所以幾乎沒有危險可言。

(O) 181. 三角銼刀就是什錦銼刀之一，此外還有圓形、平形、半圓形……等。

(O) 182. 麻花鑽頭是以其直徑分大小，通常有公制規格及英制規格兩種。

(O) 183. 使用螺絲起子時，要選擇刀口之厚度及長度恰與螺絲的槽相同，否則將損壞螺絲頭之槽。

(O) 184. 短角尺為測量直角、平面或劃與邊垂直線的寬工具。

(O) 185. 螺旋鑽頭的刃口如果鈍化，可用銼刀修整之。

(O) 186. 齒撥的目的，在於防止鋸片與切削面磨擦發熱。

(O) 187. 通常平鉋刀的規格是依刀片的寬度而定。

(O) 188. 使用手搖鑽麻花鑽頭鑽取 6 公厘以下的小孔時，仍然先要用中心衝定中心眼，而後鑽孔以求正確。

(O) 189. 鉋削面的品質受鉋削深度的影響，較淺的鉋削可獲得較光滑的材面。

(X) 190. 細平鉋的切削厚度可依工作需要酌情調整至 1.0mm 以上。

(O) 191. 手工鋸當鋸齒參差不齊或形狀不正時，方需整齒。

(X) 192. 手鉋用畢後，應該把刀片卸開以防變形。

(X) 193. 粗平鉋之切削厚度，可依工作需要酌情調整至 2.0mm 以上。

(X) 194. 研磨螺旋鑽頭之割刃時，應內外側平均研磨，以確保鋒利。

(0) 195. 如果粗平鉋的刃口研磨成絕對平直的狀態反而不實用。

(0) 196. 鉋刀的保養平常木質部分為了防止變形至少每天抹一次機油。

(X) 197. 東方式的鑿刀，整支都用同一種鋼料製成。

(0) 198. 弓形鑽頭之鑽尖呈螺旋狀，可引導鑽頭下鑽，較為省力。

(X) 199. 細鉋時，手鉋的壓鐵和刀刃的距離約 2 公釐。

(X) 200. 鉋刀壓鐵的主要功用為固定鉋刀，不一定要與鉋刀鋼面密合。

(0) 201. 鑿刀鋼面微凹，但靠刃口部分，必須磨成平面。

(X) 202. 手鉋的刀角視木材軟硬而定，通常鉋硬木材時，刀角較小，鉋軟木材時，刀角較大。

(X) 203. 使用手工具鉋削木材，為方便鉋削起見，木材順紋、逆紋皆可鉋削。

(X) 204. 為快速鑽孔，使用弓形鑽鑽孔時，最好一次鑽穿。

(0) 205. 手提式線鋸機，主要功能在鋸切曲線。

(0) 206. 手提式圓鋸機之主要規格以鋸片直徑而定。

(X) 207. 使用帶式砂磨機時，前端先放下然後後端再放下。

(X) 208. 使用手提電鑽鑽孔比在鑽床鑽孔準確方便。

(X) 209. 手提電鑽要靠強大的手臂力量，才能使鑽頭鑽入木材。

(X) 210. 弓形鑽鑽頭，亦可裝於手提電鑽使用。

(X) 211. 手提砂磨機是利用齒輪原理產生震動來砂光。

(X) 212. 手提線鋸機(軍刀鋸)專門用來鋸切小木條十分方便。

(X) 213. 螺絲起子有"一"字及"十"字兩種型式,但是電動起子只有"一"字型。

(X) 214. 木工用手提電動工具一律都適合 110 伏特電壓之電源。

(O) 215. 手提電動工具在連接電源前,應確實檢查開關是否在關閉位置。

(O) 216. 大多數手提電動工具的軸承均為封閉式,不需潤滑。

(O) 217. 手提電動工具之外殼由塑膠製成是為了防止觸電。

(X) 218. 以鑽床鑽較大之孔時,轉速應加快些。

(O) 219. 以手壓鉋機鉋平材料時,出料台面應與刀軸切削圈一樣高。

(X) 220. 圓鋸機只能縱開、橫斷木料。

(X) 221. 鉋木機當送材速度加快時,更能得到較佳之鉋削面。

(O) 222. 木工機具的維護保養工作是每位使用者應盡的責任,保養時一定要切斷電源及注意機具上鋒利的刀口,以防割傷。

(X) 223. 手壓鉋機鉋削時務必考慮紋理方向,並快速推進,以利鉋削。

(O) 224. 鋸切曲線時,使用帶鋸機較圓鋸機方便。

(O) 225. 用懸臂圓鋸機橫切長木料較萬能圓鋸機快速方便。

(X) 226. 用砂輪機磨刀刃時,刃口發藍是正常現象。

(X) 227. 軟材料的鋸屑通常比硬材料的鋸屑來得細,故齒喉角要大。

(O) 228. 分段式進料滾筒之自動平鉋機,可同時分開放入數支厚度略有差異之材料一起鉋削。

(X)229.圓鋸機上之劈刀（劈縫片）與反跳無關，所以有無皆可。

(X)230.手壓鉋機專鉋角材，平鉋機則專鉋板材。

(0)231.手壓鉋機可鉋木材之平直外，也可鉋特殊角度。

(0)232.手壓鉋機之出料台面與刀軸切削圈同高，才能鉋材料為平直。

(X)233.手壓鉋機和平鉋機的功能完全一樣。

(0)234.鑽大孔時，鑽床轉速要慢些。

(X)235.木工機械都使用的直流電。

(X)236.機械的檯面每天下班都要抹上一層厚厚的油，以免生銹。

(0)237.用圓鋸機斜鋸木材時，必須使用靠板或推板。

(0)238.手壓鉋機與平鉋機之刀軸相似。

(0)239.平鉋機的鉋刀軸在材料上方，鉋削材料上方。

(0)240.手壓鉋機鉋較薄或較短之木材時，必須使用助推板。

(X)241.圓鋸機上之劈縫片有無皆可。

(X)242.平鉋機之轉速不變時，若進料速度減慢，則單位長度的鉋削次數相對減少。

(X)243.帶鋸機的大小規格是根據帶鋸條長度而論。

(0)244.手壓鉋機鉋削量是由進料檯高低來控制。

(0)245.內凹式的圓鋸片，鋸齒不必有齒張。

(X)246.平鉋機之滾軸加大時，可壓抑隆起木理之產生。

(X) 247. 帶鋸機之最大功能在於鋸切小木條。

(O) 248. 平鉋機齒輪狀滾軸為進料軸。

(O) 249. 帶鋸機的導銷（輪）在鋸切處之上方和下方，其功用為引導鋸條使其成直線運動。

(O) 250. 平鉋機的鉋花折斷板有折斷鉋花及壓穩材料的功能。

(X) 251. 鉋溝在圓鋸機也可以做到，不過必須使用橫切鋸片。

(X) 252. 圓鋸機能將木材鋸斷外，別無其他用途。

(O) 253. 手壓鉋機主要的規格是以刀軸長度為準。

(O) 254. 當木材在平鉋機鉋削中停滯時，我們不一定要馬上切斷電源。

(X) 255. 手壓鉋機上鉋削木材時，不必顧慮到紋理的方向。

(X) 256. 手工具的操作技術，在教育上愈來愈不必重視了，生產可以靠機器加工代替。

(X) 257. 在圓鋸機上，鋸切木板時，徒手自由操作是最安全且普遍的方法。

(O) 258. 手壓鉋機或平鉋機的刀軸平衡，有利於刀片重量的齊一。

(X) 259. 橫切圓鋸的鋸片，必須有割刃裝置以免撕裂木材。

(O) 260. 每部機器應該定時加潤滑油或潤滑脂。

(X) 261. 在帶鋸機工作時，任其再有聰明的安排取材，都無法節省材料。

(O) 262. 當鋸截材質極薄的材料，應該用齒數較多的鋸條。

(O) 263. 線鋸機壓料裝置可以升降，其檯面可以調整角度。

(X) 264. 操作手壓鉋機或平鉋機者，可帶手套以防止手指被木材刺傷。

(X) 265. 帶鋸機的鋸片如果前後跳動這是一般正常狀態不必擔憂。

(X) 266. 使用砂輪機研磨時，砂輪的各部表面都可以研磨。

(X) 267. 木工機械如果裝上了安全護罩就一切都不必擔心了。

(O) 268. 砂輪機研磨刀刃時，要避免用力壓以免燒焦。

(O) 269. 在具有變速裝置的平鉋機鉋削針葉樹材時可以加快送材速度。

(X) 270. 砂輪機之砂輪的迴轉方向可分為向下及向上兩種。

(O) 271. 氧化鋁磨石主要用於研磨高碳鋼工具。

(O) 272. 當平鉋機上方進料滾軸過低時，鉋削面會產生壓痕。

(O) 273. 如果手壓鉋機的輸出台面高出刃口最高點，鉋削時會發生木料前端鉋得多，後端鉋得少的情形。

(X) 274. 手壓鉋機的鉋削，為高速的切削，對木材逆紋方向鉋削，是無影響的。

(O) 275. 用手壓鉋機時，不鋒利的鉋刀鉋削短小木材，可能引起嚴重的跳動或後拋現象。

(O) 276. 研磨鉋刀時，除應注意鉋刀的角度外，應在磨石上面做很平均的研磨活動。

(X) 277. 帶鋸鋸條折損時，不能電焊或熔接。

(X)278.裝上帶鋸機的鋸條之後，就可以馬上打開電源啟動了。

(X)279.螺旋鑽頭通常都裝配在小型鑽床上使用。

(X)280.鑽取一個直徑 50mm 的深孔，最好選用 49mm 的螺旋鑽頭然後加以修整 50mm 圓孔以防失敗。

(X)281.平鉋機送材速度提高，則鉋削面的刀痕較細。

(O)282.刀片之銳利是可以從鉋削之聲音判別出來。

(O)283.鉋削面之優劣除了與刀刃之銳利有關，同時也與裝刀的技術有關。

(X)284.用手壓鉋機鉋削板面時，不管材料之厚薄，用手直接壓送最為方便。

(O)285.目前臺灣製木工機械都使用 AC110V 及 AC220V 的馬達。

(X)286.平鉋機的鉋刀軸之壓鐵只有一種功用是固定鉋刀。

(O)287.木工圓鋸機除了鋸切之外，亦可開溝槽。

(X)288.所有木工鋸機的鋸盤或鋸條，鋸齒都需向左右撥齒，以防鋸身被夾。

(O)289.空氣壓縮機內的水分，會影響噴漆的效果，故應經常放水或安裝氣水分離器。

(X)290.木工鑽床使用的鑽頭，通常鑽尖部分有螺旋，以引導鑽孔。

(O)291.在盤式砂磨機上砂磨時，砂盤中心和砂盤邊緣的切削效果不一樣。

(X) 292. 在花鉋機上鉋削木料，爲了省力，通常送料的方向和鉋刀旋轉的方向相同。

(X) 293. 用旋臂鋸鋸切斜角時，將木料放置台面適當位置即可，不必緊靠靠板。

(O) 294. 轉動圓鋸機鋸片的固定螺帽，和鋸片旋轉方向相同的是放鬆的方向。

(O) 295. 帶鋸條張力的調整，直線縱剖木料要比鋸切曲線的張力大。

(X) 296. 平鉋機的上進料軸，不分段式的較分段式的爲佳。

(O) 297. 安裝砂輪時，鎖緊螺帽的方向，應與砂輪旋轉的方向相反。

(X) 298. R.P.M. 表示切削速度。

(X) 299. 端面成菱形的木料可直接用平鉋機鉋成直角。

(O) 300. 用碳化鎢的圓鋸片鋸切木料，其鋸切面，較用帶鋸機鋸切的光滑。

(X) 301. 用手壓鉋鐵鉋削木料時，送料速度愈快，表面愈光滑。

(X) 302. 平鉋機下進料軸的高度，通常和台面同高。

(X) 303. 氣動工具，使用的壓縮空氣，不可含有油霧。

(O) 304. 帶鋸機鋸條的寬度和鋸切的弧度有關。

(X) 305. 立軸機的轉速不變時，不管刀具直徑大小，其切削速度亦不變。

(O) 306. 用圓鋸機鋸切合板時，與台面接觸的一面容易造成撕裂現象。

(X) 307. 手提線鋸機的鋸齒，安裝時應朝下。

(O) 308. 三相 220V 的馬達，任可兩條電源線互換，會改變馬達的轉向。

(X) 309. 爲避免帶鋸條折斷，不可在帶鋸機上鋸曲線。

(X) 310. 鑽孔速度和材料有關，與鑽頭直徑無關。

(O) 311. 操作圓鋸機時，應站在鋸片的後側方，以免危險。

(X) 312. 兩面翹曲的木板，可直接送入平鉋機鉋平。

(O) 313. 只要鋸條的寬度和鋸切的曲率半徑配合，帶鋸機是一部很好的鋸曲線木工機械。

(O) 314. 用圓鋸機橫鋸多塊等長木料時，不可直接用導板定長度，以防材料反彈。

(O) 315. 使用平鉋機鉋削單塊木板時，木板的長度應超過進料軸和出料軸軸心的距離。

(X) 316. 鉋削平面時，手壓鉋機進料台和出料台的高度應同高。

(O) 317. 使用手壓鉋機鉋削硬材時，一次鉋削的厚度應較軟材少些。

(X) 318. 線鋸機是上下運動的機器，故安裝鋸條時，鋸齒朝上朝下均可。

(O) 319. 在木工車床車削軸狀工作物，粗車時應選用半圓車刀如右圖
。

(X) 320. 木工車床初車時，速度愈快愈好。

(X) 321. 一般木工帶鋸機主要的用途是鋸曲線及內封閉曲線。

(O) 322. 在圓鋸機上操作，應使用導板或斜角規鋸切工作物。

(X) 323. 平鉋機主要的功用是鉋削木材的基準面及直角邊，手壓鉋機的主要的功用是鉋削木材厚度及寬度。

(X) 324. 木材之膠合與木材之含水量無關。

(X) 325. 用木螺釘接合兩片木材時上下方之引孔應一樣大小。

(O) 326. 尿素膠的耐熱性較白膠為佳。

(O) 327. 鐵釘的接合強度較木螺釘為小。

(O) 328. 木螺釘的長度通常都使用吋單位。

(O) 329. 木材端面膠合之接著力最弱。

(O) 330. 為了組合方便每一支木釘榫頭應加以倒角之。

(O) 331. 搭接之榫厚一般均為材厚的二分之一。

(X) 332. 榫接之配合一般指的是榫厚的鬆緊與榫寬無關。

(X) 333. 組合時膠塗得愈多愈牢固。

(O) 334. 木材膠合時應避免端面對端面接合。

(O) 335. 木工接榫時，榫頭與榫孔的表面力求平整，以利上膠，增加膠合強度。

(O) 336. 為了組合方便，榫頭之端部應酌予倒角。

(O) 337. 工作物在組合前，除了各部零件應檢查外，更要考慮組合順序及組合工具是否充足妥善。

(X)338.裝配鉸鏈的木螺釘，可以直接用鐵鎚釘下去比較快。

(X)339.組合上膠的工作物如果要加夾具夾時壓，應該拿小片薄板為墊木以免浪費材料，所以愈薄愈理想。

(X)340.圓頭木螺釘的釘頭不允許露出板面上。

(O)341.木材邊面膠合時，各膠合木面之木理應同一方向，膠合後之面，才不致發生鉋削困難。

(X)342.C型夾的夾壓效果良好，無論何種組合物都很適用。

(O)343.木材釘接，必要時可以把鐵釘的釘頭打扁後，順紋理方向打下去。

(O)344.木釘直徑不宜小於接合木材厚度的三分之一，亦不宜大於木材厚度的二分之一，釘長則為直徑的四倍。

(O)345.上鐵釘最好使其成一傾斜角以增強結合力。

(O)346.某些木材具有腐蝕鐵釘的現象，最好能改用其他結合方式。

(O)347.一般所謂的白膠其化學名詞就是聚醋酸乙烯膠合劑。

(X)348.任何榫接部位都應上膠使之永不脫離。

(X)349.木材中含水率不影響膠合劑乾燥速度及接合處強度。

(O)350. 家具的結構如左圖，可增抗彎力的承受。

(O)351.一般門框榫接時，榫頭厚度約為材料厚度的三分之一。

(O)352.膠的性質分熱可塑性與熱硬化性兩種。

(X)353.榫接的強度一般來說遠不如釘接。

(X) 354. 合板鑲邊前，為求接合的精密，宜用手壓鉋機做鉋光的處理。

(X) 355. 併板多半是因為木板寬度不足的補救方法，能避免的話最好不用。

(X) 356. 一般購買木螺釘時以其重量來計算價錢。

(O) 357. 普通木螺釘有平頭、圓頭、橢圓頭三種。

(X) 358. 裝配五金零件要盡可能使用木螺釘，這是降低成本的辦法。

(O) 359. 尿素膠是屬於一種反應型的膠。

(X) 360. 滲出木面的白膠，乾燥後呈無色透明，不會影響塗裝效果。

(X) 361. 利用木釘作 T 字型接合時，通常只用一支木釘即可。

(X) 362. 木材膠合強度與膠的性質有關，與木材含水率無關。

(O) 363. 一般榫接，製作緊密，上膠可增加強度。

(O) 364. 搭接時，榫頭厚度為材料厚度的二分之一。

(X) 365. 不貫穿的插榫，榫頭的長度要和榫孔的深度一樣。

(O) 366. 白膠之耐水性較尿素膠差些。

(O) 367. 組合方形框架，可以量對角線來測知角度是否正確。

(X) 368. 木釘表面有溝槽，是為了美觀而設計。

(O) 369. 按裝鉸鏈，如槽挖得太深，盒蓋會有反彈現象，不能完全關閉。

(X) 370. 櫥櫃的門，一定要裝把手，才能開啟。

(O) 371. 手工製作榫接時，通常先做榫孔，後做榫頭。

(O) 372. 榫接的鬆緊度，以能用手力壓入的緊度較佳。

(O) 373. 木材膠合力的強度和木材含水率有關。

(O) 374. 木螺釘因可拆卸，故可做永久性或暫時性兩種連接之用。

(X) 375. 木工常用的白膠比尿素膠耐熱、耐水。

(O) 376. 塗佈膠合劑厚度在不致發生缺膠或斷續膠膜之範圍內，其膠膜愈薄則膠合力愈強。

(O) 377. 銅釘較能耐腐蝕不過其本身的硬度則不如鐵釘。

(O) 378. 合成樹脂膠的性質可分熱可塑性及熱硬化性兩種。

(O) 379. 熱熔膠之耐熱性較尿素膠差。

(O) 380. 尿素膠是一種合成樹脂膠合劑，它具有相當的耐水性。

(X) 381. 尿素膠是屬於熱可塑性的膠合劑。

(X) 382. 木材的任何一面都具有良好的膠合力。

(O) 383. 使用牛皮膠時應用福馬林。

(O) 384. 噴塗較刷塗更能均勻塗佈塗料。

(O) 385. 刷塗時，塗料的黏度通常較噴塗為大。

(O) 386. 洋干漆大都用於低級木製品，其缺點為耐水耐熱性較差。

(X) 387. 塗裝作業力求塗膜均勻，宜於低溫高濕時塗裝。

(O) 388. 塗裝的主要目的是對家具之保護及美化。

(X) 389. 為了提高塗裝品質，二度底漆愈厚愈好。

(O) 390. 砂光應在零件製作完成時做好，組合後，塗裝前仍應砂光。

(X) 391. 塗裝之目的在增加美觀,對木製品之耐用與耐腐實際上並無幫助。

(O) 392. 砂光與噴塗作業都應戴口罩。

(O) 393. 香蕉水是用來稀釋塗料的一種材料。

(O) 394. 對漆刷的選擇,基本上要考慮到所使用塗料之種類。

(O) 395. 砂紙的粒度號數愈大則表示這種砂紙愈細。

(O) 396. 砂紙的粒度號數愈小,其研磨效率愈快、愈粗。

(O) 397. 塗裝的功用有保護、增加美觀,且防止污穢腐蝕等功用。

(O) 398. 良好的材面整修,為塗裝作業的必需條件。

(O) 399. 塗料的塗佈方式很多,其中也有使用棉花團推光的方式。

(X) 400. 所謂刮塗是指用刮板來塗佈黏度比較低的塗料。

(O) 401. 砂紙必須保存於乾燥的地方,以免受潮而使磨料顆粒脫落。

(X) 402. 為了提高塗裝品質,二度底漆愈厚愈好。

(X) 403. 油性著色劑比水性著色劑更能滲入木料中。

(X) 404. 洋干漆又種為蟲膠漆是一種油性塗料。

(O) 405. 從刷塗作業的效率觀點來說,剛剛買來的刷子不如用過的刷子。

(O) 406. 砂磨的目的在於使家具表面平滑及截斷細纖維。

(O) 407. 砂紙之貯存方法,最好的是放在乾燥的溫室裏。

(X) 408. 為了加速塗膜硬化應該以陽光曝晒。

(X) 409. 噴漆時，噴槍和工作物距離愈近，效果愈佳。

(O) 410. 硝化纖維系的塗料，通常較調合漆乾得快。

(X) 411. 噴漆時，塗料的黏度如果太低，漆面會產生橘皮現象。

(X) 412. 一度底漆的主要功用為填補木材空隙。

(X) 413. 在乾燥的氣候塗裝，易產生白化現象。

(X) 414. 噴塗時，可獲較光滑的漆膜，故採用噴塗的木面，不必先行處理光滑。

(O) 415. 二度底漆的耐磨性通常較面漆為差。

(O) 416. 塗裝工作不可操之過急，刷塗面漆，最好等下層漆乾後，再塗上層漆。

(O) 417. 手工砂光時，砂紙上面的壓力以能達到適當的切削作用即可，過大的壓力僅僅增加摩擦力和熱量，且容易使砂紙很快失去效用。

(O) 418. 毛刷的保養是用過後，立即清洗。

(O) 419. 油性著色劑的乾燥速度比水性著色劑快，價格也比較貴。

(X) 420. 粘度愈高表示塗料中所含的稀釋劑愈多，也容易噴塗。

(O) 421. 漂白也是木面整理的一項工作。

(X) 422. 用刮刀填眼時，最好順紋理刮填。

(X) 423. 用手刷塗面漆，為節省時間不必等第一層漆膜硬化，即可刷第二層。

(X) 424. 所謂刮塗就是把黏度高的刮到黏度較低的地方。

(O) 425. 砂紙（布）是一種在紙上或布上塗佈磨料，用以研磨使材料表面平整。

(O) 426. 選用砂紙，必須考慮到磨料的種類和粒度的大小。

(O) 427. 一般常用砂紙的磨料粒度號數從 80120150 到 240 不等。

(O) 428. 砂紙的粗細是由磨料粒度的號度數來決定。

(O) 429. 由能夠通過每吋長有 180 個網目的磨料所製成的砂紙，稱為 180 號粒度的砂紙。

(O) 430. 市售的砂紙，常用磨料有四種，即燧石、柘榴石、氧化鋁、碳化矽。

(O) 431. 砂磨原理是利用磨料銳利的稜角，就如刀割般磨平木材表面。

(O) 432. 柘榴石是砂磨木材最常用的磨料。

(O) 433. 市售的耐水砂紙，砂紙背面有註明 CC 者，其磨料材料是碳化矽。

(O) 434. 手提電動工具之外殼用塑膠製成，主要是為防止感電。

(X) 435. 止血工作需要特殊的技術，必需等醫師到達後才可進行。

(O) 436. 工業傷害發生之原因，以人為疏忽所佔之比率最大。

(X) 437. 操作機器最好戴手套，以策安全。

(X) 438. 如果火災起源於可燃性液體，如汽油、機油、柴油等，可用大量的水來灌救。

(O) 439. 使用砂輪機磨刀時應戴安全眼鏡。

(O)440.傳遞刀類工具，應將刀柄，朝向對方。

(O)441.換裝保險絲後的機器，通電後，如立即又燒斷，可能的原因是有電線短路的現象。

(X)442.在操作木工機器時，可佩戴領帶或手套。

(X)443.當有人觸電受傷，不管電源有無切斷，應先將傷者移開。

(X)444.每天都使用的機械其情況比較熟悉，故不必天天檢查。

(X)445.為避免手被割傷，可戴手套操作木工機器。

(O)446.勉強過度的工作，反而降低工作效率，充分的休息與睡眠有益於安全與增進工作效率。

(X)447.一般圓鋸機都不需要安全護罩，以免影響工作的進行。

(X)448.已熟練的技術員不會出問題，未熟練的人才特別需要注意安全。

(O)449.機械維護或調整時，一定要先關閉該機械之電源。

(X)450.機械上放有警告牌，使用時可逕行移開。

(O)451.所有機械最好都實施定期保養檢查並建立卡片紀錄之。

(X)452.電氣失火，宜用泡沫滅火劑施救。

(O)453.有良好的吸塵系統，可保持工廠清潔。

(O)454.為獲得最大安全，機具應保持良好狀態。

(X)455.電氣災害的發生，較難以預防，僅能於事故後採取補救的措施。

(O)456.手壓鉋機最好經常使用安全護罩，以免發生意外事件。

(X) 457. 停機後機械慣性旋轉中，已無危險性，必要時可以用手拉住代替剎車。

(X) 458. 因有工作經驗所以在工廠內可隨便接近或以手等碰觸危險標示牌，或警示燈之場所。

(X) 459. 照明燈電線可直接掛在鐵釘或金屬物上。

(○) 460. 保養電氣機械的時，應將電源切斷後始可進行。

(○) 461. 電氣開關箱之護蓋應常關閉，內外及附近不得放置物品。

(○) 462. 使用電磁開關，如停電時開關就自動跳開切斷電源。

(○) 463. 有掛著危險標示或故障修理中的牌子之機器及開關，絕對不可隨意觸摸。

(○) 464. 提起重物，必須蹲下，靠腳力提起。

(○) 465. 凡需用雙手搬運物品時，不論一人或數人均要小心防止物品夾到手，或物品掉落腳上。

(○) 466. 在生產工場中，使用手工具前一定要先檢查工具是否齊全。

(○) 467. 在生產工場中，手工具應放置固定場所，不可任意散置於作業場所。

(○) 468. 手工具用畢，應檢查有無損壞，以便下次使用。

(○) 469. 普通保險絲的安裝法為了牢固起見必須採用「S」型裝法。

(X) 470. 一般手工具的使用都比機械安全容易，所以幾乎沒有危險可言。

(X) 471. 工作忙的時候為了爭取時間，在工場裡要快速跑步。

(X) 472. 木工用手提電動工具一律都是適合三相 220 伏特電壓。

(O) 473. 油布或含有油漆溶劑的布，要安置於加蓋的金屬容器中。

(X) 474. 如電源開關的保險絲經常燒斷，可以用銅絲代替常用的保險絲。

測驗題

解答　　題號　　題目　　選項

(2)475.依中國國家標準（CNS）下列對尺度標註的說明那一項是
正確的❶中心線可當尺寸線❷尺寸應標註於尺寸線上方
❸尺寸應標註於尺寸線中間❹尺度界線應較輪廓線粗。

(1)476.－－－－－此種線條表示❶隱藏線❷輪廓線❸中心線❹短
斷線。

(2)477.在正投影中，其畫面即稱為❶投影線❷投影面❸水平面❹垂
直面。

(4)478.比例 1：2 是表示❶對稱圖形只劃一半❷圖上標示尺寸要放
大❸放大一倍的圖❹縮小一半的圖。

(2)479.利用三角板配合丁字尺，可作成❶10°❷15°❸20°❹25°
之倍數角度。

(4)480.鉛筆級別中之Ｂ表示❶硬❷淡❸硬而淡❹軟而黑。

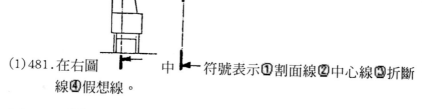

(1)481.在右圖　　　　中　　符號表示❶割面線❷中心線❸折斷
線❹假想線。

(2)482.四開圖紙是指全開紙連摺❶一次❷二次❸三次❹四次。

(1)483.圖學的兩個要素是❶線條與文字❷線與尺寸❸比例與文字
❹符號與說明。

(1)484.鉛筆心的硬度以何者為硬級①H②B③HB④F。

(4)485.旋轉剖面通常是將剖視圖上旋轉①30度②45度③60度④90度。

(1)486.在右圖 □ 中 ├ 符號表示①割面線②中心線③折斷線④假想線。

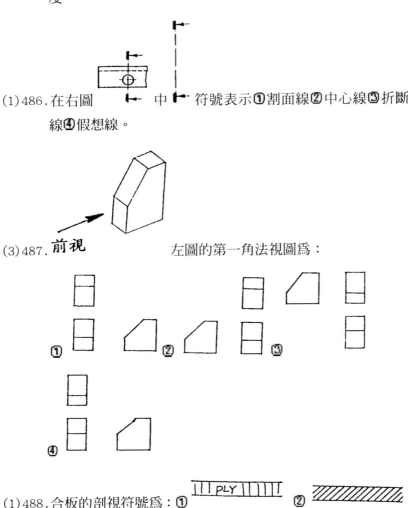

(3)487.前視　　　　　　左圖的第一角法視圖為：

(1)488.合板的剖視符號為：① ‖‖PLY‖‖‖‖ ② ⫽⫽⫽⫽⫽⫽

(1)489.指線是用於❶記入尺寸或註釋❷方向引導❸錯誤的更正標明❹剖切位置。

(3)490.家具製圖上常以❶立體圖❷草圖❸剖視圖❹透視圖　表示較複雜的內部構造。

(3)491.下圖之剖面符號爲❶管剖面❷圖形剖面❸旋轉剖面❹視角

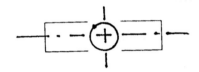

符號。

(1)492.下圖之剖面符號爲❶先鑲邊後貼薄片❷先貼薄片後鑲邊

❸膠合符號❹玻璃符號。

(1)493.表示物體的形狀或輪廓是以❶實線❷投影線❸細實線❹尺寸線。

(3)494.製圖上標記圖的半徑時，一般在尺寸及字的前冠以何種半徑符號❶S❷Q❸R❹P。

(3)495.下圖之劃法爲第幾角劃法❶一❷二❸三❹四。

(4)496.指線是用於❶方向引導❷錯誤的更正標明❸隱藏部分❹記入尺寸或註解。

(2) 497. 製圖比例如 1/2 即表示①放大兩倍②縮小一半③放大 1/2 倍④縮小爲原來的 1/4。

(3) 498. 右圖  表示①兩塊實木，用釘接接合②兩塊合板釘接③一實木與一木質加工材料，用膠接合④纖維板翹曲與合板膠接。

(2) 499. 依我國木工專業製圖國家標準，"  "符號表示 ①膠合位置②木理方向③表面使用之材料④組合部位。

(4) 500. 木質板先以實木單板貼面後，再以實木封邊，其表示方式

爲：①　　　　　②

　　　　　③　　　　　④

(3) 501. 正六角形之每一內角等於①60°②90°③120°④150°。

(1) 502. 右側視圖在前視圖左邊時，物體的俯視圖畫在前視圖下方的畫法爲①第一角法②第二角法③第三角法④第四角法。

(1) 503. ├────┤│ 左邊的符號爲①木釘②木螺釘③鐵釘④螺栓。

(1) 504. 尺度標註中，D 表示①直徑②半徑③圓④角度。

(1) 505. 一英寸等於①25.4mm②2.54mm③12mm④10mm。

(4)506.游標卡尺不能測量❶外徑❷內徑❸深度❹角度。

(4)507.量測角度的工具是❶游標卡尺❷圓規❸自由角規❹分度器。

(4)508.一英尺等於❶1.1 台尺❷0.99 台尺❸1.09 台尺❹1.0058 台尺。

(2)509.下列長度量具何者最準確❶捲尺❷不銹鋼直尺❸折尺❹竹尺。

(3)510.量榫頭應使用何種量具較為精確❶捲尺❷鋼尺❸游標卡尺❹折尺。

(3)511.下列敘述何者正確❶一呎等於一台尺❷一公尺等於三台尺❸一公尺等於一千公厘❹一呎較一台尺略短些。

(3)512.可劃任何角度的工具是❶游標卡尺❷圓規❸自由角規❹分度器。

(4)513.一英尺等於❶25.4 公厘❷300 公厘❸3.3 公厘❹304.8 公厘。

(4)514.游標卡尺之量度最小讀數值為❶0.05 公厘❷0.5 公厘❸0.1 公厘❹0.01 公厘。

(1)515.劃取 420 公厘的精密長度最好是選用❶鋼尺❷折尺❸捲尺❹游標卡尺。

(1)516.我國推行❶公制單位❷英制單位❸台制單位❹日制單位。

(2)517.1/20 之游標卡尺可量度❶0.5 公厘❷0.05 公厘❸0.015 公厘❹0.02 公厘之精度。

(1)518.公制單位是❶10 進法❷12 進法❸16 進法❹8 進法。

147

(3) 519. 圓規之用途可用來❶測直角❷量平面❸劃垂直線❹以上皆可。

(1) 520. 長角尺用來❶測直角❷量水平❸測垂線❹以上皆是。

(2) 521. 游標卡尺最適合量取❶長度❷內圓直徑❸斜角❹寬度。

(1) 522. 一般鳩尾榫規之斜度為❶1：6❷2：7❸1：9❹2：8。

(3) 523. 任意角度之畫線時應使用何種工具❶角尺❷鋼尺❸自由角規❹分規。

(2) 524. 劃與板側垂直的數條平行線最方便的工具是❶直尺❷直角規❸劃線規❹捲尺。

(3) 525. 下列有關於劃線之敘述何者是正確的❶先劃細部尺寸❷連線用尖刀❸鋸切線可用尖刀❹角材上的橫線都應四面劃線。

(4) 526. 下列那一種劃線工具可用以劃出較大的圓弧❶角尺❷分規❸自由角規❹長徑規。

(1) 527. 角材之連線應使用❶短角尺❷長角尺❸游標卡尺❹丁字尺。

(3) 528. 下列那一種劃線工具可用以劃出各種不同的角度❶角尺❷分規❸自由角規❹長徑規。

(4) 529. 下列何者不是劃線的工具❶鋼尺❷自由角尺❸墨斗❹鉛垂。

(3) 530. 劃一 500 公分之長線，下列何種工具較常使用❶長鋼尺❷鋼捲尺❸墨斗❹折尺。

(3) 531. 劃線精度最高的工具是❶原子筆❷鉛筆❸尖刀❹簽字筆。

(3) 532. 製造家具在劃線以前必須先❶熟記尺寸❷做上記號❸注意

材料紋理、顏色、材面❹修整端面。

(1)533.角材劃線的時候從第一面到第四面之間，角尺❶要調方向
❷不必調方向❸調兩次方向❹以工作者習慣而定。

(3)534.劃鳩尾榫時，下列何種工具最適合？❶直角規❷分規❸自由
角規❹45度規。

(4)535.自由角規的主要用途在劃取❶三十度❷四十五度❸六十度
❹任何角度。

(1)536.搬線的工作應該選擇❶角尺❷直尺❸捲尺❹卡尺。

(4)537.劃長距離直線最佳工具為❶折尺❷捲尺❸角尺❹墨斗

(2)538.劃與側邊平行之榫孔、榫頭線時，應使用❶角尺、鉛筆❷劃
線規❸墨斗❹尖刀。

(2)539.劃線直接影響成品的精密度，較精密的鑿切線是❶原子筆線
❷刀線❸鉛筆線❹墨斗線。

(3)540.在木板上劃縱向平行線最好的工具是❶直角規❷直尺❸劃
線規❹分規。

(1)541.下列那種工具在長而不平的表面劃線最為方便？❶墨斗
❷捲尺❸劃線規❹長直尺。

(4)542.人工乾燥材，若製程太長，容易產生❶收縮❷變色❸端裂
❹回潮。

(4)543.材質穩定較不易變形的是❶楠木❷鐵杉❸橡木❹南洋白木。

(3)544.下列對合板的敘述那一項是錯誤的？❶合板長寬方向的強
度相同❷合板的翹曲較實木小❸合板的層數通常為偶數

149

④合板之利用率較高。

(2) 545. 製材品依中國國家準標，最小橫斷面之寬為厚之三倍以上者，稱為①角材②板材③割材④原木。

(1) 546. 一立方公尺等於①423.7737 板呎②413.7737 板呎③443.7737 板呎④433.7737 板呎。

(1) 547. 100 立方寸為①1 才②10 才③100 才④15 才。

(2) 548. 下列樹種何者不適合做椅類家具①春茶②梧桐③柚木④橡木。

(4) 549. 下列四種材料，以那種材質最硬①扁柏②木荷③臺灣杉④臺灣櫸。

(2) 550. 經過人工乾燥後木材的切削抵抗力是①不變②增加③減少④無關。

(2) 551. 木材經過人工乾燥後①永不變形②可減少變形的程度③與未乾燥沒有差別④變形程度增大。

(1) 552. 平放於桌面之木板，當變成 時①空氣濕度太高②空氣濕度太低③空氣溫度太高④空氣溫度太低。

(1) 553. 下列木材那一種較適合選為木工工作台的材料？①楠木②樟木③紅檜④梧桐。

(3) 554. 一般心材為靠近髓心之木材，其顏色與邊材①相同②較淡③較濃④不一定。

(1) 555. 木材一寸寬×一寸厚×一丈長，其材積為①一才②一立方公

尺❸一板呎❹一板才。

(3) 556. 材積 1 立方尺等於❶10 立方寸❷100 立方寸❸1000 立方寸
❹10000 立方寸。

(2) 557. 從年輪可算出樹齡，每一圈年輪為❶半年❷一年❸二年❹不
一定。

(2) 558. 材質穩定較不易變形的是❶闊葉樹材❷針葉樹材❸橡木
❹南洋白木。

(3) 559. 在木板的端面塗一層油漆，其目的是❶打記號❷防止遺失
❸防止端裂❹分類樹種。

(1) 560. 木板經過乾燥後翹曲的方向下列何種敘述是錯誤的？❶毫
無定律❷依樹種而異❸與乾燥方法有關❹與製材部位有關。

(3) 561. 下列木材中，耐用年限最長的是❶杉木❷松木❸檜木❹楠
木。

(2) 562. 生材含水量的差異，下列何者是對的？❶闊葉樹材與針葉樹
材相同❷邊材大於心材❸冬季伐木大於夏季伐木❹針葉樹
材大於闊葉樹材。

(4) 563. 木材收縮率最大的方向是❶長度❷徑向❸縱向❹弦向。

(2) 564. 家具用材一般以人工乾燥來控制含水率，所以❶不必行天然
乾燥❷給予適當的時間預乾更好❸天然乾燥時間愈短愈好
❹與天然乾燥時間無關。

(2) 565. 比重大的材料硬度也高，所以❶扭翹變形較少❷扭翹較多
❸不扭翹❹不一定。

(2) 566. 最容易使木材發生乾裂或翹曲的環境為❶高溫高濕❷高溫低濕❸低溫低濕❹低溫高濕。

(3) 567. 6 尺×2 寸×1 寸的木料 5 支，3 尺×1 寸 5×1 寸 5 的木料 8 支共為❶0.114 才❷1.14 才❸11.4 才❹114 才。

(2) 568. 1 才是❶1 立方公尺❷1 尺正方一寸厚❸1 寸正方 1 尺長❹1 立方尺。

(3) 569. 木材的纖維飽和點之含水量約為 ❶100%❷38%❸28%❹18%。

(3) 570. 下列樹種何者不是闊葉樹材❶烏心石❷櫸木❸肖楠❹柚木。

(1) 571. 下列有關木材心材與邊材之敘述何者是錯誤的❶心材收縮較大❷心材顏色較濃❸邊材較粗鬆❹心材含水量較少。

(3) 572. 下列何種樹種為闊葉樹材❶松木❷檜木❸梧桐❹雲杉。

(1) 573. 外銷家具之木材含水量最好控制在❶12％以下❷13％～16％❸17％～20％❹20％以上。

(3) 574. ❶腐朽❷節痕❸蜂巢裂❹蟲孔 是人工乾燥的缺點。

(1) 575. 用燙斗加工之薄片厚度以何者較適合❶0.1～0.3mm❷0.4～0.7mm❸0.7～0.9mm❹1～1.5mm。

(3) 576. 用木纖維或其他植物纖維製成的是❶粒片板❷合板❸纖維板❹木心板。

(1) 577. 下列何者材料的比重較大❶赤皮❷鐵杉❸白桐❹雲杉。

(2) 578. 平放於桌面之木板，當變成 時是因為❶空氣濕度太高❷空氣濕度太低❸空氣溫度太高❹空氣溫度太

低。

(3) 579. 木材之抗彎強度大是表示❶彎曲時容易折斷❷不適合彎曲成形❸比較適合彎曲成形❹與彎曲成形無關。

(1) 580. 夾板為多層板所組合，通常為❶奇數層❷偶數層❸隨厚度決定奇偶數層❹與層數無關。

(3) 581. 夾板有各種尺寸規格市面上常見的為❶1 尺×1 尺❷3 尺×3 尺❸3 呎×6 呎❹6 呎×6 呎。

(4) 582. 木心板為合板的一種，市面上常見的厚度為❶1/4 吋❷1/2 吋❸1/8 吋❹3/8 吋。

(2) 583. 木材為何能浮於水面❶比重大❷比重輕❸樹大的才能浮於水面❹樹小的才能浮於水面。

(1) 584. 木材形成年輪是由❶春材與秋材❷夏材與冬材❸夏材與秋材❹秋材與冬材　構成。

(2) 585. 木材年輪較為明顯者為❶闊葉樹種❷針葉樹種❸比重大的樹種❹與樹種無關。

(3) 586. 以彈性最佳是製作樂器最好的材料是❶紅檜、扁柏❷烏川石、樟木❸梧桐、泡桐❹柳安、雲材。

(1) 587. 木材纖維組織中最先擴散的是❶細胞腔中之自由水❷細胞壁之結合水❸兩種一起❹樹液。

(2) 588. 木材開始收縮是在❶細胞腔之自由水擴散時❷細胞壁之結合水擴散時❸樹液擴散時❹只要水份擴散就收縮。

(1) 589. 我國林務局標售木材採用的單位是❶立方公尺❷立方公分

②板呎④石。

(2)590. 木材收縮率因樹種而異，一般來說①縱向>弦向>徑向②弦向
>徑向>縱向③徑向>縱向>弦向④徑向>弦向>縱向。

(3)591. 木材材積的計算 1 才等於①1 台尺×1 台尺×1 台尺②1 台尺
×1 台尺×10 台尺③1 台寸×1 台寸×10 台尺④1 台寸×1
台寸×10 台寸。

(3)592. 木材一塊重量為 375 克，絕乾後為 300 克，其含水率為
①0.25%②2.5%③25%④250%。

(3)593. 研磨鉋刀時磨石上淋一些水，主要是為了①省力②使磨石耐
久③將磨屑沖掉④冷卻。

(3)594. 合板之長、寬方向強度相等的原因是①合板由單板層疊而成
②合板層數為奇數③各單板木理方向成直角相交拼成④合
板上膠的關係。

(2)595. 在鉋削木料的那一部位易造成劈裂？①板面②板端③板側
④板側凹面。

(2)596. 所謂木材纖維飽和點是指①纖維內充滿水分②細胞腔的水
已逸出，而細胞壁尚含水分③細胞壁的水已逸出，而細胞腔
尚含水分④細胞腔和細胞壁的水全部逸出時之含水率。

(3)597. 臺灣地區的木材平衡含水率約在：①8%～9%②10%～
12%③16%～17%④19%～20%。

(1)598. 右圖之木材  屬①瓦狀翹曲②弓狀翹曲③駝背翹

曲❹扭轉翹曲。

(1)599.使用蒸氣乾燥窯乾燥木材時，初期要採取❶高濕低溫❷高濕
高溫❸低濕高溫❹低濕低溫方式進行。

(1)600.未乾燥前的一塊正方形角材如右圖 ，乾燥收縮後
會變成如虛線的形狀：

(4)601.下列那種木材表面的貼飾材料最能耐磨？❶PVC 塑膠皮❷木
材薄片❸木材單板❹美耐板。

(1)602.以細碎木片為主要原料，而摻以有機黏著劑壓而成之板稱為
❶粒片板❷合板❸美耐板❹化粧板。

(3)603.下列那種木材的硬度最高？❶杉木❷雲杉❸石櫧❹紅檜。

(3)604.何種翹曲之木板最難加工？❶瓦狀翹曲❷弓狀翹曲❸扭轉
翹曲❹駝背翹曲。

(1)605.附著在細胞壁的水稱為❶吸著水❷自由水❸游離水❹重水。

(1)606.下列何種木材硬度最小？❶紅檜❷楓木❸橡木❹櫸木。

(3)607.MDF是表示材料為❶合板❷木心板❸中密度纖維板❹高
密度纖維板。

(4)608.下列何種木材的缺點為人工乾燥產生的缺點？❶脂囊❷鬆

155

節❸皮囊❹蜂巢裂。

(2)609.木材材積單位 B.F，表示材積為❶台才❷板呎❸日才❹立方公尺。

(1)610.銷往美國的家具，塗裝前的木材含水率約為❶10%以下❷15%❸20%❹25%。

(1)611.用木材之切片、削片、鉋花做成之木板為❶粒片板❷合板❸纖維板❹塑合板。

(4)612.木材的膨脹係由於❶散發水份❷受高溫所引起❸太乾燥所引起❹吸收水份。

(2)613.要鉋削光滑的表面除了鉋刀之選擇外還需要❶逆木理❷順木理❸斜木理❹橫木理　鉋削。

(4)614.那種手鋸的鋸背有加補強❶兩面鋸❷鼠尾鋸❸曲線鋸❹夾背鋸。

(3)615.木工用尖頂鑽頭，當頂尖中心不正，鑽孔時❶無影響❷鑽孔速率增加❸孔徑變大❹孔徑縮小。

(3)616.在手工鉋刀來說下列那一項和減少鉋削逆木理之撕裂粗糙表面無關❶減少切削量❷調整壓鐵前端靠近刀刃❸使用寬刀口(縫)之鉋台❹磨利鉋刀。

(1)617.欲鉋削交錯木理，下列何者對減少撕裂沒有幫助❶選用較大刀口(縫)之鉋刀❷增大切削角❸調小切削量❹減少壓鐵與刀刃之距離。

(4)618.手工鉋刀刀刃角愈大，則切削角❶愈大❷愈小❸不一定❹不

變。

(1) 619. 手工細平鉋之調整，壓鐵和刃口的距離約為❶0.3mm
❷0.6mm❸0.8mm❹1mm。

(1) 620. 三分鑿的「三分」是指❶刃口寬度❷鑿身厚度❸鋼面長度
❹斜邊長度。

(2) 621. 鑿削軟材之鑿刀刀刃角為❶10～15°❷20～25°
❸30～35°❹35～45°。

(1) 622. 36 號砂輪屬❶粗砂輪❷中砂輪❸細砂輪❹特細砂輪。

(3) 623. 下列何者不是鑿削手工具❶平鑿❷圓鑿❸角鑿❹修鑿。

(2) 624. 鉋刀之斜面長度如為鉋刀厚度之 2～2.5 倍，則其刀刃角為
❶15～20°角❷20～30°角❸30～40°角❹40～45°角。

(3) 625. 何種手工具不能研磨❶鑿刀❷鉋刀❸玻璃割刀❹薄片切刀。

(1) 626. 一般的手工框鋸，使用時❶推送時用力❷拉起時用力❸推送
與拉起均得用力❹視情形而定。

(4) 627. 以下敘述何種不正確❶水平儀是檢查工作物表面是否水平
❷水平儀是檢查工作物表面是否有傾斜❸校對真實水平
面，水平儀氣泡應在中間❹水平儀可同時測量水平與垂直。

(1) 628. 木材鑽孔工具之加工原理為❶扭轉切削❷滾動切削❸鉋光
切削❹撞擊切削。

(2) 629. 夾背鋸操作方式為❶推❷拉❸推拉皆可❹視情形而定。

(4) 630. 四分手鑿的「四分」是指❶鑿身厚度❷斜面長度❸鋼面厚度

④鑿面寬度。

(1)631. 刀刃角度在 25 度時，適合於①軟材②闊葉樹材❸硬材④秋
材　的切削。

(3)632. 溝鉋的劃刀(割刀)其刀刃①與鉋刀齊正②略縮於鉋刀❸略
突於鉋刀刀刃④與鉋台齊平。

(4)633. 手工鋸榫頭時應①上寬下窄②下寬上窄❸線內平直④線外
平直。

(1)634. 打鑿與修鑿最大的區別是①打鑿的鑿身較厚②打鑿的鑿身
較薄❸打鑿沒有鐵環④打鑿鑿身較寬。

(2)635. 對於切削工具，下列敘述，何者為正確①鉋硬木材之刀刃角
要小些②鉋軟木材之刀刃角約為 20°～25°❸鉋削量較薄
時撕裂較深④增大切削角較為省力。

(3)636. 鋸路的主要目的在於①保護木材②防止磨擦❸促進鋸屑之
排洩及防止磨擦④防止撕裂。

(2)637. 修整手工鉋刀檯面最好是使用①砂盤機②刮鉋❸手壓鉋機
④平鉋機。

(4)638. 嵌槽鉋的割刀，其刀刃①與鉋刀齊平②略縮於鉋刀❸與鉋台
齊平④略突於鉋刀刀刃。

(1)639. 嵌槽鉋調整的方法與①溝鉋②細平鉋❸粗鉋④內圓鉋　相
同。

(3)640. 操作帶鋸機時，下列動作最先要做那一項？①按電鈕②調整
導引裝置之高度❸上緊鋸條④調整靠板。

(1)641.大量鋸切 45 度斜角可以①依靠工模②劃線後鋸切③坐下來工作④直接切削。

(1)642.帶鋸機工作檯面的尺寸是隨帶輪的尺寸①增大而增大②增大而減小③減小而增大④無關。

(1)643.圓鋸機鋸切木材時，為完全起見鋸片高度以超出材料厚度①3mm 左右②6mm 左右③10mm 以上④同材料齊為宜。

(2)644.運轉中之平鉋機，如有材料停滯現象時，要①低下頭察看②推一下材料試試③停車檢查④降低進料檯面。

(3)645.使用框鋸的正確方法為①雙手握持操作②拉時用力③推時用力④推拉皆須用力。

(1)646.為求鉋削非常準確之平面及木板併合之工作時，應該選用①長鉋②中鉋③短鉋④細鉋。

(1)647.就手鉋刃口與壓鐵的距離而言，粗鉋比細鉋①大②小③一樣④無法比較。

(2)648.木工用雙面鋸亦稱為①中國鋸②日本鋸③歐美鋸④夾板鋸。

(3)649.一般細木工使用的鋸切工具，齒鋸最小的是①縱開鋸②橫斷鋸③夾背鋸④鼠尾鋸。

(2)650.當刀刃有少許缺口，磨刀時①先用粗磨石，再用細磨石研磨②按粗、中、細的順序研磨③不一定④用粗磨石研磨即可。

(2)651.手鉋刀的刀刃角度一般為：

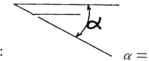

$$\alpha =$$

①10°～20° ②20°～30° ③30°～40° ④40°～50°。

(4) 652. 用於鑽深孔的鑽頭的是①擴孔鑽頭②沉孔鑽頭③麻花鑽頭
④長桿鑽頭。

(1) 653. 嵌槽鉋之割刀,其調整的要領類似①溝鉋②邊鉋③粗平鉋
④內圓鉋。

(2) 654. 下圖的手工鋸,何者為適用於木材的橫切?

(3) 655. 在薄板材鑽取通孔的要領是①從兩面鑽②從表面一次鑽穿
③在底面墊一塊廢料④鑽速愈慢愈好。

(4) 656. 鋸齒的疏密粗細要配合材質,當我們要鋸切軟材的時候應該
選擇①較密②較細③較多④較疏的鋸子。

(2) 657. 螺絲起子的厚度要與螺絲釘的槽①寬一點②一樣寬③薄一
點④窄一點。

(4) 658. 區分磨石的粗細程度是以其①顏色②長短大小③材料品質
④粒號 為標準。

(2) 659. 正確的手鉋,刀刃必須保持①絕對平直②平直,兩端略帶圓
弧形③凹形④凸形。

(4) 660. 鋸切木料所產生之鋸屑有長短之別,通常是①硬材的鋸屑較
長②橫切的鋸屑較長③線鋸的鋸屑較長④軟材的鋸屑較長。

(3) 661. 通常手工具刀刃的材質為①高速鋼②中碳鋼③高碳鋼④碳

化鎢。

(2) 662. 夾背鋸常用於較精細的❶縱開鋸切❷橫斷鋸切❸綜合兩用鋸切❹內外曲線鋸切。

(4) 663. 下列那種手鉋除了鉋刀外尚有割刀？❶平鉋❷彎鉋❸外圓鉋❹槽鉋。

(3) 664. 修整手鉋的木質誘導面時，為提高精度，最好是❶將刀片卸下❷盡量退刀❸保持最大張力，但刀刃不露出❹退下壓鐵。

(1) 665. 下列有關手提電鑽之敘述何者是錯誤的❶可裝各種鑽頭❷必要時先將工件之中心點衝孔❸開始鑽時壓力不可太大❹鑽沉孔時，加裝定深規。

(1) 666. 下列那部手提電動工具最適合製作如右圖 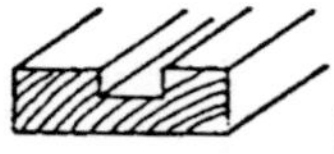 的凹槽❶手提花鉋機❷手提鏈鋸機❸手提線鋸機❹手提電鑽。

(2) 667. 使用手提式電鉋鉋削木材，如遇逆紋時應如何處理❶增加鉋削量❷調換方向❸加快推進速度❹減慢推進速度。

(2) 668. 使用手提圓鋸機時，材料較好的面應朝❶上❷下❸左❹視情形而定。

(3) 669. 下列那類手提工具機可以用空氣來驅動❶手提圓鋸機❷手提花鉋機❸手提砂磨機❹手提線鋸機。

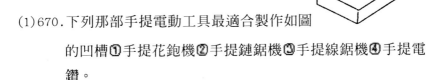

(1) 670. 下列那部手提電動工具最適合製作如圖
的凹槽①手提花鉋機②手提鏈鋸機③手提線鋸機④手提電
鑽。

(4) 671. 安裝線鋸機的鋸條要將鋸齒的齒尖①向上方②向中央③向
上向下均可④向下方。

(3) 672. 手提砂光機是屬於①電動②氣動③電動與氣動都有④手動
工具。

(4) 673. 使用氣動工具時，空氣壓力①儘量提高②儘量降低③高與低
都無關④保持適當壓力。

(1) 674. 檢查砂輪是否有裂痕其正確方法是①拿小鐵鎚或木鎚輕敲
打②拿橡皮鎚輕輕敲打③拿放大鏡細心觀察④目測。

(1) 675. 使用手壓鉋機鉋木料數次後，材料
成左圖之尖斜狀是因為①出料檯略為過高②刀已鈍化③出
料台太低④木料太硬了。

(3) 676. 圓鋸帶鋸都有鋸路，主要目的在於①增加鋸屑②貯藏鋸屑
③減少鋸片磨擦④增加鋸齒強度。

(4) 677. 手壓鉋機的出料台面必須保持與下列何者同高？①刀軸
②進料台③壓鐵④切削圈。

(4) 678. 操作懸臂鋸時，材料被往後拋的主要原因為①轉速太快②工

作物沒抓緊❸工作物硬度太高❹工作物沒緊靠靠板。

(2)679.鋸切薄板時應選用❶較少齒數鋸片❷鋸齒細密鋸片❸齒張
較大之鋸片❹無鋸路之鋸片。

(4)680.帶鋸機主要功能是❶橫切木料❷大量鋸切貼邊料❸鋸切榫
頭❹鋸切彎曲工件。

(3)681.在有斜度之木材鑽孔應注意鑽孔機的❶皮帶鬆緊❷轉速變
換❸鑽頭受力傾斜❹鑽頭大小。

(1)682.手壓鉋機每次鉋削適當厚度在❶0.5～2mm❷3～5mm
❸5～7mm❹7～10mm。

(1)683.平鉋機上方輸出滾輪之高低定位為❶略低於鉋削面 0.2～
0.3mm❷剛好與鉋削面等高❸略高於鉋削面 0.2～0.3mm❹與
鉋削面無關。

(4)684.手壓鉋機主要的功用是❶鉋厚度❷鉋寬度❸鉋溝槽❹鉋基
準面及直角邊。

(3)685.手壓鉋機的主要規格是依據其❶台面長度❷台面高度❸台
面寬度❹馬力數來表示之。

(1)686.平鉋機最主要的功能是❶鉋平木材一致的厚度❷鉋平基準
面及直角邊❸鉋溝槽❹鉋邊緣。

(1)687.使用直徑小的鑽頭其轉速應❶高❷低❸無關❹高低皆可。

(1)688.平鉋機之上進料滾軸之調整通常較切削圈略為❶低❷
高❸相等❹視情形而定。

(4)689.使用手壓鉋機之大小鉋削量可調整❶靠板❷轉速❸出料台

④進料台。

(2)690. 平鉋機鉋削木材厚度，應調整①鉋刀②床台③轉速④滾輪。

(3)691. 手壓鉋機鉋削平面時，出料台與切削圈須①較高②較低③同高④無關。

(1)692. 圓鋸機無法完成之工作爲①挖孔②溝槽③嵌槽④斜角。

(2)693. 對於切削工具，下列敘述，何者爲正確①鉋硬木材之刀刃角要小些②鉋軟木材之刀刃角約爲 20°～25°③鉋削較薄時撕裂較深④增大切削角較爲省力。

(2)694. 帶鋸機鋸切圓弧，影響鋸切弧度大小的主要因素是①鋸齒粗細②鋸條寬度③轉速④切削速度。

(1)695. 圓鋸機鋸木心板時，好的一面應朝①上②下③上下均可④視情形而定。

(1)696. 立軸機刀徑加大時，其轉速度應①低②高③無關④高低皆可。

(3)697. 橫斷木材專用的鋸片齒形爲

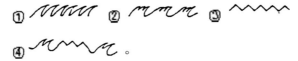

(3)698. 平鉋機的滾軸，那一個呈齒輪狀？①上出料滾軸②下出料滾軸③上進料滾軸④下進料滾軸。

(3)699. 材料送入平鉋機後，不易自動將材料送出的主要原因是①材料太厚②材料太硬③滾軸沒調整好④滾軸轉速太慢。

(1)700.下列那一項工作,利用手壓鉋機較不合適?❶鉋出均厚的板料❷鉋板側❸鉋基準面❹鉋斜邊。

(3)701.下列那一項,對手壓鉋機的敘述是錯的?❶鉋平面時,進料台比出料台低❷操作不當,材料會被打回❸進料的速度和材料的平滑度無關❹太短的材料不可在手壓鉋機鉋削。

(3)702.平鉋機的主要規格是根據❶檯面的高度❷鉋削量的多少❸檯面的寬度❹馬力。

(3)703.機械上黃油注入口的構造多半是❶銅蓋封口❷鋼珠封口❸鋼珠及銅蓋封口❹塑膠蓋封口。

(1)704.橫切圓鋸機或懸臂鋸機在鋸切材料時其鋸齒的切削方向❶由上往下鋸❷由下往上鋸❸由右向前鋸❹由左向右鋸。

(1)705.當我們在普通圓鋸機上鋸切美術合板時,無論鋸喉板間隙如何必須把美好的一面❶朝上❷朝下❸朝上或朝下均可❹與材面無關。

(2)706.一般手壓鉋機的刀軸上裝有❶一把刀片❷三把刀片❸五把刀片❹七把刀片。

(2)707.製材所用的木工機械一般常使用❶線鋸機❷帶鋸機❸立軸機❹平鉋機。

(1)708.在圓鋸機上依木紋方向剖開木材最好使用❶縱斷鋸片❷橫斷鋸片❸綜合用鋸片❹槽鋸片。

(1)709.操作木工車床粗車的車刀是❶半圓車刀❷平口車刀❸圓口車刀❹斜口車刀。

(4) 710. 使用平鉋機鉋削木材，材料最短的限制是①台面尺寸②刀片數③木材軟硬度④進料軸和出料軸的距離。

(2) 711. 下列那一種機器可作槽①帶鋸機②圓鋸機③手壓鉋機④線鋸機。

(4) 712. 圓鋸機鋸切木材，使木材焦黑的原因是①木材有油脂②轉速太快③角度不對④鋸齒太鈍。

(2) 713. 盤式砂磨機主要用途是砂磨①內凹圓孤②外凸圓孤③板面④長直板側面。

(2) 714. 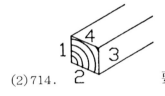 要鉋削左圖木材成方型角用那種方法最佳？

  ①1、3面先用手壓鉋機，2、4面再用平鉋機
  ②1、2面先用手壓鉋機，3、4面再用平鉋機
  ③1、2、3、4面都用平鉋機
  ④1、2、3、4面都用手壓鉋機。

(4) 715. 圓鋸機鋸切時，造成反彈的主要原因①轉速太快②送料速度太慢③材料逆理④材料緊頂導板，壓迫鋸片。

(3) 716. 用帶鋸機鋸切時，下列那項因素和鋸切弧度無關？①鋸路大小②鋸條寬窄③鋸齒粗細④鋸條的鬆緊度。

(1) 717. 下列那項角鑿機的敘述是錯誤的？①角鑿和鑽錐要密合②角鑿和鑽錐要有空隙③角鑿不鋒利時，要研磨內側④角鑿

機可代替鑽床，用於鑽孔。

(3) 718. 平鉋機之下進料軸和鉋台的關係為：❶和鉋台齊平❷比鉋台低 0.2mm～0.4mm❸比鉋台高 0.2～0.4mm❹比鉋台高 1mm～2mm。

(4) 719. 為使圓鋸片的鋸齒不易鈍化，通常在鋸齒部分焊上：❶中碳鋼❷高碳鋼❸工具鋼❹超硬合金。

(2) 720. 在圓鋸機上裝不同直徑的鋸片，兩者的切削速度：❶不變❷大鋸片的切削速度較大❸小鋸片的切削速度較大❹與鋸片大小無關。

(3) 721. 在轉速相同的鑽床，裝上不同直徑的鑽頭，兩者的切削速度❶大鑽頭的切削速度較小❷小鑽頭的切削速度較大❸大鑽頭的切削速度較大❹不變。

(2) 722. 車製木材圓棒，割削法較刮削法❶粗糙❷光滑❸慢❹費力。

(3) 723. 用手壓鉋機鉋削木板時，鉋削面產生波浪狀的主要原因為❶鉋刀太鈍❷送料太慢❸送料太快❹材料太硬。

(3) 724. 下列那部木工機械的刀軸轉速最高？❶平鉋機❷立軸機❸花鉋機❹手壓鉋機。

(2) 725. 下列對一般平鉋機的敘述那一項是錯的？❶平鉋機可鉋出等厚的木料❷平鉋機的下進料軸與鉋台面同高❸平鉋機之鉋刀軸在鉋台上方❹厚度差異過大的木料不可同時鉋削。

(3) 726. 平鉋機下出料軸的高度應調整至❶和鉋台同高❷比鉋台稍低❸比鉋台稍高❹視鉋刀之高低而調整。

(2) 727. 下列那部機器在操作時工作物不易造成反擊的現象？

①手壓鉋機②帶鋸機③立軸機④圓鋸機。

(3) 728. 縱鋸長材料時，助手主要是要幫助①拉②推③扶④壓。

(1) 729. 平鉋機的鉋削自材料那一面鉋削？①材料上方②材料下方
③材料左側④材料右側。

(3) 730. 下列有關立軸機的敘述，哪一項是錯誤的？①立軸機不需導
板可鉋削②進料導板和出料導板可分別調整③進料導板和
出料導板在一直線不能調整④立軸機可鉋削花邊。

(2) 731. 用手壓鉋機鉋削材料的厚度，要如何調整？①調整出料台
②調整進料台③調整導板④調整鉋刀。

(1) 732. 順時針旋轉的立式花鉋機鉋削直線花邊時，應自哪一方向送
料？①由左向右②由右向左③方向不限④順刀軸旋轉方向。

(2) 733. 立軸機的軸環，其直徑大小可控制鉋削的①長度②深度③高
度④寬度。

(4) 734. 木工高速切削工具，刀刃材質以何者較佳？①高速鋼②高碳
鋼③中碳鋼④碳化鎢。

(2) 735. 帶鋸機鋸條向外滑脫的主要原因是①上鋸輪後傾②上鋸輪
前傾③轉速太快④鋸條太窄。

(2) 736. 用木工車床車削圓盤時要用何種車削法？①割削法②刮削
法③旋削法④旋切法。

(4) 737. 下列何種工作，立軸機無法達成？①鉋斜邊②鉋直邊③鉋曲
面④挖中空面。

(2) 738. 一般圓鋸片的中心孔直徑是❶1 寸❷1 吋❸0.8 吋❹1.2 寸。

(4) 739. 量產時，用圓鋸機鋸切斜面，以下列何種方式最為理想❶調整檯面❷調整靠板❸調整推板❹調整鋸片。

(4) 740. 如果要把手壓鉋機鉋削量加大時，必須❶將輸入檯面提高❷將木材向下壓，連續鉋兩次❸將輸出檯面下降❹將輸入檯面下降。

(1) 741. 線鋸機在家具製作上最主要的用途是❶鋸切彎曲工作物❷鋸切榫頭❸橫切木料❹鋸切斜度。

(2) 742. 當砂輪機的磨輪逐漸變小之後，其研磨周速將❶變大❷變小❸一樣不變❹與轉速無關。

(1) 743. 平鉋機進料滾筒(送材滾筒)有分節裝置是用來對❶厚薄稍有差異❷寬窄稍有差異❸薄板❹厚板　材料有較大之牽引力。

(2) 744. 帶鋸條的長度應該是❶一個鋸輪圓周長加上一個鋸輪的中心距❷一個鋸輪圓周長加上兩個鋸輪的中心距❸兩個鋸輪圓周長加上兩個鋸輪的中心距❹兩個鋸輪圓周長加鋸輪之直徑和。

(1) 745. 手壓鉋機欲準確鉋削，則出料檯高度與切削圈❶等高❷稍高❸稍低❹無關。

(4) 746. 使用機械的時候要❶儘量使用高轉速❷儘量使用低轉速❸不用考慮轉速❹依工作性質而選定轉速。

(2)747.使用手壓鉋機鉋削木材形成 ⎐⎐⎐ ← 現

象是由於①出料檯略低於切削圈②出料檯略高於切削圈
❸出料檯與切削圈等高④進料檯與切削圈等高　之故。

(1)748.使用手壓鉋機鉋削木材形成 ⎐⎐⎐ ← 現象

是由於①出料檯略低於切削圈②進料檯略低於切削圈❸進
料檯略高於切削圈④出料檯略高於切削圈。

(3)749.碳化鎢刀刃要選擇那一種磨輪來研磨？①碳化矽②氧化鋁
❸工業用鑽石④金剛砂。

(1)750.當我們要卸下圓鋸片時①扳手要順鋸片旋轉方向施力②扳
手轉向後面❸扳手逆鋸片旋轉方向施力④用鐵鎚輕敲鋸片
使其鬆動。

(1)751.當手壓鉋機的出料檯面偏高時，所鉋成之角材將呈現①前端
偏小②後端偏小❸前端鉋不到④後端凹陷。

(2)752.當手壓鉋機的出料檯面偏低時，材料鉋削後將呈現①前端有
凹陷②後端有凹陷❸中段有凹陷④前後都有凹陷。

(2)753.安裝線鋸機的鋸條首先應鎖緊的是①上端②下端❸上端或
下端都可以④視習慣而定。

(3)754.安裝帶鋸機的鋸條要將鋸齒的齒尖①向上方②向中央❸向
下方④向上向下均可。

(1)755.帶鋸機做直線、曲線的鋸切時，其鋸路大小以何者為正確？
①曲線鋸路愈大效果愈佳②直線鋸路愈大效果愈佳❸兩者

均需較大之鋸路❹曲線鋸路愈小，效果愈佳。

(2)756.高速度旋轉的機械主軸，其潤滑油料是❶40＃機油❷耐熱黃
油❸耐水黃油❹柴油。

(1)757.表示每分鐘轉速的代號是❶r.p.m❷m.r.p❸f.p.m❹p.r.m。

(3)758.鉋削方法若有不當，則容易產生劈裂的是❶基準面❷側面
❸端面❹邊面。

(4)759.每天收工前要把帶鋸機❶注黃油❷取下鋸條❸上緊鋸條
❹放鬆鋸條。

(4)760.所謂 24 吋線鋸機，其容許最大工作物直徑為❶12 吋❷24 吋
❸36 吋❹48 吋。

(1)761.起動空氣壓縮機之前，最重要的檢查項目是❶機油量是否充
足❷皮帶的鬆緊度❸壓力錶上之數字❹開關。

(1)762.手壓鉋機每次鉋削的厚度限制在❶1～2mm❷1～6mm
❸1～9mm❹1～12mm。

(3)763.木螺釘的規格如為 1"#7，#7 表示❶釘長❷螺距❸螺桿直徑
❹所用材質。

(4)764.木釘表面有細溝槽的主要功能為❶增加摩擦❷使空氣不會
逸出❸防止收縮❹增加膠合強度。

(2)765.方栓接合(如下圖)時通常方栓的厚度 a 與方栓的寬度 b 最理

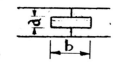

想的比例 a:b 為❶1:2❷1:4❸1:5❹1:6。

(1) 766. 白膠是屬於❶熱可塑性❷熱硬化性❸熱揮發性❹熱脆化性之膠合劑。

(2) 767. 右圖為實木條膠合成板之作業，何者較正確

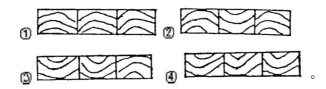

(4) 768. 膠合處長久受力會產生滑動現象的膠合劑是❶尿素膠❷酚樹脂膠❸環氧樹脂膠❹聚醋酸乙烯樹脂膠。

(4) 769. 鋸榫頭時應❶上寬下窄❷下寬上窄❸線內平直❹線外平直。

(1) 770. 塗膜發生白化的原因為❶空氣太潮濕❷溶劑揮發太慢❸空氣太乾燥❹塗料黏度太大。

(2) 771. 一般適用於戶外木器的膠合劑為❶強力膠❷尿素膠❸牛皮膠❹熱熔膠。

(4) 772. 下列那一種接著劑膠合面，一經接觸就不能移動❶白膠❷尿素膠❸A、B膠❹強力膠。

(2) 773. 木釘直徑和所接合木材厚度之關係：通常約❶大於 1/2❷小於 1/2❸小於 1/4❹等於 1/5。

(4) 774. 釘接時下列何者是錯誤的❶釘接硬材時，釘子可較短些❷平行木理釘接時，釘子要較長些❸垂直木理釘接較牢❹平行木理釘接釘著力較強。

(3) 775. 鑿榫孔時應❶略為內凸❷略為內凹❸線上平直❹線內

0.5mm。

(3)776.尿素樹脂是一種屬於❶蒸發型❷感應型❸反應型❹乾燥型膠。

(4)777.製作貫穿榫接合時，榫頭與榫孔的關係榫❶頭略短些❷榫長與孔深一樣❸榫頭厚度大於榫孔❹榫長略長於孔深。

(2)778.上膠最重要的是❶上膠量要多❷佈膠均一❸使用精密工具❹快速佈膠。

(4)779.木材之膠合面與膠合的效果有關，最理想的是❶波浪狀❷光滑❸要有刮痕❹平直。

(2)780.使用木釘接合時，每一接榫處之木釘數量不得少於❶一支❷二支❸三支❹四支。

(1)781.榫接❶愈緊密❷膠愈多❸留膠縫❹榫頭愈長 則膠合的效果愈佳。

(1)782.木材榫接合時表面所溢膠應使用❶濕抹布擦拭❷乾抹布擦拭❸任其乾固❹用手抹去 。

(2)783.選擇鐵釘之長度要視木板的厚度而定，通常為板厚的❶2倍長❷3倍長❸4倍長❹5倍長。

(2)784.在上釘時，為了增加強度必須❶每一支鐵釘都垂直❷鐵釘互相成一夾角❸鐵釘任意傾斜❹鐵釘向同一方向傾斜。

(2)785.釘接強度與木材纖維方向有關，強度較大的是❶鐵釘與纖維方向平行❷釘鐵與纖維方向垂直❸鐵釘與纖維方向成 45°夾角❹鐵釘與纖維方向成 30°夾角。

(4) 786. 下列膠合劑中，最具有耐水性的是①水膠②強力膠③白膠
④尿素膠。

(3) 787. 鉋溝嵌入板子在組合工作時①溝槽要上膠②板子上膠③溝
槽不必上膠④增加佈膠量。

(1) 788. 最適合於盒接榫的是①鳩尾榫②斜插榫③門溝榫④三缺
榫 。

(3) 789. 下列何種膠合方式較困難①才材邊緣與邊緣②材面與材面
③橫斷面與橫斷面④橫縱斷面膠合。

(3) 790. 下列何種材料的釘接力最弱①實木②合板③粒片板④木心
板。

(1) 791. 優良的膠合一般均在①有壓力②無壓力③間斷性壓力④以
上皆是 下膠合。

(2) 792. 強力膠用何種稀釋劑①酒精②甲苯③汽油④香蕉水。

(1) 793. 有脆性缺點之膠合劑是①尿素劑②酚膠③三聚氰氨樹脂
④白膠。

(2) 794. 那一種膠可藉硬化劑控制硬化時間①白膠②尿素膠③黃色
強力膠④熱溶膠。

(1) 795. 膠合劑因水份散失而硬化者①聚醋酸乙烯膠②尿素膠③苯
酚樹脂膠④環氧樹脂膠。

(3) 796. 門框的減榫通常是以門框材寬度的①五分之一②四分之一
③三分之一④二分之一 為宜。

(1) 797. 尿素膠是屬於①熱硬化性②熱可塑性③熱脆化性④冷可塑

性　之膠合劑。

(1)798.框架結構以採用❶榫接❷膠接❸鐵釘接❹木釘接合較佳。

(3)799.大多箱盒、櫥櫃、書架的背板，最常採用那種接合？

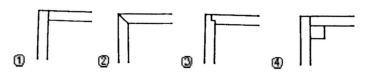

❶　　　　❷　　　　❸　　　　❹

(4)800.在硬木上木螺釘的最佳方法是❶用鐵鎚直接敲入❷用起子直接旋入❸先塗些潤滑油再敲入❹先鑽引孔再用起子旋入。

(2)801.在無壓床加壓的情況下，在木面貼飾美耐板，以用那一種膠最方便？❶白膠❷強力膠❸尿素膠❹瞬間膠。

(3)802.抽屜前板與側板之接合以何者最佳？❶對接❷嵌槽接❸鳩尾榫接❹搭接。

(3)803.如右圖之活葉　　　　主要安裝於：❶重而大的門❷輕而大的門❸可拆卸的門❹輕而小的門。

(2)804.木螺釘號數愈大，表示❶螺桿直徑愈小❷螺桿直徑愈大❸螺距愈大❹螺距愈小。

(2)805.抽屜側板鉋溝槽，嵌入底板時，溝槽深度以側板厚之❶1／2❷1／3❸1／4❹1／5　較佳。

(3)806.大的方形框架，要校正其直角度，以何種方法較為方便正確？❶用量角器❷水平儀❸量對角線等長❹量對邊等長。

(4) 807. 塗膜下垂的原因可能為❶黏度過低❷塗膜過厚❸噴槍與工作物距離太近❹以上皆是。

(2) 808. 塗料倉庫最忌諱的是❶陰暗❷室溫太高❸通風❹光線太亮。

(4) 809. 塗膜桔皮皺的原因可能為❶黏度過高❷溶劑使用不當❸溫度太高❹以上皆是。

(1) 810. 香蕉水所使用之防白劑是由❶高沸點❷中沸點❸低沸點❹超低沸點　之溶劑組成。

(3) 811. 洋干漆之稀釋劑一般用❶香蕉水❷松香水❸酒精❹水。

(1) 812. 一般所謂的磁漆屬於❶不透明的漆❷透明漆❸磁性漆❹磁化漆。

(2) 813. 許多工廠在砂磨前將木面塗以極稀之底漆，待其乾固後再行砂磨，此種作業稱為❶打光❷木面膠固❸塗刷❹打點。

(1) 814. 染料乃是一種❶透明性良好❷透明性不良❸半透明❹不透明　的著色材料。

(3) 815. 塗裝時所用的抹布應該選擇❶毛質品❷合成纖維❸棉質品❹絲織品。

(1) 816. 工件在砂磨後塗裝前❶必須清除工件表面的灰塵❷不須清除工件表面的灰塵❸視工作情形而定❹直接塗裝。

(4) 817. 塗裝前木面整理工作，最令人苦惱的是❶去除灰塵❷磨平❸去除鉛筆線❹去除殘膠。

(2) 818. 洗漆刷的香蕉水要❶馬上倒掉❷收入空罐備用❸倒回原桶香蕉水中❹任意放置。

(2)819.噴塗所用的塗料，其黏度應比刷塗❶高❷低❸相似❹與黏度無關。

(1)820.洋干漆在塗佈時最適合的方法是❶刷塗❷噴塗❸刮塗❹浸塗。

(2)821.一度底漆最主要的功用在於❶填眼❷防止木材吐油❸防止木材腐朽❹增加美觀性。

(4)822.塗膜最難研磨的部位是❶平面❷立面❸斜面❹稜角。

(2)823.研磨二度底漆是採用❶水磨❷乾磨❸先水磨再乾磨❹加煤油研磨。

(4)824.高品級的木器塗裝其木面整理後砂光的砂紙粒度最好是❶100#❷150#❸180#❹240#以上。

(3)825.塗料稀釋的目的在於❶增加份量❷減少用量❸便於塗佈❹增加附著性。

(3)826.二度底漆在塗佈板面時比較有效的方法是❶浸塗❷刷塗❸噴塗❹刮塗。

(4)827.填眼工作最有效果的方法是❶噴塗❷刷塗❸研磨法❹刮塗。

(2)828.平光劑的主要功能是❶產生光澤❷減少光澤❸使漆膜光滑❹著色。

(4)829.木材二度底漆的主要功能為❶防止木材吐油❷膠固木面❸增加漆膜厚度❹研磨後成平滑漆膜，便利面漆施工。

(2)830.砂磨時會產生多量白色細粉的塗料為：❶一度底漆❷二度底漆❸洋干漆❹面漆。

177

(1) 831. 塗裝時，產生白化現象的主因是：❶空氣太潮濕❷空氣太乾燥❸氣溫太高❹稀釋劑揮發得太慢。

(3) 832. 噴漆時，產生桔皮紋的原因為：❶噴槍距離過近❷塗料粘度太低❸塗料粘度太高❹空氣濕度太高。

(4) 833. 中國傳統家具最常使用的傳統塗料為❶噴漆❷調合漆❸油漆❹生漆。

(2) 834. 下列那種塗料最適合木質地板的透明塗裝？❶清噴漆❷優力但塗料❸調合漆❹洋干漆。

(1) 835. 下列何種塗料需加入硬化劑才能硬化？❶優力但❷清噴漆❸油性凡立水❹洋干漆。

(1) 836. 膠固木面，防止材料吐油的塗料俗稱❶一度底漆❷二度底漆❸填眼漆❹面漆。

(2) 837. 將毛毯迅速覆蓋火源滅火是利用❶冷卻原理❷窒息原理❸抑制連鎖反應❹化學反應。

(2) 838. 油類燃燒屬❶Ａ類燃燒❷Ｂ類燃燒❸Ｃ類燃燒❹Ｄ類燃燒。

(1) 839. 電器失火應用何種滅火劑❶乾粉❷水❸泡沫❹以上皆非。

(1) 840. 木器工廠最容易發生之災變為❶火災❷風災❸水災❹天災。

(3) 841. 電氣設備之起火災屬於❶Ａ類❷Ｂ類❸Ｃ類❹Ｄ類。

(2) 842. 伏特的代表符號是

(1)843.下列那一種個人防護具在噴漆時最為必要❶防毒口罩❷安全鞋❸耳塞❹墨鏡。

(2)844.維護工場的整潔衛生是全體人員的責任，因此大家都必須❶在下班前合力整理工場❷在工作中注意維持整潔有序❸在工作中努力生產，不必整理❹指定專人打掃。

(3)845.除了視力校正的需要之外，木工工作人員最好都❶配帶眼鏡❷不配帶眼鏡❸視工作性質而選擇配帶眼鏡與否❹帶隱形眼鏡。

(4)846.火災發生必需具備之三要素是❶氧、氬、可燃物❷可燃物、熱度、壓力❸氧、熱度、壓力❹氧、熱度、可燃物。

(1)847.圓鋸機鋸切木材時的操作人員，站著的操作位置避免與鋸片❶成一直線❷偏右邊❸偏左偏右均可❹偏左邊。

(3)848.鋸切木材為安全理由，鋸片不能高出木面❶7mm 以上❷5mm 以上❸3mm 以上❹10mm 以上。

(3)849.安全標誌之顏色在消防設備上應該使用❶黃色❷綠色❸紅色❹藍色。

(2)850.塗料貯藏室最忌諱的是❶通風過強❷日晒過強❸陰暗❹溫度不高。

(3)851.清掃機械上灰塵時，使用❶抹布❷掃把❸棕刷❹海綿　較方便。

(4)852.在砂輪機上磨刀時❶要配戴太陽眼鏡❷配戴放大眼鏡❸不可以戴眼鏡❹配戴安全眼鏡。

(3)853.塗料燃燒性液體，火災時宜用何種滅火劑？①水幫浦②蘇打一酸③粉沫滅火器④氧氣筒。

(4)854.清掃機器上的灰塵最安全的時機是①工作中②加班時③機器停止前④機器停止後。

是非題

解答　　題號　　題目

(X)855.測試電熨斗的溫度，以手直接觸摸最為方便。

(O)856.安裝普通絞鏈時，如絞鏈槽挖的太深，門片會有反彈現象，
不能完全關閉。

(X)857.一般圓鋸機都不需要安全護罩，以免影響工作之進行。

(O)858.使用劃線規劃線，清楚易見即可，不需用力滑動。

(X)859.裝飾預售樣品屋的木作工程，可將廢棄物隱藏地板下，以節
省廢棄物的處理費用。

(O)860.工件整修，選用砂紙研磨時，砂紙的粒號數，應由粗到細依
序砂磨。

(O)861.木螺釘接合硬木材時，除了在第一工作件上鑽定位孔外，最
好也在第二工作件上鑽導引孔，以防止破裂或斷釘。

(O)862.金屬刮刀除了作塗裝之補土作業外，亦可用來清除凸起之不
良物或刮除舊的不良塗膜用。

(O)863.精密尺寸之測量，捲尺比鋼尺誤差大。

(O)864.手提電鉋鉋削完成後，應關閉電源、等馬達停止後，方可放
置於墊木上，以防止損傷刀片。

(X)865.砂紙其細粗是以號碼越小表示其粒子越細，而號碼越大其粒
子就越粗。

(X)866.中心線與隱藏線重疊時，應以中心線為優先。

(O) 867. 春秋材不分明之木材，大都生長於熱帶地區。

(O) 868. 木材表面細孔之填補材料，應配合材料所要塗裝之顏色加以調色。

(O) 869. 保持工作場地整潔與安全是現場工作人員應養成的習慣。

(X) 870. 使用手提砂磨機砂磨木板表面時，施加之壓力愈大其表面愈平滑。

(O) 871. 平鉋機鉋削軟材之送材速度，可較鉋硬材為快些。

(X) 872. 字規上標示的 10mm 字樣，即表示該字規的字體寬度為 10mm。

(O) 873. 正投影視圖中，俯視圖之寬度與側視圖之寬度必定相等。

(X) 874. 只要將木材充分乾燥，即可完全防止木材之變形。

(X) 875. 我國國家標準度量衡單位是台制。

(O) 876. 製圖時不可使用平行尺之下緣作為三角板之導引畫線用（應該用上緣）。

(X) 877. 製圖時，圓之中心應以互相垂直之細實線表示之。

(O) 878. 活葉又稱絞鏈，係以韌性鐵、銅、青銅、黃銅和鉻類等製成。

(O) 879. 劃線規正確的使用方法是向後拉。

(O) 880. 傷者如流血時，應予適當止血，以免失血過多，並防止傷者休克。

(O) 881. 木薄片與實木一樣，皆有弦切面與徑切面之分。

(X) 882. 使用蚊釘封邊，較使用夾具加壓封邊方便、快速且容易密合。

(X) 883. 手工鉋削木材，為了方便，木材順、逆紋皆可鉋削。

(X) 884. 徑切法鋸出之木紋為斜紋或山形紋理。

(O) 885. 量具平時應注意保養，以維持準確的精度。

(O) 886. 繪製對稱物體時，應先繪出中心線，再繪圖形。

(X) 887. 木材發生收縮的現象，是因為細胞腔中的水分散失所引起。

(O) 888. 木工銼刀較鐵工銼刀稍粗，而木工常用的是齒大的、弧線紋的及粗條紋的。

(O) 889. 氣動工具係利用空氣壓縮機的推壓力，為帶動工具的原動力。

(O) 890. 和室的障子門，常用單添榫及十字搭接法製作。

(O) 891. 較複雜的裝潢工程施工,應確實做好 1：1 比例的放樣工作。

(O) 892. 砂紙必須保存於乾燥的地方,避免砂紙受潮而使磨料顆粒脫落，失去砂紙之效用。

(O) 893. 許多構造上的基本鋸切,均可於圓鋸機上製作,因為用途甚廣，所以又稱萬用圓鋸機。

(O) 894. 慎選五金配件，除可使家具達到機能性目的外，並可增加產品美觀。

(X) 895. 下工時為了快速降低電熨斗的餘溫,可將電熨斗的加熱面沾水降溫。

(X) 896. 裝潢木工常用之折合鋸,為橫斷木理鋸割而設計,故鋸割木材應推進時施力。

(X) 897. 為了加強榫接的結合強度，各種方式的榫接皆應加木楔。

(X) 898. 雇主不在場時，現場施工人員，可主動將自己的名片遞給業主，以便整取工程案件。

(X) 899. 1 英吋等於 2.54 公分，1 公尺等於 100 公厘。

(X) 900. 臺灣扁柏與紅檜俗稱松柏。

(O) 901. 使用手提電鉋鉋削木材，遇有順逆紋交錯之情形時，應放慢推進速度，以獲得較佳的鉋削面。

(O) 902. 室內空間的量測，捲尺是最方便的量具之一。

(O) 903. 一張 A1 的標準圖紙可裁成八張 A4 的圖紙。

測驗題

解答　　題號　　題目　　選項

(2) 904. 鑿削軟材之鑿刀刃角約為幾度較適當？(1)10～15 (2)20～25 (3)30～35 (4)35～40。

(1) 905. 為家具美觀，可用下列何種方法遮蓋木螺釘？(1)鑽一沉孔，以木塞遮蓋 (2)掙入後，表面施以補土 (3)以色漆遮蓋 (4)釘頭減斷，在施以補土。

(4) 906. 適合彎曲造型之弧面貼合的可彎曲美耐板，其厚度約為 (1)1.2mm (2)2.0mm (3)1.5mm (4)0.5mm。

(4) 907. 下列線條何者屬中線？(1)中心線 (2)割面線 (3)直線 (4)虛線。

(2) 908. 1 英尺等於幾公尺？(1)0.03048 (2)0.3048 (3)3.048 (4)1.2。

(1) 909. 軟頭手鎚一般適用於 (1)成品之組合 (2)敲擊鉋刀 (3)敲擊鑿子 (4)敲擊釘子。

(1) 910. 木頭整理砂紙研磨時，應 (1)先用粗的後用細的 (2)先用細的後用粗的 (3)只用一種砂紙研磨 (4)先粗後細，再粗的。

(1) 911 面整理時，下列何者最難清除？(1)油污 (2)殘膠 (3)砂痕 (4)手印。

(4) 912. 釘之釘尖愈尖，則其釘接力 (1)不變 (2)變小 (3)愈小 (4)愈大。

(3) 913. 角圖之三軸互夾幾度？(1)60 (2)90 (3)120 (4)150。

(2) 914. 提花鉋機裝置靠環後，使用一特殊 U 型靠模可製 (1) 三缺榫 (2) 鳩尾榫 (3) 單添榫 (4) 木釘接。

(3) 915. 量鉛直線的工具為 (1) 墨斗 (2) 比例尺 (3) 鉛垂 (4) 游標卡尺。

(1) 916. 施工現場的牆面或地面常有不平整的現象，下列哪種工具用來劃直線最為方便、正確？ (1) 墨斗 (2) 捲尺 (3) 劃線規 (4) 折尺。

(4) 917. 用弓型鑽鑽通孔時，為防止木材發生破裂現象，下列何種方法最正確？ (1) 直接鑽孔 (2) 鑽穿再墊木板 (3) 鑽一半反面劃線再鑽 (4) 鑽製鑽頭螺絲尖露出另一面材時，由另一邊鑽通。

(2) 918. 用氣動釘槍釘天花板木材骨架時，角材的釘固應選用下列何種型式的釘子？ (1) 蚊釘 (2) T 型鐵釘 (3) 小 T 型釘 (4) ㄇ型釘。

(4) 919. 對口人工呼吸時，患者的頭部應向 (1) 左傾 (2) 右傾 (3) 前傾 (4) 後傾。

(3) 920. 加工完成後的成品有極大影響的是 (1) 木材的重量 (2) 木材的產地 (3) 木材的色澤 (4) 木材的價錢。

(1) 921. 下哪一項是美耐板的缺點？ (1) 搬運或包裝處理不當易脆裂 (2) 耐酸耐鹼及耐熱 (3) 樣式繁多 (4) 有各種木紋材質板面。

(4) 922. 列何者不是木材乾燥的功用？ (1) 木材重量減少可降低運費 (2) 減少木材製品收縮及乾裂之發生 (3) 增加木材之強度 (4) 易使菌類繁殖而腐朽。

(4) 923. 列手鋸中，何者鋸切面最為精細？(1)雙面鋸 (2)折合鋸 (3)框鋸 (4)夾背鋸。

(2) 924. 就精密度而言，加工劃線精度最高的是(1)鉛筆線 (2)刀線 (3)墨斗線 (4)原子筆線。

(2) 925. 提氣動釘槍無法使用下列哪一釘？(1)T型鐵釘 (2)鉚釘 (3)ㄇ型釘 (4)小T型形釘。

(2) 926. 須等兩接合件的膠合面乾燥後，才能接觸壓合的膠合劑為 (1)聚醋酸乙烯膠(白膠) (2)強力膠 (3)尿素膠 (4)AB膠。

(4) 927. 水平尺選購時，最宜注意的是(1)價格的高低 (2)造型的好壞 (3)顏色的考量 (4)木質是否良好而不易變形。

(4) 928. 為了安全起見，圓鋸機鋸切木材時，鋸片以不高出木面多少 mm以上為宜？(1)20 (2)15 (3)9 (4)3。

(2) 929. 列膠合劑中，何者耐水性最佳？(1)牛皮膠 (2)尿素膠 (3)聚醋酸乙烯膠（白膠） (4)強力膠。

(4) 930. 用透明水管測量水平線前應(1)將管內水完全倒掉 (2)保持管內殘留氣泡空氣 (3)將管內水完全加滿 (4)將殘留氣泡空氣排除。

(4) 931. 用氣動工具時，空氣壓力(1)應盡量提高 (2)應盡量降低 (3)無須調整 (4)保持適當壓力。

(3) 932. 「工欲善其事，必先利其器」這句話引用到手工具，其意義是(1)要使用昂貴的手工具 (2)工具保持乾淨 (3)經常保持工具之銳利 (4)工具數量要多。

(3) 933. 邊六角形之每一內角均為 (1) 150　(2) 100　(3) 120
(4) 60°。

(3) 934. 般房門之門鎖高度，由地面至手把中心位置，其適當高度約
為幾公分？ (1) 60　(2) 70　(3) 100　(4) 120。

(2) 935. 製圖中所謂的立面圖，就是正投影圖的 (1) 平面圖　(2) 正視
圖　(3) 俯視圖　(4) 仰視圖。

(4) 936. 角材劃垂直投影線時，適合使用下列何種工具？ (1) 直尺
(2) 捲尺　(3) 自由角規　(4) 短角尺。

(4) 937. 角三角形中，若兩直角邊長各為 3cm 及 4cm，則斜邊長應為
幾 cm？ (1) 12　(2) 8　(3) 6　(4) 5。

(1) 938. 列有關木材心材與邊材之敘述，何者是錯誤的？ (1) 心材收
縮較大　(2) 心材顏色較濃　(3) 邊材較粗鬆　(4) 心材含水量
較少。

(3) 939. 皮刮刀為彈性橡膠製成，因其柔軟性較佳，固最適合於何種
地方之補土作業？ (1) 平直之面　(2) 斜面　(3) 彎曲面
(4) 角落。

(4) 940. 度高之木材，其 (1) 比重亦低　(2) 強度亦低　(3) 含水量亦高
(4) 耐磨性亦高。

(1) 941. 何者不是木作工程之五金配件？ (1) 楔木片　(2) 滑軌
(3) 門鎖　(4) 活葉。

(4) 942. 壓鉋機鉋削之材料尾端成凹陷形，其原因應為 (1) 出料台過
高　(2) 進料台過高　(3) 進料台過低　(4) 出料台過低。

(4) 943. 硬木安裝木螺釘的最佳方法是(1)用鐵鎚直接敲入　(2)用起子直接旋入　(3)先塗些潤滑油再敲入　(4)先鑽引孔再用起子旋入。

(1) 944. 影原理中表示眼睛之所在位置，稱為(1)視點　(2)畫面　(3)視線　(4)消點。

(3) 945. 藥擊釘槍在不工作時，應該如何？(1)擺在工作場所角落　(2)吊掛在牆上　(3)在擊釘槍上方取出火藥筒　(4)把釘子取出即可。

(4) 946. 內裝潢從業人員應具備何種工作態度？(1)能自動省略加工步驟　(2)依自己的想法施工　(3)能不按圖施工就不按圖施工　(4)能珍惜施工資源。

(1) 947. 接的膠合效果而言，下列情況何者是對的？(1)愈緊密愈佳　(2)膠愈多愈佳(3)留膠縫較佳(4)榫頭愈長愈佳。

(1) 948. 確的姿勢搬動重物時容易引起(1)扭傷　(2)撞傷　(3)夾傷　(4)燙傷。

(3) 949. 何者是市面上常見的夾板尺寸規格？(1)2尺 x 6尺　(2)4尺 x 6尺　(3)4呎 x 8呎　(4)4呎 x 4呎。

(2) 950. A2圖紙之面積大小為A3圖紙面積大小之幾倍？(1)1／2　(2)2　(3)3　(4)4。

(3) 951. 於鋸切木心版的鋸片，選用下列何者較為適宜？(1)橫斷鋸片　(2)縱開鋸片　(3)縱、橫兩用鋸片(4)傾斜鋸片。

(3)952.護工地的整潔衛生式裝修工作人員的責任，因此大家(1)只要在下班前合力整理工地就可以 (2)在工作中努力生產即可 (3)在工作中隨時維持整潔有序 (4)只要指定專人打掃就可以。

(1)953.英尺寬等於幾台尺？(1)4.023 (2)4.5 (3)12 (4)18。

(3)953.木作工程美化收邊之主要材料，下列何者最適宜？(1)木心板(2)粒片板(3)線板(4)夾板。

(3)954.施工圖面常用文字簡寫符號中 CL 代表(1)天花板高度(2)地平線(3)中心線(4)剖面線。

(4)956.角材所稱之 1 才是(1)1 寸×1.2 寸×8 尺(2)1 寸×1.5 寸×9 尺(3)1.5 寸×1.2 寸×7 尺(4)1 寸×1 寸×10 尺。

(4)957.下列何者是樹種為闊葉樹材(1)肖楠(2)雲杉(3)檜木(4)梧桐。

(4)958.天花板封板前需要(1)確認水電管線(2)確認空調出風口(3)角材塗佈白膠(4)以上皆是。

(4)959.鋪設木地板之優點(1)會釋放芬多精(2)會改善過敏症狀(3)較不冰冷可赤腳行走(4)以上皆是。

(4)960.平鉋機操作要領及安全注意事項(1)確實檢查木板清除木板上的的砂土、細粉、髒污或釘子(2)清除機器台面上任何東西(3)如工具、材料及文具等測量木板厚度，並調整機器鉋削厚度(4)以上皆是。

(3)961.細實線若使用 0.25 ㎜ 的線條，則粗實線應為多少㎜粗細的
線條？(1)0.15 (2)0.35 (3)0.5 (4)0.25 。

(1)962.一面與兩投影面垂直，而與另一投影面平行，則稱此面為
(1)正垂面(2)斜面(3)複斜面(4)立體圖面。

(1)963.下列木材中，何者之比重最大？(1)紫檀木(2)雲杉(3)柳安
木(4)樟木。

(3)964.以下有關碳刷之敘述，何者是錯的？(1)當磨損到大約 6 ㎜
以下時，就需要更換(2)保持碳刷清潔並使其在夾內能自由
滑動(3)更換其中一個即可(4)兩把碳刷應同時更換。

(2)965.使用電熨斗貼合 0.3 ㎜ 的木薄片時，最好選用(1)尿素膠
(2)聚醋酸乙稀膠(白膠)(3)ＡＢ膠(4)強力膠。

(4)966.隔間牆施工時，須測量其是否垂直時，可用下列何種工具？
(1)捲尺(2)鋼尺(3)折尺(4)鉛垂。

(3)967.當門開啓後，使其不搖晃用於固定之裝置為(1)活頁(2)把手
(3)門止(4)門銷。

(4)968.從物體正上方觀得而繪出的圖，稱為(1)側視圖(2)前視圖
(3)仰視圖(4)俯視圖。

(3)969.圖示標明不清楚時，施工人員應如何處置？(1)依自己的想
法施工(2)洽詢業主(3)洽詢設計師或監工人員(4)省略該項
加工。

(3)970.現場施工常用什麼材料做放樣工作？(1)美耐板(2)企口板
(3)夾板(4)麗光板。

(1) 971. 有手提路達之稱的是(1)手提花鉋機(2)手提電鑽(3)手提電鋸(4)手提電鉋。

(1) 972. 下列膠合劑中,何者耐水性最佳?(1)尿素膠(2)強力膠(3)聚醋酸乙烯膠(白膠)(4)牛皮膠。

(2) 973. 夾板內為多層單板之組合,通常為(1)與層數無關(2)奇數層(3)隨厚度決定(4)偶數層。

(4) 974. 下列美耐板規格中,何者不是一般常見的規格?(1)4 呎×8 呎(2)3 呎×7 呎(3)3 呎×6 呎(4)4 呎×12 呎。

(4) 975. 為防止木材開裂,普通鉸鏈裝配位置距門的兩端應為鉸鏈長度的幾倍較合理?(1)4.5～5 (2)0.5～1 (3)3.5～4 (4)1.5～2。

(3) 976. 下列那一部手提式機器,適合加工內封閉曲線?(1)手提電鉋(2)手提圓鋸機(3)手提線鋸機(4)手提電鑽。

(4) 977. 鋸路的主要目的在於防止(1)撕裂木材(2)保護材料(3)增加摩擦(4)促進鋸屑之排出及防止摩擦。

(3) 978. 使用紋釘槍時,釘子未能完全打入而突出表面,其原因可能是(1)紋釘太短(2)撞針過長(3)撞針已磨損(4)空氣壓力太大。

(3) 979. 左圖鉸鏈不適用於(1)摺疊門(2)屏風(3)旋轉門(4)摺疊桌面。

(4) 980. 下列有關木材心材與邊材之敘述，何者是錯誤的？(1)心材顏色較濃(2)心材含水量較少(3)邊材較粗鬆(4)心材收縮較大。

(1) 981. 木材鉋成前尖削形，表示手壓鉋機(1)出料台稍高(2)出料台稍低(3)進料台稍高(4)進料台稍低。

(4) 982. 下列有關製作不貫穿榫接時的相關敘述，何者是對的？(1)榫頭長度與孔深一樣(2)榫頭長度略長於孔深(3)榫頭厚度大於孔寬(4)榫頭長度較孔深略短些。

(3) 983. 劃取地板或天花板的水平線時，下列何種工具最適合？(1)折尺(2)捲尺(3)墨斗(4)鉛垂。

(1) 984. 量測木材材面是否平直，一般以(1)鋼尺(2)捲尺(3)折尺(4)分規 最適合。

(1) 985. 室內裝潢製圖時，下列何種比例較適合用來繪製剖面詳圖？(1)1/10 或 1/1 (2)1/40 或 1/50 (3)1/20 或 1/30 (4)1/50 或 1/100。

(1) 986. ㄇ型氣動釘槍用釘之規格，所稱「422」中之 " 22 " 是指釘的(1)長度(2)厚度(3)數量(4)寬度。

(2) 987. 砂磨作業時，比較困難操作且容易造成圓角之缺點的面是？(1)寬的板面(2)端面(3)寬的斜面(4)垂直平面。

(1) 988. 拼接板料時，其塗佈膠合劑之要領是(1)塗佈雙面，薄而均勻(2)塗佈雙面，要多且厚(3)塗佈單面，要多且厚(4)塗佈單面，薄而均勻。

(4)989.用於鋸切木芯板的鋸片，選用下列何者較為適宜？(1)橫斷鋸片(2)傾斜鋸片(3)縱開鋸片(4)縱、橫兩用鋸片。

(2)990.繪圖時標註具方向性木質板時，在邊緣處若有一 " × " 符號，表示(1)此面材質不合格(2)木質板的橫斷面(3)邊緣不必加工(4)木質板的縱剖面。

(2)991.可直接用在桌面板或櫥櫃側板的是(1)美耐板(2)木心板(3)企口板(4)礦纖板。

(3)992.正六邊形之內角和為幾度？(1)640 (2)480 (3)720 (4)360。

(4)993.手壓鉋機之輸入檯面越高，其切削(1)量越大(2)面越平(3)不會改變(4)量越小。

(1)994.和木理垂直的方向或與木理平行的方向用釘時，其長度的決定是(1)與木理平行方向者較長(2)視鐵釘粗細而定(3)兩者一樣長(4)和木理垂直方向者較長。

(2)995.下列何者不是木作工程之五金配件？(1)活葉(2)楔木片(3)滑軌(4)門鎖。

(1)996.比例 1：1 放樣的主要功用是(1)求取正確接合形狀、尺寸、角度(2)增加美觀(3)增加製圖張數(4)展現個人製圖能力。

(3)997.裝置於門上，使關閉時不致被任意開啟並用於防盜的五金配件是(1)拉手(2)活頁(3)門銷(4)門止。

(4)998.一般裝潢木工較常使用何種鋸切工具？(1)鋼鋸(2)框鋸(3)美式板鋸(4)折合鋸。

(1)999.以下何者不是使用平鉋機時，木材開始鉋削一端有切痕的原因？(1)鉋刀較鈍(2)壓桿定位過低(3)上方進材滾筒定位過高(4)鉋花折斷板定位過高。

(2)1000.適合劃取櫥櫃橫隔板位置的劃線工具是(1)捲尺(2)長角尺(3)皮尺(4)鋼尺。

(1)1001. 木製門樘之上樘木必須伸入牆內每側(1)5cm(2)8cm(3)10cm(4)12cm。

(2)1002.預防止木構造骨架中樑材之撓度產生最重要者應注意哪一項?(1)儘可能使構造簡單化以減輕自重(2)採用有效之斷面慣性力矩(3)儘可能採用較輕的材料(4)選用強度較大之木材。

(3)1003.木造窗門尺寸表示係(1)框內矩(2)框外矩(3)扉外矩(4)扉內矩。

(3)1004.空心門係以較小木料膠貼製成門框或門筋，兩面再膠貼夾板者，其用料通常為(1)檜木(2)櫸木(3)柳安木(4)杉木。

(4)1005.木門窗用料通常以翹曲最少與節疤、腐爛、蛀蟲且有適當硬度之針葉樹為主，臺灣通常採用最多的為(1)標木(2)柳安木(3)檜木(4)櫸木。

(2)1006.木板天花板之天花筋之間距除吸音等尺度特殊者外，一般為(1)30 公分(2)45 公分(3)60 公分(4)70 公分。

(1)1007. 木樑的撓度不得大於木樑跨度的長之(1)1/360(2)1/240(3)1/120(4)1/60。

(3)1008.木造構築，一般以木桁架構築最為合適，其中一種在桁架構面內設有斜撐材，抵抗橫力較有利且為今日木構中最常用者。此種構築方式謂之(1)立帖式(2)穿斗式(3)中柱式(4)偶柱式。

(3)1009.常作為木材面之塗料為(1)洋干漆(2)塑膠漆(3)透明漆(4)瓷漆。

(4)1010.屋外木部塗裝因經常受雨打或日曬，需使用耐候性及耐久性較佳的塗料以(1)鋁油漆(2)瓷漆(3)油性凡立水(4)石炭酸塗料最佳。

(2)1011. ⊠ 是表示(1)木材裝潢材(2)木材構造材(3)磚材(4)鋼材剖面符號。

(1)1012.木構造及鋼構造等結構抗風壓性不如 RC 造主要原因(1)自重輕於 RC 結構(2)接受風面大(3)各構件斷面較小(4)接頭部分少強度當然差。

(4)1013.圓杉木兩端，半徑分別為 2 台寸、3 台寸、10 台尺長，則其材積為(1)4 才(2)5 才(3)9 才(4)16 才。

(3)1015.一立方公尺木材為(1)330 才(2)340 才(3)360 才(4)420 才。

(2)1016.正方形木料 5.4 才，每邊為 3 台寸寬，則長度為(1)3(2)6(3)9(4)12 台尺。

(2)1017.木材體積 1 石等於(1)10 才(2)100 才(3)1000 才(4)10000 才。

(3)1018.木材之塗裝順序爲(1)磨光>著色>填眼>底塗>中塗>面塗(2)填眼>著色>底塗>砂磨>面塗>中塗(3)磨光>填眼>著色>底塗>中塗>面塗(4)磨光>底塗>填眼>著色>中塗>面塗。

(1)1019.正同柱屋架之構件中，其主要承受壓應力及彎曲應力之構材爲(1)人字木(2)桁條(3)斜撐(4)正同木。

(4)1020.木材塗裝欲露出木紋應使用(1)塑膠漆(2)紅丹漆(3)臘克(4)洋乾漆。

(1)1021.下列敘述，何者正確?(1)立帖式或木屋構造系臺灣所創，採用短料阻立，柱與檁完全垂直相交不用斜撐，並利用斗拱，懸臂原理使簷甚寬(2)坏土工程爲建築飾面工程之一，包括內外牆壁、內部天花板的飾面裝修(3)一般水泥砂漿粉刷工程以二度爲標準(4)木構造主構材的含水率要在 15%以上。

(1)1022.若以木材爲門窗製材，採用以下何種木材爲宜?(1)檜木(2)柳安(3)杉木(4)烏心石。

(3)1021. 木製門楣製作時須預留埋設長度，每側幾公分以上?(1)20cm(2)15cm(3)10cm(4)5cm。

(4)1022.一般之屋架，以正筒柱屋架構成居多，其中主要承受壓應力及彎矩之部材爲(1)繫樑(水平大樑)(2)斜撐(方仗)(3)懸柱(邊同柱)(4)主椽(人字木)。

(2)1023.蔗板強度不如木板，故蔗板天花板間隔較小約在幾公分以下?(1)30cm(2)45cm(3)55cm(4)60cm。

(1)1024.門樘一組，使用柳安木 3 支，其呎碼皆爲 1.5 寸 x1.2 寸 x6 尺，則其總材積爲(1)3.24 才(2)1.08 才(3)32.4 才(4)0.324 才。

(3)1025.木構造接合圈於接合兩種構件，其本身係用於抵抗(1)拉力(2)壓力(3)剪力(4)彎矩。

(2)1026.木造隔間牆，其骨架採用柳安木角材施工，其標示方式為(1)60 柳安木角材@4.9X9(2)4.5X9柳安木角材@60(3)柳安木角材@4.5X9X60(4)60X4.5@柳安木角材 9。

(4)1027.下列何者不適於作為木構造的接合或補強之用?(1)螞蝗釘(2)螺栓(3)鐵框(4)鉚釘。

(3)1028.將木板側身挖槽相互接合成大面積木板之方法，稱為(1)對接(2)搭接(3)拼接(4)樺接。

(2)1029.以不成才積的木材加以碾碎，加與人造樹脂拌合加壓而成的裝修材料成品，稱為(1)夾板(2)塑合板(3)鑽泥板(4)木芯板。

(3)1030.下列敘述何者正確?(1)木材各方向的強度均相等(2)剪力、拉力及木材之物理性質(3)木材的含水量影響木材強度(4)吸濕性、透水性屬於木材之機械性質。

(1)1031.木構造之柱與樑間常採用偶撐處理，主要理由為何?(1)增加節點剛性(2)防止柱發生彎曲(3)防止樑產生側向振動(4)使載重集中於柱材。

(1)1032.採用木作夾板材料作為隔間時，須以撐材為框架，理想之撐材間隔尺寸為(1)45-120cm(2)75-90cm(3)9-70cm(4)30-90cm。

(3)1033.設一木質桌板，尺寸為 100cmX70cmX50cm，其材積為(1)6.6才(2)9.6 才(3)126 才(4)15.6 才。

(2)1034.木材材積一石約等於(1)10 才(2)100 才(3)1000 才(4)10000 才。

(3)1035.下列何者非屬硬木?(1)檜木(2)杉木(3)楠木(4)松木。

(4)1036.若以土木材料依其用途分類,下列哪一種分類木材最爲合適?(1)構造物主體材料和構造物副材料(2)天然材料和人造材料(3)液態材料和固態材料(4)有機材料和無機材料(5)金屬材料和非金屬材料。

(4)1037.下列木材何者爲軟木樹?(1)松木(2)柏木(3)杉木(4)樟木。

(1)1038.樹木橫斷面之哪部位強度大,富耐久性,且顏色美觀利用價值較高?(1)心材(2)邊材(3)樹皮(4)根部。

(1)1039.木材長度 6 尺,寬度 6 寸,厚度 1 寸,其材積爲(1)3.6 才(2)36 才(3)1.8 才(4)18 才。

(2)1040.設 w1 爲木材乾燥前之重量,w2 爲絕對乾燥之重量,則有關木材含水率之測定公式下列何者正確?(1)(w1-w2)/w1x100%(2)(w1-w2)/w2X100%(3)(w1+w2)/w1X100%(4)(w1+w2)/w2X100%。

(3)1041.木材常用材積單位、台制角材 1 才之尺寸爲(1)1 尺 x1 尺 x1 尺(2)1 寸 x1 寸 x1 寸(3)1 寸 x1 寸 x1 尺(4)1 寸 x1 寸 x1 尺。

(1)1042.所謂板材類者,乃木材最小斷面之寬度爲厚度之幾倍以上?(1)2 倍(2)3 倍(3)4 倍(4)5 倍。

(1)1043.一材料長度 2 公尺、寬度 12 公分、厚度 6 公分,其材積爲(1)5.2 才(2)8.6 才(3)86 才(4)52 才。

(1)1044.下列何者木材臺灣較少?(1)柚木(2)檜木(3)杉木(4)楠木。

(1)1045.有關木材之敘述下列何者爲誤?(1)乾燥處理時，空氣乾燥法之乾燥速度較水中乾燥法爲快(2)年輪密度越大，木材之比重及強度越大(3)硬度大於 5 之木材爲最硬材(4)製材必須在完全乾燥下進行，以免產生收縮變形。

(3)1046.下列有關伐木之敘述，何者錯誤?(1)欲利用樹木之樹皮時，伐木宜在生長茂盛之春季(2)若要使樹木不易剝下，黏附在樹幹上時，則伐木宜選在晚秋或嚴冬(3)伐木應採用幼木，因其密度大且強度高(4)春季所伐樹木木材，易受菌類侵害而腐蝕。

(2)1047.海島型木地板是以何種板材爲底，再於該底材表面貼上實木薄片或木皮而成?(1)蔗板 (2)夾板(3)纖維板(密迪板)(4)矽酸鈣板。

(1)1048.依木薄板之定義而言，下列何者屬木理走向而發生的木紋?
(1)交錯木紋(2)弦切木紋(3)徑切木紋(4)橫切木紋。

(2)1049.木皮薄片貼合後，進行砂磨工作時應如何?(1)垂直木紋研磨(2) 順木紋研磨(3)沒有限制方向研磨(4)先順木紋後垂直木紋研磨。

(1)1050.爲防止水份破壞木構造榫頭接合時，其膠合材料應選用(1)尿素膠(2)PVCA 白膠(3)動物骨膠(4)強力膠。

(2)1051.4 尺 X8 尺木芯板 8 片，雙面各膠貼胡桃木薄片，不計損耗共需使用多少木薄片(1)約 256 才(2)約 512 才(3)約 150 才(4)約 412 才。

(4)1052.木材中春材與秋材為構成何種組織的要素?(1)木質部(2)邊材(3)心材(4)年輪。

(2)1053.具有防止木材吐油、膠固木面、防止上層漆液被木材吸收等功能的是(1)二度底漆(2)頭度底漆(3)PU 塗料(4)生漆。

(3)1054.下列何種榫接方式較不適用於板材組成之箱型組合結構設計(1)指接(2)等缺榫(3)裂口榫(4)木釘接合。

(3)1055.木材合板等易燃性建材，如需具防火性能應選用(1)調合漆(2)水性水泥漆(3)防火漆(4)磁漆。

(4)1056.下列加工合成板中，何者最適合用於木地板舖設前，做為舖底用之 12mm 厚底板(1)石膏板(2)不含甲醛塑合板(3)中密度纖維板(4)防潮夾板。

(2)1057.比例 1：50 之平面圖上，量得一居室空間長 7.8 公分;寬 10.6 公分,今該室擬舖滿木地板，其實際面積為(1)18.6(2)20.67(3)41.34(4)82.68 平方公尺。

(3)1058.木製家具染色前如需經過漂白的過程，此染色劑的漂白劑以何為佳?(1)鹽酸(2)阿摩尼亞(3)草酸(4)醋酸。

(2)1059.進口木材一批其規格為 12 板呎 x1 板呎 x1.5 吋=100 片，其才積應為(1)180 板呎(2)1800 板呎(3)216 板呎(4)2160 板呎。

(2)1060.一般木構造建築物，用來承載樓板或屋頂載重的水平主構材稱為(1)桁架樑(2)大樑(3)橫樑(4)跨牆樑。

(1)1061.市場購買木材常用的計算單位才積，100才換算成公制單位時接近(1)0.2782立方公尺(2)2.782立方公尺(3)0.1764立方公尺(4)1.1764立方公尺。

(1)1062.Stain為木器塗裝作業中之(1)染色劑(2)噴漆(3)釉彩(4)漂白劑。

(3)1063.在木製家具表面刻意做成蟲柱、釘痕、碰撞、黑點等現象的塗裝方式稱為(1)義式塗裝(2)法式塗裝(3)美式塗裝(4)葡式塗裝。

(4)1064.下列何種板材之耐火性最差(1)塑合板(2)纖維板(3)粒片板(4)木芯板。

(3)1065.下列何種木材屬於硬木類(1)側柏(2)雲杉(3)酸枝(4)花旗松。

(3)1066.下列何者不屬於明、清硬木家具所使用之材種(1)紫檀木(2)花梨木(3)山毛櫸(4)酸枝木。

(2)1067.一般市場常用的木質板名稱(Particle Board)是代表(1)纖維板(2)塑合板(3)木芯板(4)夾板。

(1)1068.在木構造建築中之木構架分為構架及桁架兩種，下列何者屬於東洋式桁架(1)抬樑式與穿斗式(2)抬樑式與中柱式(3)穿斗式與中柱式(4)穿斗式與複斜式。

(2)1069.一和室推拉門框寬3.6公尺高2.1公尺，四邊均使用標準3.5寸x1.5寸規格花旗松製作，其木料才積應為(1)約16才(2)約20才(3)約24才(4)約42才。

(3)1070.下列何種榫接方式較不適用於板材組成之箱型組合結構設計(1)指接(2)等缺榫(3)裂口榫(4)木釘接合。

(1)1071.一層以上的木構造建築物，其支柱由底層直達頂層，上下貫穿的整根木柱稱為(1)通柱(2)主柱(3)管柱(4)牆柱。

室內裝修木工材料及工法初步解析

反覆練習測驗題

題號　　解答　　題目　　選項

單選題：

1.(4)實木外銷家具塗裝的含水率，是應控制在①1～2%②3～6%③12～14%④8～10%。

2.(3)下列有關圓鋸之操作那一項是錯誤？①可鋸切小溝槽②靠著導板縱剖木板③用導板定長橫切木料④使用斜接規鋸切斜度。

3.(2)等角立體圖與等角投影立體圖是①形狀相同大小亦相同②大小不相同而形狀相同③形狀不同大小相同④大小不同形狀亦不同。

4.(2)尿素膠所用之硬化劑一般為①麵粉②氯化胺③三聚氰胺④甲醛。

5.(3)一圓錐長度為 50mm，錐度為 1：5，若大端半徑為 20mm，則小端半徑為①5mm②10mm③15mm④20mm。

6.(2)成本估計下列所敘述那一項不應估算在內①材料費②代理商費③工資④設計費。

7.(2)下列對包裹結構木門的敘述，何項是錯誤的？①重量輕②耐衝擊③利用較次等材料為框架④節省材料。

8.(1)下列與家具設計無直接關係的因素為①家具之工廠生產設備②家具之功能③家具之比例④家具之結構。

9.(3)製造成本中直接材料成本＋直接人工成本是①製造費用②固定成本③主要成本④加工成本。

10.(2)塗料乾燥階段其狀態將手指頭輕壓時，雖感覺粘著，但塗膜不粘著於手指頭，稱爲①定著乾燥②指觸乾燥③固化乾燥階段④固著乾燥。

11.(4)木材是由許多細胞所組成，細胞極細而長，所以又稱爲①礦物質②樹脂③木質素④纖維。

12.(4)改善箱體結構變形的最好方法是①增加隔板數②側板加厚③增加固定螺絲長度④加背板固定。

13.(1)下列那一種溶劑的乾燥速度較快？①低沸點溶劑②高沸點溶劑③與溶劑無關④中沸點溶劑。

14.(2)使用下列塗料面漆那一種價格最昂貴？①水溶性塗料②聚胺基甲酸脂塗料(PU)③硝化纖維素面漆(N.C)④醋酸丁酸纖維素塗料(CAB)。

15.(4)塗裝噴塗作業，當溶劑急速揮發時，空氣中之濕氣凝結於塗膜表面會發生何種現象？①垂流②結塊③氣泡④白化。

16.(1)NC 噴漆塗料中添加樹脂之最主要目的，下列那一項是錯誤的？①增加其揮發性②提高不揮發成分③增加塗膜光度④增強附著性韌性耐候性等。

17.(3)10 ㎜厚之玻璃五片，長爲 5 尺，寬爲 2.5 尺，試問玻璃共多少平面才？①125 才②25 才③62.5 才④12.5 才。

18.(1)製作一個正八邊形的木框，每邊兩端的斜角，應各鋸幾度？①67.5②45③15④30。

19.(1)透視立體圖的奇數等分割，可採用①垂直稜線等分與對角線等分法②水平稜線等分法③垂直稜線等分法④對角線交點法。

20.(4)3.5 台才約等於①2.97 板呎②2.9 板呎③4.32 板呎④4.13 板呎。

21.(2)某工作物的正投影爲其實長，則此面與投影面①傾斜②平行③相交④垂直。

22.(1)三面鉋機啓動的次序爲①主軸，立軸，送材②送材，主軸，立軸③送材，立軸，主軸④主軸，送材，立軸。

23.(1)綠色碳化矽砂輪常用以研磨①超硬合金②高碳鋼③非鐵金屬刀具④低碳鋼。

24.(1)手壓鉋機輸出台面的定位，應以下列何者爲基準？①刀刃高度②輸入台面高度③輸出台面本身④刀軸高度。

25.(1)製造成本不包括下列何項？①銷管費用②直接材料③製造費用④直接人工。

26.(3)尺度線用以表示①形狀及大小②輪廓③距離方向及範圍④大小、長度。

27.(2)鋸帶或鋸子的研磨順序爲①齒喉→整齒→齒背②整齒→齒喉→齒背③齒背→齒喉→整齒④齒喉→齒背→整齒。

28.(3)生產運作之生產力三指標中，唯一在任何情況下均不變的是①投入②產出③品質④市場。

29.(3)備料後劃線的順序何者較好？①長度→榫孔、榫頭→方向記號②長度→方向記號→榫孔、榫頭③方向記號→長度→榫孔、榫頭④榫孔、榫頭→方向記號→長度。

30.(2)家具分件成左右對稱者(傳統長板凳)，下列那個組合程序最為正常使用？①先組合左、右側之分件，再組合前後兩分組件②先組合前後分件成側分組件，再整體組合③一次組合而成④由於使用組合之工具不同，可一次組合而成，也可分次組合而成。

31.(1)銅製五金配件保養時，可用下列何者擦拭較佳？①桐油②機油③亮光蠟④透明漆。

32.(1)平鉋機鉋削面有隆起木理，但非缺口痕是因為①刀刃太鈍②木面有灰塵③木材太硬④刀刃角太小。

33.(2)檢查結果如發現設備不安全，如磨損、缺陷，為防止他人續用，應先採取下列那一項措施？①招請包商修理②掛上危險掛籤③連繫保養部門修理④通知各有關人員。

34.(2)手工砂磨平面時以①轉圓圈②順木理③斜木理④橫木理 研磨最佳。

35.(3)下列何種膠合劑較適合金屬與木材之貼合？①接觸膠②尿素樹脂③環氧樹脂④聚乙烯膠。

36.(4)背刀式車床，其背刀成型設計與材料之細削角度宜為①25°②30°③45°④20°。

37.(2)組合圓形或不規則形之家具組件，要使用下列何種夾具？①斜接夾②帶夾③C形夾④平行木夾。

38.(2)立軸機除鉋各種花線、槽及嵌槽外，尚可做①鳩尾榫②等缺榫③鉋寬板面④鋸切長度。

39.(3)A3圖紙尺寸是①350×450②250×350③297×420④210×297 mm。

40.(2)榫接上膠時以下列何種方式最好①僅榫肩佈膠即可②榫孔榫頭榫肩均佈膠③榫孔佈膠④榫頭佈膠。

41.(3)木框角度接合，膠合後產生如下圖之開裂現象，係因膠合前木材含水率①低於平衡含水率太多②與平衡含水率相等③高於平衡含水率太多④受木材材質之影響。

42.(4)利潤＝售價－成本，而售價是由下列何者決定？①製造者②銷售者③消費者④市場需求。

43.(3)電器外殼接地之目的為？①防止電阻②防止閃路③防止感電④防止短路。

44.(2)在無壓床加壓的情況下，木面貼飾美耐板，以用那一種膠最方便？①尿素膠②強力膠③瞬間膠④白膠。

45.(2)如何使過於呆板的造形具有生命感？①使用靜態平衡效果②使用韻律效果③使用鏡面反射效果④使用左右對稱效果。

46.(3)輪廓線和中心線，何者可以用尺度線？①輪廓線和中心線都可以②中心線可以，輪廓線不可以③輪廓線和中心線都不可以④輪廓線可以，中心線不可以。

47.(3)一般工廠使用之圓鋸片大部份均採用下列何種制式為規格①台寸②公尺③英吋④公寸。

48.(4)量產工廠橫切木料後，用鉋木機粗鉋時，宜先鉋削那一面？①材料左側②材料右側③材料上方④材料下方。

49.(3)顏料(PIGMENTS)是一種不溶於①香蕉水②真溶劑③水④丙酮的微粒狀物質。

50.(3)鳩尾榫之斜度，如材料較軟時，應以①1/4②1/8③1/5④1/6 較佳。

51.(1)吸塵軟管的規格是以①內徑②重量③外徑④長度 為依據。

52.(4)下列那項對塗裝作業中，塗膜缺陷發生原因的敘述是錯誤的？①塗料原因②塗裝環境之原因③塗裝技術和機具原因④木製品樣式原因。

53.(3)蒸氣窯乾法，乾燥木材，後期階段應①高濕度，低溫度②高濕度，高溫度③低濕度，高溫度④低濕度，低溫度。

54.(3)立軸機切削刀以①三刃式②二刃式③多刃實心式④單刀式 鉋削效率較佳。

55.(1)材料加長接合，下列何種接合容易製作且接合力較強？①指接接合②鎖接接合③木釘接合④鳩尾接合。

56.(1)下列何者為油性著色劑的缺點？①乾燥慢②吸進塗料少③色調柔軟④著色均勻。

57.(3)原木之製材宜在何種狀態下進行？①氣乾狀態②外乾內濕狀態③生材狀態④全乾材狀態。

58.(4)木材比重為木材之重量與同體積水在攝氏幾度時重量之比①3②6③5④4 度。

59.(4)砂紙有 CC 的記號，表示磨料是①柘榴石②金鋼沙③氧化鋁一級④碳化矽一級。

60.(2)e＝鉋削刀痕間距(mm)，V＝進刀速度(m／分)，n＝刀具之迴轉數(轉／分)，Z＝刀片數，則刀痕間距 e 等於①②③④。

複選題：

61.(123) 木材塗裝的主要功能有①耐摩擦損耗②美觀③防止水份濕氣入侵④增加木材香氣。

62.(123) 有關刀具，下列敘述哪些正確？①刀具直徑和轉速有關②刀角愈小，愈鋒利③碳化鎢刀具較高碳鋼刀具耐磨④碳化鎢刀具要用氧化鋁的砂輪研磨。

63.(234) 對於同類型家具，有關明式家具與清式家具，下列敘述哪些正確？①清式家具較重視表現木材的質感②清式家具用料較為粗壯③清式家具尺寸較明式家具大④清式家具較常出現鑲嵌彩繪技術。

64.(134) 下列敘述哪些正確？①南洋檜木即是貝殼杉②亞花梨、綠檀、紅檀等都是紫檀類③阿拉斯加扁柏亦稱黃檜④寮國檜木原是香杉。

65.(24) 下列哪些為作榫機之安全注意事項？①加工材料一次推到底②有節材料要排除③為求安全可配戴手套④加工切削分次向前推送。

66.(14) 有關圓木鋸切製材品，下列敘述哪些正確？①製成正方木製材率約 60~65％②製成正方木製材率約 70~75％③製成灘稜方木製材率約 60~65％④製成灘稜方木製材率約 70~75％。

67.(34) 帶鋸機鋸切圓弧，鋸切弧度大小與下列哪些無關？①鋸齒粗細②鋸條寬度③上下輪徑④轉速。

68.(234) 現代設計重視環保(3R)議題，3R 指的是①重覆(Repeat)②再利用(Reuse)③循環再生(Recycle)④減量(Reduce)。

69.(12)我國慣用材積算法①1 才=100 立方寸②1 尺×1 尺=1 才(平面才)③1 尺×1 尺×1 尺=1 才(立體才)④1 才=100 立方尺。

70.(123)紅木家具用料除了紫檀類、花梨木類、香枝木類、黑酸枝類、紅酸枝類之外還包括哪幾類？①條紋烏木類②雞翅木類③烏木類④亞花梨類。

71.(124)使用平鉋機鉋削木材，如開始鉋削一端有凹痕與下列哪些無關？①上方出料滾輪太高②上方出料滾輪太低③下方進料滾輪太高④下方進料滾輪太低。

72.(124)使用木釘做加強邊接合時，下列敘述哪些正確？①木釘應與材端保持適當距離②木釘的尺寸與數量決定於組合的需要③埋入深度約為木釘直徑的三倍④木釘直徑應該不可超過板厚的一半。

73.(1234)依據職業安全衛生設施規則第 29 條雇主對於工作用階梯之設置，下列敘述哪些正確？①斜度不得大於 60 度②梯級面深度不得小於 15 公分③在機械四周通往工作台之工作用階梯，其寬度不得小於 56 公分④應有適當之扶手。

74.(134)平鉋機鉋削時撕裂木材，與下列哪些無關？①下方出料滾輪太高②鉋花折斷板太高③下方進料滾輪太高④上方出料滾輪太低。

75.(23)有關靜電塗裝，下列敘述哪些正確？①設備低廉②表、裏可同時塗裝③塗著效率好④適合少量多樣塗裝物。

76.(34)塗裝顏色分離現象是下列哪些因素生成？①塗膜過薄②稀釋劑混合過少③調合塗料攪拌不足④稀釋劑溶解力不足。

77.(34)立軸機鉋削曲線時，木材焦黑現象與下列哪些無關？①刀軸轉速太快②送材速度太慢③送材速度太快④刀頭太大。

78.(123)熱壓膠合時，可使用下列哪些膠合劑？①尿素樹脂②聚酯樹脂③聚醋酸乙烯樹脂④環氧樹脂。

79.(123)木材壓花機功能模式，下列敘述哪些正確？①利用壓花粗型配合人工雕刻②適合壓花模一次成型③先行雕刻配合壓花成型④木材蒸煮再行壓花成型。

80.(34)無氣噴塗塗面呈顯尾斑紋(Tail)時，下列哪些為正確的處理方式？①使用噴出量較多的噴嘴②增加塗料黏度③使用噴出量較少的噴嘴④降低塗料黏度。

單選題：

1.(1) e ＝鉋削刀痕間距(mm)，V ＝進刀速度(m ／分)，n ＝刀具之迴轉數(轉／分)，Z ＝刀片數，則刀痕間距 e 等於①

$$\frac{V \cdot 1000}{n \cdot z}$$ ② $$\frac{n \cdot V \cdot 1000}{z}$$ ③ $$\frac{V}{n \cdot z}$$ ④

$$\frac{n \cdot z}{V \cdot 1000}$$ 。

2.(4)帶鋸切削面粗糙的原因是①沒有齒張②迴轉數太快③齒距太短④齒張不整齊。

3.(2)平鉋機的主軸潤滑油為①SEA20＃機油②耐熱黃油③耐水黃油④SEA40＃機油。

4.(2)方榫結構接合處塗膠時，通常①榫頭塗膠多於榫孔②榫孔塗膠多於榫頭③榫孔塗膠便可④榫頭塗膠便可。

5.(4)家具使用塗料，成本計算，下列何種為最適合？①重量②體積③材料④面積。

6.(3)材料加長接合，下列何種接合容易製作且接合力較強？①木釘接合②鎖接接合③指接接合④鳩尾接合。

7.(4)家具框架結構，下列何種最不容易變形？①正方形②多邊形③長方形④三角形。

8.(1)帶鋸的齒背角度約為①52 度②22 度③45 度④32 度。

9.(3)顏料(PIGMENTS)是一種不溶於①香蕉水②丙酮③水④眞溶劑 的微粒狀物質。

10.(1)空氣軟管的規格稱呼，一般依其①內徑尺寸②長度③外徑尺寸 ④各地習慣 而定。

11.(1)一扇門的重量是 10 公斤，由門把至鉸鏈之垂直距離爲 75cm， 若使用 6 公斤水平力拉門把，則鉸鏈處之開門力矩爲？① 4.5kg-m②7.5kg-m③3.75kg-m④8.25kg-m。

12.(3)如右圖，製作八角形空心餐桌腳 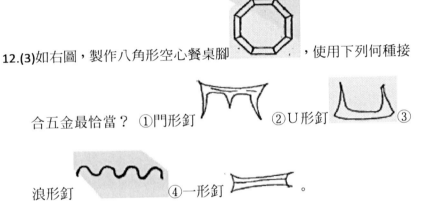，使用下列何種接 合五金最恰當？ ①門形釘 ②U形釘 ③ 浪形釘 ④一形釘 。

13.(2)有關鰾油塗裝(OIL FINISH)下列所述那一項是缺點？①塗裝技 術簡單均一②油磨費時費工③補修極容易④比其他任何塗裝 法更能表現木材天然美觀。

14.(1)噴塗拉卡面漆，其面漆黏度用四號福特杯測試一般約爲①14 秒②22 秒③30 秒④6 秒。

15.(2)那一種方向抗壓強度最弱①壓力與年輪垂直②壓力垂直於纖維且與年輪同向③壓力垂直於纖維且與年輪成垂直④壓力與纖維同向。

16.(3)右圖符號， 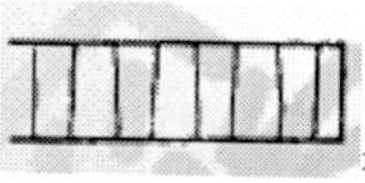 表示使用的材料為①大理石②實木③木質加工板④玻璃。

17.(2)組合式家具通常採用下列何種作為結合零件？①U 型釘②組合螺絲(釘)③木釘④鐵釘。

18.(4)當繪製工件有不規則斷面時，可採下列何種剖面表達？①全剖面②局部剖面③輔助剖面④移轉剖面。

19.(1)油漆塗裝每m²為 70 元，今有門板 140cm×45cm 二片需雙面塗裝，側面共約 0.18 m²，試問共需油漆價格為？①189②156③136④206 元。

20.(2)下列有關框架與嵌板構造的敘述，哪一項不正確？①可鑲嵌其他材料，如玻璃、金屬②施工較包裹容易、簡單③較大面積實木，不易翹曲④形體穩定，高度、寬度，受濕度影響較小。

21.(4)木紋纖維皆與主幹心軸平行者，稱為①波狀木紋②鬃毛木紋③交錯木紋④直紋。

22.(2)下圖為一等距指接榫(FINGER JOINT)其中Ⅹ比Ⅾ一般為①1：2②2：3③1：1④1：3。

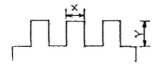

23.(4)下列成本估算何者不屬於管理成本？①文具費、雜支費②管理費、稅捐費(包含勞、健保、所得稅)③人事費、業務費④設備費、機器折舊保養費、包裝費。

24.(3)哪一項不是生產運作系統之要素①跟催②預測及計畫③檢討會議④執行。

25.(2)使用平鉋機時，如鉋刀撕裂木材，可能的原因是①下方出材滾輪太高②鉋花折斷板太高③上方出材滾輪太低④下方進料滾輪太高。

26.(3)下列有關木材彈性的敘述，何者錯誤？①木材年輪狹密彈性較大②木材承受相同荷重，彈性大者變形小③同一樹種比重大之部份彈性小④木材纖維長而直者，彈性較大。

27.(3)凡是圓、圓柱之物體，必須畫出①虛線②輪廓線③中心線④折斷線。

28.(3)單軸雕刻機(SPINDLE CARVER)水平轉軸，平皮帶驅動，轉速約多少 R.P.M①1200②3600③20000④7200。

29.(4)溶解染料不宜使用之容器為①玻璃器②瓷器③琺瑯容器④金屬容器。

30.(3)所謂切削速度是①刀具半徑×r.p.m.②刀具直徑×r.p.m.③刀具圓周×r.p.m.④刀具半徑×f.p.m.。

31.(2)如何使過於呆板的造形具有生命感？①使用鏡面反射效果②使用韻律效果③使用靜態平衡效果④使用左右對稱效果。

32.(1)控制機具緊急停止的按鈕用？①紅②黃③橙④黑　色表示。

33.(3)電器外殼接地之目的為？①防止短路②防止閃路③防止感電④防止電阻。

34.(3)板厚各為 12 ㎜，18 ㎜，板寬為 120 ㎜，可做半隱鳩尾①4 個②3 個③5 個④8 個。

35.(1)下列對平鉋機的敘述，何項是錯誤的？①平鉋機的下進料軸與鉋台同高②平鉋機可鉋出等厚的木料③平鉋機的鉋刀軸在鉋台上方④厚度差異過大的木料不可同時鉋削。

36.(2)改善箱體結構變形的最好方法是①增加固定螺絲長度②加背板固定③側板加厚④增加隔板數。

37.(4)在圓鋸機上裝不同直徑的鋸片，兩者的切削速度①與鋸片大小無關②小鋸片的切削速度較大③不變④大鋸片的切削速度較大。

38.(1)A3 圖紙尺寸是①297×420②210×297③350×450④250×350 mm。

39.(2)家具用可定位的鉸鏈是①針車鉸鏈②西德鉸鏈③蝴蝶鉸鏈④阿奴巴鉸鏈。

40.(3)氣動工具作業時，不可以有給油裝置的是①氣動砂光作業②氣動鑽孔作業③氣動噴塗作業④氣動打釘作業。

41.(1)銷售或製造額必須高於損益平衡點，才產生利潤，以下那一項與損益平衡點的形成沒有直接關係①資本額②變動成本③固定成本④售價。

42.(4)木材長度 2 公尺、寬度 12 公分、厚度 6 公分，其材積為①52才②86 才③8.6 才④5.2 才。

43.(4)帶鋸機的鋸片鬆緊度的調整為①下降下鋸輪則張緊②昇高上鋸輪則鬆馳③昇高下鋸輪則鬆馳④昇高上鋸輪則張緊。

44.(3)由木材、陶瓷器、鍛鐵與玻璃材料組合成之家具，常見於①中國式傳統家具②法國式家具③西班牙或地中海式家具④日本式家具。

45.(1)塗裝設計有關因素，下列所述那一項無關？①家具結構②塗裝技術及環境手段③管理及經濟因素④木材塗料及副材料。

46.(2)雙軸線鉋機(SHAPER)下列敘述那一項是錯誤的？①端面加工左右進刀防止撕裂②使用刀型一樣不必區分左右刀③雙軸轉向左右不同④雙軸加工使用同一模板成型。

47.(1)估計木作品時，根據實際尺寸計算其所需之材積後通常再加①30%②10%③40%④20% 之加工損耗。

48.(1)機械刀具之刀刃角與木材材質之關係為①質硬角大②質硬角小③質軟角大④與木材材質無關。

49.(2)下列有關木材韌性的敘述，何者錯誤？①幼齡材之韌性較老齡材大②比重大之韌性較比重小者大③纖維長而直者韌性較短曲者大④邊材之韌性較心材大。

50.(1)下列處理板邊緣的方式，何種加工碰撞時合板邊緣較易受損①貼薄片②貼實木邊③貼塑膠飾條④貼實木飾條。

51.(1)餐桌面的塗料最好使用①聚胺基甲酸乙脂(PU)塗料②清噴漆③柚木油④洋乾漆。

52.(1)面積大小相同的兩個平面，明度較高者，其面積從視覺的感覺會①大些②一樣③小些④時大時小。

53.(1)一般家具設計的要素是①功能、結構、材料②機能、尺度、時間③造形、材料、時間④材料、尺度、品質。

54.(2)塗料粘度之測定以何種方式較正確？①刷塗試驗②粘度杯(4號福特杯)③攪拌、目測④噴塗試驗。

55.(2)下列所述塗料乾燥的種類，那一項是屬於化學性的乾燥？①溶劑揮發②觸媒聚合③高分子之加熱流動④樹脂塗料之揮發乾燥。

56.(2)木螺釘號數愈大，表示①螺桿直徑愈小②螺桿直徑愈大③螺距愈小④螺距愈大。

57.(1)桌面貼飾不宜選用何種薄片？①旋削薄片②徑削薄片③弦削薄片④平削薄片。

58.(1)戶外家具組合時，下列哪些膠較適合？①苯二酚樹脂膠②尿素樹脂③強力膠④動物膠。

59.(1)一般常說的香蕉水，即是拉卡塗料中的①稀釋劑②樹脂③可塑劑④硝化纖維素。

60.(2)玻璃墊於桌面上應選用何種較佳？①3mm 毛玻璃②10mm 膠合玻璃③水晶玻璃④噴砂玻璃。

複選題：

61.(134)有關尺度標註作業，下列敘述哪些錯誤？①3/4 圓除應標註圓心位置，還要標註半徑尺度②繪製剖面線，若與標註尺度衝突時剖面線應避開尺度數字③為保持圖面整潔，盡量將尺度標註於視圖內④尺度數字應標註在尺度線下方。

62.(124)塗膜有氣泡生成現象是下列哪些因素生成？①預熱過於劇烈②一次塗太厚③稀釋劑蒸發過慢④塗料黏度過高。

63.(234)現代設計重視環保(3R)議題，3R 指的是①重覆(Repeat)②循環再生(Recycle)③再利用(Reuse)④減量(Reduce)。

64.(234)下列哪些木釘形式與抗拉拔力有關？①兩端倒角②有溝槽③平滑④部份有溝槽，部份平滑。

65.(124)帶鋸機的裝置設施，下列哪些與鋸切直線產生不直現象有關？①帶鋸張力裝置②導板裝置③送材裝置④鋸導裝置。

66.(14)無氣噴塗塗面呈顯尾斑紋(Tail) 下列哪些為正確的處理方式？①使用噴出量較少的噴嘴②使用噴出量較多的噴嘴③增加塗料黏度④降低塗料黏度。

67.(124)塗膜強制乾燥方法是利用下列哪些方式？①熱對流②熱傳導③熱衰竭④熱輻射。

68.(14)塗裝顏色分離現象是下列哪些因素生成？①調合塗料攪拌不足②稀釋劑混合過少③塗膜過薄④稀釋劑溶解力不足。

69.(123)下列哪些機器適合製作指接(Finger Joint)？①圓鋸機②懸臂鋸機③線鉋機(立軸機)④帶鋸機。

70.(134)紅木家具用料除了紫檀木類、花梨木類、香枝木類、黑酸枝木類、紅酸枝木類、之外還包括哪幾類？①雞翅木類②亞花梨類③烏木類④條紋烏木類。

71.(134)於圓鋸機上裝不同直徑的鋸片，兩者的切削速度，下列敘述哪些錯誤？①小鋸片的切削速度較大②大鋸片的切削速度較大③與鋸片大小無關④切削速度相同。

72.(234)下列哪些為工模製作的目的？①提高直線加工的效率②發揮機具的功能，並增加其安全性③減少不良製品而避免材料及人力之浪費④簡化操作，增加效率及減少人力。

73.(134)下列哪些為作榫機加工作業前位置調整項目？①刀頭②檯面③鋸片④割刀。

74.(12)下列敘述哪些正確？①公制材積單位為立方公尺②1 板呎=0.848 才③1 板呎=30.3 公分×30.3 公分×3.03 公分④1 才=0.848 板呎。

75.(134)下列敘述哪些正確？①圓木鋸切製材品損耗率約 30％②1板呎=1 才③材料尺寸不足 1 寸需加 1 分鋸路④估算工作圖之材積需加 30％加工餘量。

76.(12)下列哪些木料常見於明式家具使用？①花梨木②紫檀③雞翅木④扁柏。

77.(134)使用平鉋機鉋削木材，如開始鉋削一端有凹痕與下列哪些無關？①下方進料滾輪太低②下方進料滾輪太高③上方出料滾輪太低④上方出料滾輪太高。

78.(124)下列敘述哪些正確？①南洋檜木即是貝殼杉②寮國檜木原是香杉③亞花梨、綠檀、紅檀等都是紫檀類④黃檜就是阿拉斯加扁柏。

79.(234)帶鋸機鋸片中構成齒室(Gullet)的基本因素為①齒尖②齒形③齒深④齒距。

80.(124)接合佈膠時，下列敍述哪些正確？①木材的端部是粗導管線木理，其吸收作用非常大②兩膠合表面間必須留有一些膠合劑以形成連結薄膜③膠合接觸表面端部比側邊較為理想④膠合強度決定於進入表面木理的膠合量。

單選題：

1.(2)所謂一度底漆其噴塗目的，下列何者為錯誤？①增加上層漆之密著性②利於砂光③調節木面防止著色斑痕④防止木材吐油。

2.(1)鋸帶或鋸子的研磨順序為①整齒→齒喉→齒背②齒喉→整齒→齒背③齒背→齒喉→整齒④齒喉→齒背→整齒。

3.(4)方榫結構接合處塗膠時，通常①榫頭塗膠多於榫孔②榫孔塗膠便可③榫頭塗膠便可④榫孔塗膠多於榫頭。

4.(1)一般家庭用化粧檯之檯面高度約為①65②40③75④50 公分。

5.(2)四面鉋機鉋削木料通常由那一刀軸先鉋削①左直立刀軸②下水平刀軸③上水平刀軸④右直立刀軸。

6.(4)硝化纖維素(NC)塗料可調配其硬化後塗膜光澤可分為①全光亮，無光②全光亮，半光之光澤③半光，無光④全光亮，半光，無光。

7.(3)為增加木材之耐火性，可利用不燃材料覆蓋於木材表面，下列何者不適合做為木材表面覆蓋之材料？①金屬②耐火油漆③NC透明漆④水泥砂漿。

8.(4)無氣式噴塗，塗料之微粒化，是利用何種原理達成？①塗料稀釋②塗料罐抽真空③壓縮空氣之壓力④塗料施加壓力。

9.(1)戶外家具組合時，下列哪些膠較適合？①苯二酚樹脂膠②強力膠③動物膠④尿素樹脂。

10.(4)各種木材的纖維飽和點約為①50%②90%③70%④30%。

6666

66

666

11.(2)蒸氣窯乾法，乾燥木材，後期階段應①低濕度，低溫度②低濕度，高溫度③高濕度，高溫度④高濕度，低溫度。

12.(2)下列何者不屬於色彩三要素？①彩度②濃度③明度④色相。

13.(3)塗裝後發生剝離現象是與①溫度②粘度③塗料之成份④乾燥程度 有關。

14.(2)木肌粗糙之木材如橡木、梣木等，稱為①散孔材②開孔材③閉孔材④環孔材。

15.(1)四軸作榫機由操作者方向開始的最後一軸是①立軸刀②立軸鋸片③橫軸鋸片④橫軸刀。

16.(3)那一種方向抗壓強度最弱①壓力與纖維同向②壓力與年輪垂直③壓力垂直於纖維且與年輪同向④壓力垂直於纖維且與年輪成垂直。

17.(3)家具分件成心對稱者，如圓木桶，下列那個組合程序為最常使用？①先組合前後分件成側分組件，再組合兩側分組件②先組合左、右側之分件成前、後分組件，再組合前後兩分組件③一次組合而成④由於使用組合之工具不同，可一次組合而成，也可分次組合而成。

18.(2)實木拼板時，每隔一塊之年輪方向相反，以免發生①扭狀翹曲②瓦狀翹曲③駝背翹曲④弓狀翹曲。

19.(1)膠合實木寬板時，最常用的夾具為①長鐵夾②C形夾③彈簧夾④木夾。

20.(4)塗裝設計有關因素，下列所述那一項無關？①塗裝技術及環境手段②木材塗料及副材料③管理及經濟因素④家具結構。

21.(2)所謂切削速度是①刀具直徑×r.p.m.②刀具圓周×r.p.m.③刀具半徑×f.p.m.④刀具半徑×r.p.m.。

22.(1)為使圓鋸機的鋸齒不易變鈍，通常在鋸齒部份銲上①超硬合金②高碳鋼③中碳鋼④工具鋼。

23.(2)編籐前將籐浸水的作用為①收縮②軟化膨脹③選色④洗淨。

24.(3)下列有關背刀式車床車件成品的敘述，那一項是對的？①可完成兩端車件中間帶一段正方形②可完成帶正方形及圓形車件③可完成削四小圓角的方型及圓型車件④可完成多邊形車件。

25.(2)投射線彼此不平行，但集中於一點之投影稱為①不等角投影②透視投影③斜投影④等角投影。

26.(1)兩馬力的馬達，每小時耗電量約①1.5KW②2KW③15KW④20KW。

27.(2)三面鉋機啟動的次序為①送材，主軸，立軸②主軸，立軸，送材③送材，立軸，主軸④主軸，送材，立軸。

28.(2)下列所述何項與塗裝實際技巧不相關？①塗裝手段②保護材面耐久性③作業環境④塗裝技術。

29.(1)腳架與橫擋的接合，何種抗拉力最佳？①鳩尾橫槽接②對接③木釘接④槽接。

30.(1)綠色碳化矽砂輪常用以研磨①超硬合金②非鐵金屬刀具③高碳鋼④低碳鋼。

31.(1)下列何種膠合劑適合封邊膠合機使用？①熱熔膠②強力膠③尿素膠④白膠。

32.(4)外銷歐美餐桌寬度之設計，一般為①61～80②140～160③50～60④90～110 公分。

33.(2)下圖工件加工步驟如下：a.動作為定長－使用 4 馬力雙頭圓鋸加工(每次一塊)。b.動作為成型－使用 2 馬力立軸機成型。c.動作為鑽孔－使用 1 馬力單軸鑽孔機。假設每一動作耗時 15 秒，每人工資 120 元／小時。每馬力耗電量 1 度／小時設為 5 元。若加工 1200 支之 a.b.c 動作之總費用(包括人工、電費)為①2100 元②2600 元③2400 元④1975 元。

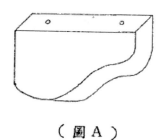

（圖 A）

34.(4)製造成本不包括下列何項？①直接材料②直接人工③製造費用④銷管費用。

35.(4)鋸條之鋸齒扭歪之目的為？①減少鋸齒磨損②增加鋸條強度③容納較多切削屑④防止鋸條被夾住。

36.(3)備料後劃線的順序何者較好？①榫孔、榫頭→方向記號→長度②長度→榫孔、榫頭→方向，記號③方向記號→長度→榫孔、榫頭④長度→方向、記號→榫孔，榫頭。

37.(3)正投影之原理乃是假設光點(視點)置於離物體①近處②不一定③無限遠處④極遠處。

38.(4)篩板、框條等之材料是以①重量②體積③面積④長度 為估算單位。

39.(1)不平行於任何投影面之線稱為：①複斜線②正垂線③複曲線④單斜線。

40.(1)估計木作品時，根據實際尺寸計算其所需之材積後通常再加①30%②10%③20%④40% 之加工損耗。

41.(4)下列何種膠合劑較適合金屬與木材之貼合？①聚乙烯膠②接觸膠③尿素樹脂④環氧樹脂。

42.(1)在幾何學上，點的絕對定義為①有位置②有長度③有寬度④有大小。

43.(3)若一平鉋機在 4.5 小時內鉋出 1,080m 之木板試求進料速度為？①3m/min②5m/min③4m/min④4.5m/min。

44.(4)下列何種機器可將木料一次定長鋸切？①吊鋸機②圓鋸機③帶鋸機④雙頭鋸機。

45.(3)帶鋸切削面粗糙的原因是①齒距太短②沒有齒張③齒張不整齊④迴轉數太快。

46.(4)木材乾燥後，因弦向、徑向及縱向收縮不相等而發生之缺點，稱為①彎曲②弧邊③龜裂④翹曲。

47.(2)在一期間內保持一固定金額稱爲固定成本，其攤列單位產品裡的固定成本，與產出數量比是①固定的②反比變動③無關④正比變動。

48.(1)一般木器塗裝咖啡色的著色劑，由下列那三種顏色配成？①黑紅黃②藍綠紅③黑白紅④黑白藍。

49.(2)下列與家具設計無直接關係的因素爲①家具之功能②家具之工廠生產設備③家具之比例④家具之結構。

50.(1)材料 EMC 14％係指①木材平衡含水率爲 14％②木材利用率爲 14％③木材收縮率爲 14％④木材之含水率爲 14％。

51.(4)下圖爲一等距指接榫(FINGER JOINT)其中 X 比 Y 一般爲①1：2 ②1：1③1：3④2：3。

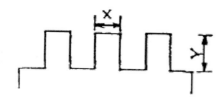

52.(3)平鉋機的主軸潤滑油爲①SEA40＃機油②耐水黃油③耐熱黃油④SEA20＃機油。

53.(2)下列抽屜面板與框架位置以何者施工最方便？①面板四邊嵌槽嵌入框內②面板搭在框架平面③面板與框架成一平面④面板陷入框架平面。

54.(3)溶解染料不宜使用之容器爲①瓷器②琺瑯容器③金屬容器④玻璃器。

55.(2)單軸雕刻機(SPINDLE CARVER)水平轉軸，平皮帶驅動，轉速約多少 R.P.M①1200②20000③3600④7200。

56.(3)下列側板與橫板的接合，以何者之結合力最佳？①

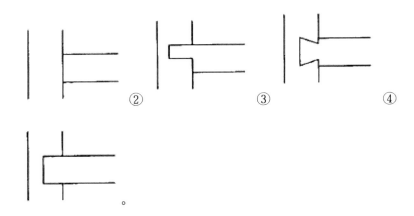

57.(1)下列靜電塗裝用溶劑之必要條件，何者錯誤？①多用低沸點溶劑②適度之高沸點溶劑③溶解性良好之溶劑④極性溶劑。

58.(2)空氣軟管的規格稱呼，一般依其①長度②內徑尺寸③各地習慣④外徑尺寸 而定。

59.(2)木材製品每才為 35 元，購買 10 尺長，1.2 寸寬，8 分厚的材料 10 支，共需付①363 元②378 元③387 元④336 元。

60.(2)珠寶盒之組合採用①膠合劑與木螺釘鎖緊②夾壓至膠合劑乾固③膠合劑與鐵釘釘牢④膠合劑、鐵釘與木螺釘釘牢鎖緊。

複選題：

61.(1234)木工機器需安裝①接地線②安全罩③緊急煞車系統④吸塵設備。

62.(13)下列哪些塗料適合無氣噴塗？①調合漆②多彩漆③合成樹脂磁漆④兩液型塗料。

63.(123)使用平鉋機鉋削木材，如開始鉋削一端有凹痕與下列哪些無關？①下方進料滾輪太低②上方出料滾輪太低③上方出料滾輪太高④下方進料滾輪太高。

64.(134)依據職業安全衛生設施規則第 31 條雇主對於室內工作場所勞工使用之通道規定，下列敘述何者正確？①主要人行道不得小於一公尺②自路面起算一公尺高度之範圍內，不得有障礙物，但因工作之必要，經採防護措施者，不在此限③各機械間或其他設備間通道不得小於八十公分④主要人行道及有關安全門、安全梯應有明顯標示。

65.(124)下列敘述哪些正確？①南洋檜木即是貝殼杉②黃檜就是阿拉斯加扁柏③亞花梨、綠檀、紅檀等都是紫檀類④寮國檜木原是香杉。

66.(123)頂級家具中的紅木除了紫檀屬(Pterocarpus)、黃檀屬(Dalbergia)之外還包括下列哪幾屬？①鐵刀木屬(Cassia)②崖豆木屬(Millettia)③柿樹屬(Diospyros)④檀香屬(Santalum)。

67.(123)現代設計重視環保(3R)議題，3R 指的是①再利用(Reuse)②減量(Reduce)③循環再生(Recycle)④重覆(Repeat)。

68.(234)繪製剖視圖線條,下列述敘哪些正確?①剖面線為細鏈線②全剖視圖割面線可轉折③割面線為細鏈線兩端加粗④輪廓線為粗實線。

69.(1234)下列敘述哪些正確?①1m³=432.7 板呎②1 板呎=0.848 才③1 才=1.178 板呎④1m³=359.4 才。

70.(34)有關圓鋸機之調整,下列敘述哪些正確?①靠板可調整斜度②機械轉速可調整③鋸片可調整斜度④推板可調整斜度。

71.(12)有關圓木材積計算,下列敘述哪些正確?①超過 3.65 公尺每 1.2 公尺加定數 1.5 公分=(梢徑+定數)²×長度②台灣習慣法:梢徑₂ ×長度③梢徑互相垂直之二直徑平均值折算成方木之邊長×長度④梢徑互相垂直之二直徑平均值乘以長度。

72.(234)帶鋸機鋸切圓弧時,下列哪些因素與鋸切圓弧的大小無關?①鋸條寬度②春秋材分明③材料乾溼④材料軟硬。

73.(234)有關木材切削,下列敘述哪些正確?①春秋材差異較大者較不易產生隆起木理②深切削較容易產生撕裂木理③螺旋刀軸減少切削噪音④向下(順刀進料)切削較不易產生撕裂木理。

74.(123)單液型 PU 塗料(聚胺脂漆)可區分下列哪些硬化型式?①濕氣硬化型②加熱硬化型③氧化硬化型④觸媒硬化型。

75.(123)有關雙軸線鉋機(SHAPER),下列敘述哪些正確?①雙軸加工使用同一模板成型②雙軸轉向左右不同③端面加工左右進刀防止撕裂④使用刀型一樣不必區分左右刀。

76.(134)使用手壓鉋機，下列敘述哪些正確？毛料①凹面朝台面鉋削②凸面朝台面鉋削③依靠導板向前鉋削④平貼進料台向前推送鉋削。

77.(123)使用木釘做加強邊接合時，下列敘述哪些正確？①木釘的尺寸與數量決定於組合的需要②木釘儘可能靠近材端的部份③木釘直徑應該不可超過板厚的一半④埋入深度約為木釘直徑的三倍。

78.(23)高週波膠合設備使用之膠合劑，下列哪些較適合？①強力膠②尿素樹脂③聚乙烯膠④環氧樹脂。

79.(124)施作塗裝的作業環境會因下列哪些因素而改變乾燥或硬化時間？①風速②溫度③塵埃④濕度。

80.(123)木材塗裝的主要功能有①美觀②耐摩擦損耗③防止水份濕氣入侵④增加木材香氣。

單選題：

1.(2) 下列何者較非屬於機械危害種類？①異常溫度②缺氧中毒③切割捲夾④振動噪音。

2.(2) 在道路施工時，爲防止工作人員遭車輛撞擊之交通事故，對於出入口之防護措施，下列何者有誤？①設置警告標示②各包商之車輛一律停放於工地現場③工地大門置交通引導人員④管制非工作人員不得進入。

3.(3) 對於職業災害之受領補償規定，下列敘述何者正確？①須視雇主確有過失責任，勞工方具有受領補償權②勞工若離職將喪失受領補償③受領補償權，自得受領之日起，因 2 年間不行使而消滅④勞工得將受領補償權讓與、抵銷、扣押或擔保。

4.(2) 甲建築師事務所負責人 A，原在乙市政府建管處承辦採購，在 A 離職建管處未滿幾年內，甲建築師事務所不得參與原任職機關之採購？①4 年②3 年③1 年④2 年。

5.(3) 粒片板經防潮處理後是呈何種顏色？①淡黑色②淡紅色③淡綠色④淡白色。

6.(4) 員工想要融入一個組織當中，下列哪一個做法較爲可行？①經常拜訪公司的客戶②經常送禮物給同事③經常加班工作到深夜④經常參與公司的聚會與團體活動。

7.(4) 有關手壓鉋機鉋削平面，下列敘述何者正確①進料台面與切削圈同高②出料台面與切削圈之差即爲切削量③順刀切方向進料④出料台面與切削圈同高。

8.(1) 所謂一馬力電動機，其耗電量約等於①0.75kW②1.5kW③1.0kW④2.0kW。

9.(4) 圖紙 A3 之面積大小爲 A2 面積大小之①2/3 倍②2 倍③3/2 倍④1/2

倍。

10.(1)線鋸機的張力筒可作升降調整，因筒內有①彈簧②凸輪③活塞④橡皮。

11.(3)一般鳩尾榫斜度 a：b 為①1/12～1/14②1/10～1/12③1/6～1/8④1/2～1/4。

12.(3)旋轉剖面，通常是將剖面在視圖上旋轉①30°②60°③90°④45°。

13.(4)下列何種木材之比重最大？①楠木②鐵杉③檜木④紫檀。

14.(4)木材之收縮方向何種最小？①水平向②弦向③徑向④縱向。

15.(3)馬達失火且未斷電時，勿使用何種滅火劑滅火①乾粉②滅火彈③泡沫④一氧化碳 滅火器。

16.(3)下列何者不是機器加工之缺點？①燒焦痕跡②木屑痕③裂痕④刀痕。

17.(1)安裝機械應使用下列何種儀器？①水平儀②墨斗③游標卡尺④羅盤。

18.(3)5 寸正方，長 5 尺的角材 5 支，約為多少才？①52②5.2③44.2④4.42。

19.(2)膠合，下列敘述何者正確？①硬材膠合，壓力應減少②膠層愈薄，膠合強度愈佳③膠合面粗糙較佳④含水率 5%以下之木材膠合力最佳。

20.(3)依採購人員倫理準則規定，下列何者為公務機關採購人員應有之行為？①參與廠商舉行之豪華餐會②依廠商請託或關說辦理③努力發現真實，對機關及廠商之權利均注意維護④對廠商有利及不利之情形一律不予查察。

21.(3)下列何種機器可製作鳩尾榫？①手提圓鋸機②手提電鑽③手提挖空機④手提電鉋。

22.(2)抽屜側板的長度尺寸加工,下列何部機械最適當?①線鋸機②懸臂鋸③縱鋸機④帶鋸機。

23.(3)安全標誌中,消防設備是以何種顏色來表示?①藍②綠③紅④黃。

24.(1)台灣地區木材的年平衡含水率範圍約為①11~18%②5～8%③9～13%④15～19%。

25.(2)為了加強塑合板的組合強度要選用①直徑較大的木螺絲釘②粗牙木螺絲釘③較短的木螺絲釘④細牙木螺絲釘。

26.(1)下列何者是以複面投影法繪製而成?①正投影圖②等角圖③二點透視圖④一點透視圖。

27.(3)使用手壓鉋機鉋下圖之凹面工件時,要①升高鉋刀軸②調低進料檯③調低進料檯與出料檯④調低出料檯。

28.(1)用手提花鉋機製作鳩尾榫時,如接合太鬆應①調大刀具伸出量②調小刀具伸出量③換較小刀具④換較大刀具。

29.(1)下圖 3.0×25 木螺釘中,3.0 表示①木螺釘螺紋內徑 3.0mm②木螺釘釘帽直徑為 3.0mm③木螺釘螺桿直徑為 3.0mm④木螺釘螺距為 3.0mm。

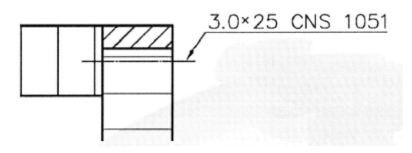

3.0×25 CNS 1051

30.(3)有關切削工具，下列敘述何者正確？①鉋削較薄時撕裂較深②增大切削角較為省力③鉋軟材之刀刃角約為 20°～25°④鉋硬木材之刀刃角要小些。

31.(4)水平投影面與直立投影面之交線，稱為①PL②HL③副基線④主基線。

32.(1)依照 CNS 木工製圖應該採用①第一及第三角均可②第三角畫法③第二角畫法④第一角畫法。

33.(3)配料作業材料定厚時，採用下列哪部機器最適合？①線鋸機②手壓鉋機③作榫機④帶鋸機。

34.(2)褐色系的木材著色，可由下列哪三種顏色的著色劑，依不同比例調配而成①黑、白、紅②黑、紅、黃③黑、紅、紫④紅、白、藍。

35.(1)速乾性的噴漆，當急速揮發時，空氣中之濕氣凝結於塗膜表面，會發生何種現象？①白化②結塊③皺紋④垂流。

36.(3)木心板之邊緣處理，下列何者較為理想？①貼塑膠皮②貼薄皮③鑲實木④補土。

37.(4)下列何項不是手提電動工具的保養要點？①按照規定潤滑與換配件②刀具經常保持銳利狀態③定期檢查電源線有無破損④注意著裝與使用安全眼鏡。

38.(3)在正投影中，物體離投影面愈遠，所得的圖形①愈小②愈大③不變④不一定。

39.(1)立軸機之軸環，其直徑大小是控制鉋削的①深度②長度③寬度④高度。

40.(1)下列何者非屬法定危險性工作場所？①金屬表面處理工作場所②農藥製造工作場所③火藥類製造工作場所④從事石油裂

解之石化工業之工作場所。

41.(1)製作如下圖之舌槽接時，採用下列哪部機械最適合？①線鉋機
②手壓鉋機③線鋸機④帶鋸機。

42.(4)拼實木寬板，在拼好並鉋削後，其接合處呈如下圖之現象，其
原因是①拼板前，木材含水量太高②拼板前，木材含水量太低
③拼板後鉋削前，膠合膠太乾④拼板後鉋削前，膠合面未乾。

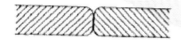

43. (1)一部兩馬力電動機轉動二小時計耗電①三度②四度③二度④
五度。

44.(1)使用平鉋機鉋削木材，如開始鉋削一端有凹痕，可能的原因是
①下方進材滾輪太高②上方出材滾輪太低③上方出材滾輪太
高④下方進材滾輪太低。

45.(1)公司在保持正常經營發展以及實現股東利益最大化之同
時，應重視社會責任，下列何者「非」屬應關注之社會責任？
①高階經理人利益②社區環保③消費者權益④公益。

46.(4)噴塗時，噴幅的寬度應重疊①1/4②1/3③1/5④1/2。

47.(4)1 立方公尺約等於多少板呎？①425②426③427④424。

48.(2)製作指接(Finger Joint)，下列何部機械最適當？①帶鋸機②線
鉋機（立軸機）③圓鋸機④懸臂鋸。

49.(4)木工手工具刀刃質料一般為①中碳鋼②碳化鎢鋼③低碳鋼④
高碳鋼。

50.(4)材積爲 30 台才，約折合①30 板呎②45 板呎③40 板呎④35 板呎。

51.(1)製作如下圖之邊對接時，採用下列哪部機械最適合？①手壓鉋機②作榫機③帶鋸機④線鋸機。

52.(3)手壓鉋機不得鉋削短於多少公分之木材①40cm②55cm③25cm④70cm。

53.(3)鑽木釘孔使用下列何種鑽頭較佳？

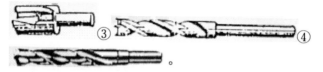

54.(4)木材的膨脹係由於①受高溫引起②太乾燥引起③發散水分④吸收水分。

55.(3)空心木門的邊緣處理，以下列何種較佳？①貼薄片②補土油漆③鑲實木④貼塑膠皮。

56.(2)中式家具傳統塗裝，常採用下列何種材料？①拉卡②生漆③優力坦漆④阿美濃。

57.(1)鳩尾榫之斜度，一般爲①1：6②1：4③1：10④1：2。

58.(3)使用鳩尾榫機製作鳩尾榫時，若配合太緊，是因①材料太硬②榫頭太短③榫頭太長④榫頭未經修磨。

59.(1)同一塊材料，依其含水率之高低強度有所不同，假設在 25％、35％、40％、50％四個階段時則①在 25％時強度較大②在 50

%時強度較大③在 35%時強度較大④強度無明顯差別。

60.(3)一般帶鋸機鋸條，存放時為縮小體積通常以折成多少圈為多？
①2②5③3④4。

複選題：

61.(234)下列哪些機器可鉋削如右圖 之形狀？①平鉋機
②立軸機③花鉋機④手壓鉋機。

62.(234)一般而言，以木材(含薄片)的顏色由深到淺排序，下列哪些
錯誤？①胡桃木、櫻桃木、白櫸木②白櫸木、櫻桃木、胡桃
木③白櫸木、胡桃木、櫻桃木④櫻桃木、白櫸木、胡桃木。

63.(12)下列哪些接合法不適用於兩片粒片板成 L 形接合？①插榫接
②指接③組合五金④木釘。

64.(234)下列敍述哪些正確？①運用手腕操作使噴槍成弧行運行，有
利於噴塗出均勻的塗膜②吸上式噴槍不適合噴塗濃稠塗料
③噴槍若與被塗物的距離太遠，塗膜易粗糙④噴槍若與被塗
物的距離太近，塗膜易垂流。

65.(34)下列哪些作法可以避免塗膜表面產生白化現象？①在烈日下
進行噴塗作業②在稀釋劑中添加合適的低沸點溶劑③不要
在下雨天進行噴塗作業④在稀釋劑中添加合適的高沸點溶
劑。

66.(123)下列圖紙規格敍述哪些正確？①描圖紙之厚度單位為 g/m2
②A3 圖紙之規格尺度為 297×420mm③製圖用紙短邊與長邊
之比為 1：④A1 規格圖紙的面積是 A3 圖紙的 3 倍。

67.(234)下列哪項因素會使木材停滯於平鉋機內？①放送材料過慢
②材料短於兩滾軸間之長度③下進料滾軸定位過低④下出
料滾軸定位過低。

68.(234)花鉋機可加工下列哪些工件？①橢圓榫頭②挖空③鉋花線
④內封閉曲線。

241

69.(34)下列哪些是年輪明顯的樹種屬於？①散孔材(闊葉樹)②肖楠
(針葉樹)③松屬(針葉樹)④環孔材(闊葉樹)。

70.(34)帶鋸機鋸切圓弧，不影響鋸切弧度大小的是①鋸條寬度②鋸
齒粗細③轉速④鋸條長度。

71.(34)卸下圓鋸機鋸片，較正確的方法是將螺帽①逆鋸片旋轉方向
②順送材方向③順鋸片旋轉方向④逆送料方向。

72.(123)如下圖所示，依據 CNS 木工專業製圖符號，下列敍述哪些錯
誤？①上方材料使用纖維板②兩材料是以排釘接合③上方
材料使用木心板④下方材料使用實木。

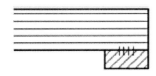

73.(234)下列哪些不是手提線鋸機主要功能？①鋸內外曲線圓弧②
鋸厚板③鋸榫頭④鋸切精準斜面。

74.(23)下列敍述哪些錯誤？①第三角法的右側視圖位於其前視圖的
右邊②俯視圖無法表示物體深度③在同一張圖紙上可同時
採用第一角法與第三角法④正投影中，物體置於觀察者與投
影面間，是第一角法。

75.(1234)下列哪些是闊二級木？①瓊楠②大葉楠③紅楠④江某。

76.(1234)下列材料哪些可達耐燃一級？①纖維矽酸鈣板②岩棉吸音
板③纖維石膏板④木絲水泥板。

77.(1234)下列哪些是安裝西德絞鏈時應注意之事項？①門片厚度②
開啓角度③入框④遮框。

78.(34)如下圖所示，下列敍述哪些正確？①選擇柚木薄片厚 0.8mm
②基材爲粒片板③在該剖切方向可看到木薄片端部斷面④

該圖可看出表面處理順序為先貼薄片再鑲邊。

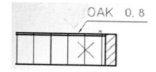

79.(123)製作工模時，下列哪些材料比較適合使用？①電木板②夾板③壓克力板④實木板。

80.(23)配料作業材料定長時，下列哪些機械適合？①帶鋸機②萬能圓鋸機③懸臂鋸機④線鋸機。

單選題：

1.(4)線鉋機（立軸機）刀具直徑較大時，其刀軸轉速須①不變②視鉋削高度而定③加快④減慢。

2.(4)立體圖之繪製以①3/4斜圖②半斜圖③等斜圖④等角圖 較佳

3.(1)下列何種方法可畫出橢圓①同心圓法②支距法③擺線法④等軸法。

4.(1)生產製程中材料含水率，最有效的控制方法是①工作環境維持相同濕度②工件製作時堆疊整齊③不予理會④時時檢查。

5.(4)為了提高大量生產之效率，目前特殊刀具都採用①中碳鋼②高速鋼③高碳鋼④鎢碳鋼。

6.(3)鉋削後產生木理突出之原因是①生長於樹枝下方之材料②進料速度太快③刀刃鈍化④逆木理鉋削。

7.(2)鑽木釘孔使用下列何種鑽頭較佳？ ①

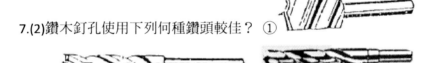

②   ③

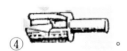

④   。

8.(4)木材的膨脹係由於①受高溫引起②太乾燥引起③發散水分④吸收水分。

9.(1)使用鑿孔機欲鑿1/2吋榫孔時，應選用①1/2吋之鑽錐與鑿②1/2寸之鑽錐③1/2吋之鑿④1/2寸的鑽錐與鑿。

10.(3)實木材面砂光時，通常分為粗、中、細三次砂光，一般選用砂紙號數為①#60-#100-#240②#60-#180-#280③#100-#150-#180④#100-#240-#320。

11.(4)依照 CNS 木工製圖應該採用①第二角畫法②第三角畫法③第一角畫法④第一及第三角均可。

12.(1)小徑木松木最常見之材面瑕疵為①節疤②腐朽③蜂巢裂④蛀孔。

13.(3)檢修中的機械，工作人員離開現場時要①告訴別人注意②盡快回來③立標示警告④不能離開現場。

14.(1)空氣壓縮機壓力錶上的單位為①Kg/cm2②Kg/mm2③g/cm2④g/mm2。

15.(2)扁平皮帶的打滑率較Ｖ形皮帶的打滑率①小②大③不一定④相同。

16.(1)噴漆用發白防止劑，係以能溶解硝化纖維素之①高沸點溶劑②低沸點溶劑③一般溶劑④中沸點溶劑 為主要原料製成。

17.(1)下列何種木材之比重最大？①紫檀②楠木③檜木④鐵杉。

18.(4)帶鋸條會往前移動時，是因為①上輪向後仰②轉速太快③張力太大④上輪往前傾斜。

19.(2)能鉋出同一厚度木材之機械是①手壓鉋機②平鉋機③花鉋機④圓鋸機。

20.(2)製作實木彎板時，應採用①低溫低濕②高溫高濕③高溫低濕④低溫高濕。

21.(2)鳩尾榫之榫梢寬度與材料厚度比的多少為最佳？①1/2②2/3③3/4④1/3。

22.(4) 此符號是表示①特殊加工②釘接③膠合④木理方向。

23.(2)製作櫥櫃組裝上膠時，下列何者不是應注意的要點？①直角②表面處理③平行④密合。

24.(3)手壓鉋機正常操作時，鉋削量之大小與下列何者有關？①靠板②刀軸③進料台④出料台。

25.(1)有關木材彈性，下列何者敘述有誤？①木材比重小者彈性較佳②木材紋理筆直者彈性較佳③木材年輪細密者彈性較大④充分乾燥之木材彈性較大。

26.(1)下列何種木材翹曲最嚴重？①木荷②柳安③桂蘭④白木。

27.(2)一般帶鋸機鋸條，存放時為縮小體積通常以折成多少圈為多？①2②3③4④5。

28.(4)手提震動砂光機，適於砂磨①角②邊③端面④平面。

29.(3)安全標誌中，消防設備是以何種顏色來表示？①黃②綠③紅④藍。

30.(4)木材製材後，無法馬上進乾燥窯乾燥，為防止發霉，應如何處理？①堆於陰暗潮濕的地方②端部塗漆以防端裂③緊密堆積一起以防翹曲④每層用疊桿隔開。

31.(4)針對各種不同紋路木釘的組合強度而言，下列何者紋路最好？①無紋②斷續直紋③直紋④螺旋紋。

32.(4)生材乾燥後含水率減少而強度增加，強度開始增加時之含水率應約為①15％②10％③20％④30％。

33.(1)家具製圖中，常以下列何種圖表示內部構造？①透視圖②草圖③剖視圖④立體圖。

34.(2)抽屜側板的長度尺寸加工，下列何部機械最適當？①帶鋸機②懸臂鋸③線鋸機④縱鋸機。

35.(3)調整帶鋸機側引導裝置之前緣應以①齒之一半②與齒尖平③齒後④超過齒尖 為宜。

36.(3)一般手提木工電動工具大多數為使用①單相 220V②三相 110V

③單相 110V④三相 220V 之電源。

37.(3)硝化纖維拉卡塗膜在何種氣候下，易發生白化現象①相對濕度很低時②寒冬③下雨天④晴天。

38.(2)櫥門四角一般減榫以木材寬度①1/2②1/3③1/4④1/5 為佳。

39.(3)下列四種木工機械之中，迴轉數最高的是①鑽床②圓鋸機③花鉋機④立軸機。

40.(1)大量生產加工中，材料第一次表面砂光處理時，砂紙號數以使用①#120②#240③#180④#480。

41.(1)旋轉剖面，通常是將剖面在視圖上旋轉①90°②30°③45°④60°。

42.(3)所謂一馬力電動機，其耗電量約等於①1.0kW②2.0kW③0.75kW④1.5kW。

43.(3)手提電鉋機鉋台面之調整是①前後台面均低於切削圈②兩台面與切削圈等高③前台面低於切削圈，後台面與切削圈同高④前台面與切削圈同高，後台面低於切削圈。

44.(1)台灣森林之分佈近海拔高度 500M 以下者，稱為①熱帶②溫帶③寒帶④暖帶。

45.(4)下列何者不屬於立面圖？①前視圖②左側視圖③右側視圖④俯視圖。

46.(4)砂紙之磨料，下列何者最硬？①拓榴石②氧化鋁③金鋼砂④碳化矽。

47.(4)花鉋機亦可代替①作榫機②帶鋸機③手壓鉋機④線鋸機 ，在木板上挖削不規則形狀之內穿孔。

48.(2)用手提花鉋機製作鳩尾榫時，如接合太鬆應①換較大刀具②調大刀具伸出量③調小刀具伸出量④換較小刀具。

49.(1)為充分利用短木料，應採取何種接合方法較為理想？①指接

(Finger Joint)②斜端接(ScartJoint)③對接(Butt Joint)④木釘接
合。

50.(4)圓鋸鋸盤的鋸齒以露出工作物①10mm②15mm③1mm④齒高
一半 為宜。

51.(4)製作如下圖之舌槽接時，採用下列哪部機械最適合？①線鋸機
②帶鋸機③手壓鉋機④線鉋機。

52.(2)木材之弦向收縮平均約為徑向收縮的①四倍②二倍③一倍④
三倍。

53.(1)帶鋸條往外滑脫的主要原因為①上輪傾斜調整不當②張力太
大③速度太快④鋸條寬度太小。

54.(1)下列何種機械有調速裝置？①手提電鑽②手提挖空機③手提
圓鋸機④手提電鉋。

55.(2)鐵釘接合時，釘長通常為接合木板厚度的幾倍為宜？①7②3③
1④5。

56.(3)木材纖維方向每隔數年向左或向右，成螺旋狀交替生長者，稱
為①螺旋木理②筆直木理③交錯木理④傾斜木理。

57.(4)使用手壓鉋機鉋下圖之凹面工件時，要①調低出料檯②升高鉋
刀軸③調低進料檯④調低進料檯與出料檯。

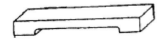

58.(1)手提電鉋機不能完成下列何種鉋削？①溝槽鉋削②斜邊鉋削
③板側邊鉋削④平面鉋削。

59.(2)利用一套三角板(45°與 30°、60°)與平行尺配合使用，無法繪出
下列何者角度？①75°②40°③105°④15°。

60.(1)下圖之側視圖① 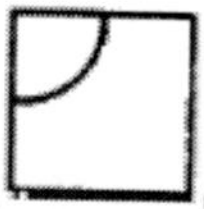 ② 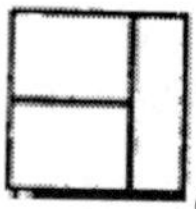 ③ 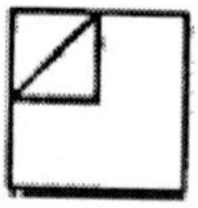 ④  。

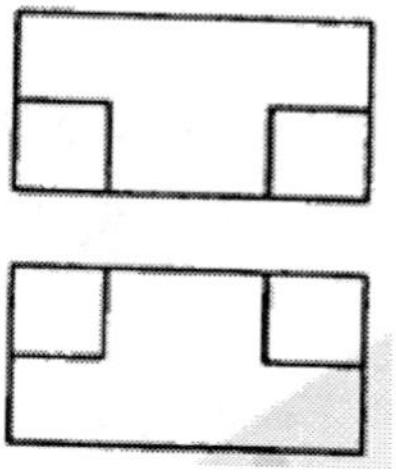

複選題：

61.(234)木工用麻花鑽，其兩刃口合計角度，下列哪些不適宜？①70度②90度③110度④50度。

62.(134)下列哪些材種具有特殊氣味？①柚木②楓木③扁柏④酸枝。

63.(1234)下列哪些是屬於熱可塑性樹脂塗料？①聚丙烯 PP②聚氯乙烯 PVC③聚苯乙烯 PS④聚乙烯 PE。

64.(24)貼合 0.3mm 的木薄片時，下列哪些是正確的注意事項？①佈膠時樹脂量需要較多量②木理、花紋須對稱③電熨斗溫度要在 105℃以上④切割時薄片上下須重疊。

65.(124)下列哪些為台灣引進種植之世界級高級木材？①鐵刀木②柚木③銀合歡④印度紫檀。

66.(124)木螺絲釘之釘著力與下列哪些有關？①木紋走向②木材之含水率③螺絲頭之選擇④螺牙之粗細。

67.(34)下列哪些機械不適合製作嵌槽？①立軸機②圓鋸機③平鉋機④帶鋸機。

68.(13)帶鋸機鋸切圓弧，不影響鋸切弧度大小的是①轉速②鋸齒粗細③鋸條長度④鋸條寬度。

69.(23)下列敘述哪些錯誤？①複斜面在三視圖中，皆為非真實大小之面②複斜面與三個主要投影面之一平行③局部輔助視圖必要時可平移至任何位置，但不可旋轉④由斜面的垂直方向觀察，所投影之視圖稱為輔助視圖。

70.(13)如下圖所示，下列敘述哪些正確？①該圖可看出表面處理順序為先貼薄片再鑲邊②選擇柚木薄片厚 0.8mm③在該剖切方向可看到木薄片端部斷面④基材為粒片板。

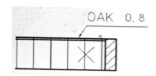

71.(24)如下圖所示，依據 CNS 木工專業製圖符號，下列敍述哪些正確？①為闊頭釘②鐵釘直徑 **1.6mm**③為半圓頭釘④鐵釘長度 **20mm**。

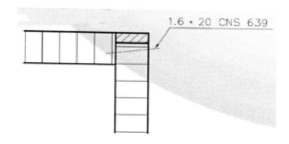

72.(12)下列敘述哪些錯誤？①在同一張圖紙上可同時採用第一角法與第三角法②俯視圖無法表示物體深度③正投影中，物體置於觀察者與投影面間，是第一角法④第三角法的右側視圖位於其前視圖的右邊。

73.(124)鑽孔機之調整下列哪些正確？①轉速可調整②台面可調整傾斜③無法定深淺量產④可鑽傾斜孔。

74.(24)在硝化纖維素中添加香蕉水的主要目的是①增加塗膜厚度②增加塗膜乾燥速度控制能力③溶解纖維素④改善塗裝作業性。

75.(234)下列哪些砂磨機無法砂磨內凹面工件？①鼓輪式砂磨機②橫式帶狀砂磨機③圓盤式砂磨機④寬帶式砂磨機。

76.(23)熱壓膠合時，不宜使用下列哪些膠合劑？①聚酯樹脂②環氧樹脂③動物膠④尿素樹脂。

77.(23)當平鉋機的後壓桿定位偏低時將發生下列哪些現象？①材面後端有刀痕②材面有壓痕③材料停滯不前④材面有不規則刀痕。

78.(123)下列哪些是系統家具常用的人造板材料？①木心板、(膠)合板(含竹膠板)②(高中低密度)纖維板、塑合板③刨花板、粒片板④石膏板、水泥板。

79.(124)手壓鉋機鉋木材時，後端鉋不到與下列哪些無關？①出料台面定位過低②進料台面低於切削圈③出料台面略高於切削圈④進料台面高於切削圈。

80.(234)在木心板邊緣封實木邊，其主要目的為①減少工時②節省材料③降低成本④增加美觀、防止發生凹陷及裂痕。

單選題：

1.(2)下列何者不是木材的優點？①森林分佈廣，樹木砍伐後可有計劃種植，用之不竭②木材性質各有差異③乾燥容易，受溫度影響不大④木材乾燥後是優良的絕緣體。

2.(3)用手提電鉋機鉋削木材時，鉋削量是調整①刀片②刀軸③前台面④後台面。

3.(2)下列何種樹種較具有交錯木理？①檜木②楠木③雲杉④亞杉。

4.(1)投影線均集中於一點者為①透視投影②陰影③軸測投影④斜投影。

5.(2)配料作業材料定厚時，採用下列哪部機器最適合？①帶鋸機②作榫機③手壓鉋機④線鋸機。

6.(4)鑽削木材所用之麻花鑽頭，其鑽唇（兩刃口）之角度以①50～60 度②30～40 度③90～120 度④60～80 度 為宜。

7.(1)材積為 30 台才，約折合①35 板呎②40 板呎③30 板呎④45 板呎。

8.(3)實木材面砂光時，通常分為粗、中、細三次砂光，一般選用砂紙號數為①#60-#180-#280②#60-#100-#240③#100-#150-#180④#100-#240-#320。

9.(1)下列何者不適合用於木製家具塗裝？①瀝青漆②生漆③聚胺基甲酸酯樹脂漆④硝化纖維噴漆。

10.(1)人工乾燥材，若加工製程太長，材料容易產生①回潮②變色③端裂④收縮。

11.(4)製作如下圖之搭接時 ，採用下列哪部機械最適合？①手壓鉋機②線鋸機③帶鋸機④圓鋸機。

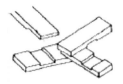

12.(1)鳩尾榫之榫梢寬度,以材料厚度比的多少為最佳?①2/3②1/3③1/2④3/4。

13.(3)手壓鉋機的出料檯面高度,是以下列何者為準?①進料台面②導板③刀刃切削圈最高點④出料台面。

14.(4)木工手工具刀刃質料一般為①低碳鋼②碳化鎢鋼③中碳鋼④高碳鋼。

15.(1)塗料杯蓋上方透氣孔被阻塞時,可能發生①痙攣性震動②無噴霧現象③噴霧集中現象④噴霧分裂現象。

16.(1)n 多邊形之內角和為①(n-2)×180②(n+2)×180③(n-1)×180④(n+1)×180。

17.(2)使用機械加工,下列何者不是影響木面瑕疵之主要因素?①刀片角度②刀片材質③切削速度④木材含水量。

18.(1)平鉋機下進料滾軸比台面約高①0.5mm②1mm③2mm④1.5mm。

19.(3)春秋材不分明之木材,都生長於①亞熱帶②溫帶③熱帶④寒帶。

20.(1)下圖此材料符號是指①實木剖面②纖維板③合板剖面④塑合板剖面。

21.(3)手提帶狀砂磨機不使用時應①倒放②吊掛③側放④平放。

22.(3)平鉋機鉋削進行中，發出噪音及震動的原因是①下方滾筒突出②上方出材滾筒突出③鉋刀過鈍④壓桿對材面施壓過大。

23.(1)帶鋸切削面粗糙的原因為①齒張不整齊②迴轉數太快③沒有齒張④齒張太粗。

24.(1)萬一強力膠已有些微乾涸，致使濃度太高不易塗佈時，可以用①甲苯②松香水③香蕉水④酒精 稀釋。

25.(3)圓鋸鋸盤的鋸齒以露出工作物①1mm②10mm③齒高一半④15mm 為宜。

26.(1)使用平鉋機鉋削木材，刀口有鉋花堵塞的現象是①刀片鋼面與壓鐵沒有密合②刀刃角度不對③刀刃不利④鉋面不平。

27.(4)家具製圖中，常以下列何種圖表示內部構造？①草圖②立體圖③剖視圖④透視圖。

28.(2)圖紙 A3 之面積大小為 A2 面積大小之①2/3 倍②1/2 倍③2 倍④3/2 倍。

29.(1)手壓鉋加工造成木材成尖削形，下列因素何者錯誤？①出料台與切削圈同高②材料翹曲面向上③鉋刀軸比出料台稍低④出料臺稍高。

30.(3)浴室門最好選用①木心板門②夾板空心門③塑膠門④麗光板空心門。

31.(4)A4 圖紙之規格為①4 開②8 開③297mm×420mm④

210mm×297mm。

32.(3)一般木材纖維飽和點愈高的木材，則乾燥後之收縮①愈小②不變③愈大④沒有影響。

33.(1)平鉋機通常刀軸裝有多少片刀？①3②4③2④5。

34.(4)圓鋸機之劈刀應比鋸路①小 1.5mm②大 0.5mm③大 1.5mm④小 0.5mm。

35.(2)製造素面合板所用之薄片為①鋸削薄片②旋削薄片③刮削薄片④平削薄片 製成。

36.(1)製作積層曲木成型、成型合板和普通合板之液態尿素膠，其固體成分一般為①45％～50％②80％～85％③65％～70％④75％～80％。

37.(1)木工製圖中，木螺釘規格①以指線加註說明②不必說明③以中心線加註說明④以鏈線加註說明。

38.(4)木材纖維方向每隔數年向左或向右，成螺旋狀交替生長者，稱為①傾斜木理②螺旋木理③筆直木理④交錯木理。

39.(3)製作如下圖之榫接之橢圓榫孔時，採用下列哪部機械最適合？①圓鋸機②角鑿機③橢圓榫孔機④鑽孔機。

40.(2)拼實木寬板，在拼好並鉋削後，其接合處呈如下圖之現象，其原因是①拼板後鉋削前，膠合膠太乾②拼板後鉋削前，膠合面未乾③拼板前，木材含水量太高④拼板前，木材含水量太低。

41.(1)某平面之正投影為一線條時,則此面與投影面①垂直②平行③相交④傾斜。

42.(1)下列何種機械在操作時,有可能發生後拋現象?①圓鋸機②線鋸機③帶鋸機④鑽孔機。

43.(1)清噴漆最適合面塗的黏度為①20秒~25秒②12秒~18秒③12秒以下④25秒以上。

44.(1)抽屜側板的長度尺寸加工,下列何部機械最適當?①懸臂鋸②線鋸機③帶鋸機④縱鋸機。

45.(4)扁平皮帶的打滑率較V形皮帶的打滑率①小②不一定③相同④大。

46.(4)木材性質中,下列敘述何者錯誤?①易燃且燃點低②木材富彈性③吸水性大易腐朽④熱的良導體,膨脹係數大。

47.(2)一般噴漆,噴槍移動速度約①10～15cm／秒②30～50cm／秒③60～80cm／秒④20～25cm／秒。

48.(4)在立軸機上鉋削材料時,材料尾端凹陷是因為①進刀量過大②輸入靠板太低③送料不均④輸出靠板太低。

49.(3)尿素膠最常用的硬化劑為①硫化鉀②氯化鋅③氯化銨④硫化鐵。

50.(1)木材發生白蟻蛀蝕,使用何種藥品將其驅除?①焦蒸油②硫酸③漂白粉④蚊香。

51.(3)平鉋機中的機器零件與穩固鉋削材料無關的是①壓桿②進料滾軸③刀軸④鉋花折斷板。

52.(3)砂紙的號數愈大者磨料粒度①愈寬②愈粗③愈細④愈長。

53.(4)下列何種機械有調速裝置?①手提圓鋸機②手提挖空機③手提電鉋④手提電鑽。

54.(2)操作帶鋸機時，勿站在外漏鋸帶哪個位置？①後側方②側方③前方④後方。

55.(3)作榫機製作榫頭時，兩刀軸轉動的鉋削方向是①不一定②轉向相同③背向轉動④同向轉動。

56.(1)圖面上投影法的標註表示第三角畫法的符號為 ①

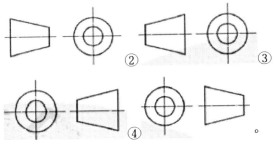

②   ③

④   。

57.(2)有關木材彈性，下列何者敘述有誤？①木材紋理筆直者彈性較佳②木材比重小者彈性較佳③木材年輪細密者彈性較大④充分乾燥之木材彈性較大。

58.(2)一般木材膠合時，木材含水率應該介於多少之間為宜？①愈乾愈好②8%～10%③12%～15%④5%～7% 為宜。

59.(1)使用手提電鉋鉋削木材，如遇逆紋撕裂時，應如何處理①調換鉋削方向②增加電鉋轉速③加快推進速度④增加鉋削量。

60.(1)木材之弦向收縮平均約為徑向收縮的①二倍②一倍③四倍④三倍。

複選題：

61.(34) 下列敍述哪些錯誤？①複斜面在三視圖中，皆爲非眞實大小之面②由斜面的垂直方向觀察，所投影之視圖稱爲輔助視圖③局部輔助視圖必要時可平移至任何位置，但不可旋轉④複斜面與三個主要投影面之一平行。

62.(24) 下列哪些爲手壓鉋機鉋削安全作業程序？①鉋削前靠板不必調直角②材料凹面朝台面鉋削平整基準面③材料凸面朝台面鉋削平整基準面④出料台應調整與切削圈等高。

63.(12) 下列哪些爲貼木薄片的步驟？①板面補土整平②塗佈白膠、貼上木薄片③先砂磨木薄片④噴水調濕。

64.(24) 如下圖所示，依據 CNS 木工專業製圖符號，下列敍述哪些正確？①爲闊頭釘②鐵釘直徑 1.6mm③爲半圓頭釘④鐵釘長度 20mm。

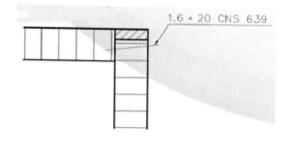

65.(123) 下列哪些材料於戶外用時必須防腐處理？①冷杉②楓香③白柳桉④蟻木(IPE)。

66.(234) 有關角鑿機之調整，下列敍述哪些正確？①轉速可調整②台面可調整左右移動③台面可調整鑿孔深度④可更換不同大小尺寸角鑿。

67.(1234) 下列哪些是手提式電鋸及手提式電鉋的使用安全規則？①

鋸、鉋完畢立即關閉開關②調整或調換刀具前，取下插頭③手指應遠離鋸盤或鉋刀④連接電源前確實檢看開關係在關閉位置。

68.(124)就一塊長厚板而言，除瓦狀與扭轉之外，也可能出現下列何種翹曲變形？①菱形②弓形(駝背)③橢圓④彎曲(bowing)。

69.(14)下列哪些機械不適合製作嵌槽？①帶鋸機②立軸機③圓鋸機④平鉋機。

70.(1234)鋸切木條可使用①縱開鋸機②多片縱鋸機③圓鋸機④帶鋸機。

71.(24)線鋸條之安裝下列哪些正確？①先固定上夾頭②先固定下夾頭③鋸齒方向朝上④鋸齒方向朝下。

72.(14)下列哪些為鳩尾槽接的特色？①能允許木材之伸縮②強度大③美觀④防止大板面翹曲。

73.(14)下列對剖視圖的敍述哪些正確？①旋轉剖面如採用中斷視圖表示，其剖面輪廓線應使用粗實線②半剖面之分界線是實線③全剖面之割面不可以轉折④同一物體剖面線方向與間隔均應一致。

74.(1234)下列哪些是闊二級木？①紅楠②大葉楠③江某④瓊楠。

75.(14)下列哪些作法可以避免塗膜表面產生白化現象？①在稀釋劑中添加合適的高沸點溶劑②在稀釋劑中添加合適的低沸點溶劑③在烈日下進行噴塗作業④不要在下雨天進行噴塗作業。

76.(1234)下列材料哪些可達耐燃一級？①岩棉吸音板②纖維矽酸鈣板③纖維石膏板④木絲水泥板。

77.(123)下列敍述哪些正確？①日本工業規格簡稱 JIS②國際標準化組織簡稱 ISO③中華民國國家標準簡稱為 CNS④德國國家級

標準化組織簡稱 DNA。

78.(234)實木門框之組合，下列哪些適合？①橫槽接合②三缺榫接合③單添榫接合④木釘接合。

79.(234)下列哪些為操作砂輪機發生意外的原因？①刀具摩擦產生火花②砂磨作業不當③於砂輪側面砂磨④砂輪安裝不當。

80.(124)下列敘述哪些正確？①吸上式噴槍不適合噴塗濃稠塗料②噴槍若與被塗物的距離太遠，塗膜易粗糙③運用手腕操作使噴槍成弧行運行，有利於噴塗出均勻的塗膜④噴槍若與被塗物的距離太近，塗膜易垂流。

單選題：

1.(2)下列何者較非屬於機械危害種類？①異常溫度②缺氧中毒③切割捲夾④振動噪音。

2.(2)在道路施工時，為防止工作人員遭車輛撞擊之交通事故，對於出入口之防護措施，下列何者有誤？①設置警告標示②各包商之車輛一律停放於工地現場③工地大門置交通引導人員④管制非工作人員不得進入。

3.(3)對於職業災害之受領補償規定，下列敘述何者正確？①須視雇主確有過失責任，勞工方具有受領補償權②勞工若離職將喪失受領補償③受領補償權，自得受領之日起，因 2 年間不行使而消滅④勞工得將受領補償權讓與、抵銷、扣押或擔保。

4.(2)甲建築師事務所負責人 A，原在乙市政府建管處承辦採購，在 A 離職建管處未滿幾年內，甲建築師事務所不得參與原任職機關之採購？①4 年②3 年③1 年④2 年。

5.(3)粒片板經防潮處理後是呈何種顏色？①淡黑色②淡紅色③淡綠色④淡白色。

6.(4)員工想要融入一個組織當中，下列哪一個做法較為可行？①經常拜訪公司的客戶②經常送禮物給同事③經常加班工作到深夜④經常參與公司的聚會與團體活動。

7.(4)有關手壓鉋機鉋削平面，下列敘述何者正確①進料台面與切削圈同高②出料台面與切削圈之差即為切削量③順刀切方向進料④出料台面與切削圈同高。

8.(1)所謂一馬力電動機，其耗電量約等於①0.75kW②1.5kW③1.0kW④2.0kW。

9.(4)圖紙 A3 之面積大小為 A2 面積大小之①2/3 倍②2 倍③3/2 倍④1/2

倍。

10.(1)線鋸機的張力筒可作升降調整，因筒內有①彈簧②凸輪③活塞④橡皮。11.(3)一般鳩尾榫斜度 a：b 為①1/12～1/14②1/10～1/12③1/6～1/8④1/2～1/4。

12.(3)旋轉剖面，通常是將剖面在視圖上旋轉①30°②60°③90°④45°。

13.(4)下列何種木材之比重最大？①楠木②鐵杉③檜木④紫檀。

14.(4)木材之收縮方向何種最小？①水平向②弦向③徑向④縱向。

15.(3)馬達失火且未斷電時，勿使用何種滅火劑滅火①乾粉②滅火彈③泡沫④一氧化碳 滅火器。

16.(3)下列何者不是機器加工之缺點？①燒焦痕跡②木屑痕③裂痕④刀痕。

17.(1)安裝機械應使用下列何種儀器？①水平儀②墨斗③游標卡尺④羅盤。

18.(3)5 寸正方，長 5 尺的角材 5 支，約為多少才？①52②5.2③44.2④4.42。

19.(2)膠合，下列敘述何者正確？①硬材膠合，壓力應減少②膠層愈薄，膠合強度愈佳③膠合面粗糙較佳④含水率 5%以下之木材膠合力最佳。

20.(3)依採購人員倫理準則規定，下列何者為公務機關採購人員應有之行為？①參與廠商舉行之豪華餐會②依廠商請託或關說辦理③努力發現真實，對機關及廠商之權利均注意維護④對廠商有利及不利之情形一律不予查察。

21.(3)下列何種機器可製作鳩尾榫？①手提圓鋸機②手提電鑽③手提挖空機④手提電鉋。

22.(2)抽屜側板的長度尺寸加工，下列何部機械最適當？①線鋸機②

懸臂鋸③縱鋸機④帶鋸機。

23.(3)安全標誌中，消防設備是以何種顏色來表示？①藍②綠③紅④黃。

24.(1)台灣地區木材的年平衡含水率範圍約為①11~18%②5～8%③9～13%④15～19%。

25.(2)為了加強塑合板的組合強度要選用①直徑較大的木螺絲釘②粗牙木螺絲釘③較短的木螺絲釘④細牙木螺絲釘。

26.(1)下列何者是以複面投影法繪製而成？①正投影圖②等角圖③二點透視圖④一點透視圖。

27.(3)使用手壓鉋機鉋下圖之凹面工件時，要①升高鉋刀軸②調低進料檯③調低進料檯與出料檯④調低出料檯。

28.(1)用手提花鉋機製作鳩尾榫時，如接合太鬆應①調大刀具伸出量②調小刀具伸出量③換較小刀具④換較大刀具。

29.(1)下圖 3.0×25 木螺釘中，3.0 表示①木螺釘螺紋內徑 3.0mm②木螺釘釘帽直徑為 3.0mm③木螺釘螺桿直徑為 3.0mm④木螺釘螺距為 3.0mm。

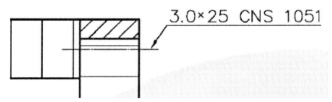

3.0×25 CNS 1051

30.(3)有關切削工具，下列敘述何者正確？①鉋削較薄時撕裂較深②增大切削角較為省力③鉋軟材之刀刃角約為 20°～25°④鉋硬木材之刀刃角要小些。

31.**(4)**水平投影面與直立投影面之交線，稱爲①PL②HL③副基線④主基線。

32.**(1)**依照 CNS 木工製圖應該採用①第一及第三角均可②第三角畫法③第二角畫法④第一角畫法。

33.**(3)**配料作業材料定厚時，採用下列哪部機器最適合？①線鋸機②手壓鉋機③作榫機④帶鋸機。

34.**(2)**褐色系的木材著色，可由下列哪三種顏色的著色劑，依不同比例調配而成①黑、白、紅②黑、紅、黃③黑、紅、紫④紅、白、藍。

35.**(1)**速乾性的噴漆，當急速揮發時，空氣中之濕氣凝結於塗膜表面，會發生何種現象？①白化②結塊③皺紋④垂流。

36.**(3)**木心板之邊緣處理，下列何者較爲理想？①貼塑膠皮②貼薄皮③鑲實木④補土。

37.**(4)**下列何項不是手提電動工具的保養要點？①按照規定潤滑與換配件②刀具經常保持銳利狀態③定期檢查電源線有無破損④注意著裝與使用安全眼鏡。

38.**(3)**在正投影中，物體離投影面愈遠，所得的圖形①愈小②愈大③不變④不一定。

39.**(1)**立軸機之軸環，其直徑大小是控制鉋削的①深度②長度③寬度④高度。

40.**(1)**下列何者非屬法定危險性工作場所？①金屬表面處理工作場所②農藥製造工作場所③火藥類製造工作場所④從事石油裂解之石化工業之工作場所。

41.**(1)**製作如下圖之舌槽接時，採用下列哪部機械最適合？①線鉋機②手壓鉋機③線鋸機④帶鋸機。

42.(4)拼實木寬板，在拼好並鉋削後，其接合處呈如下圖之現象，其原因是①拼板前，木材含水量太高②拼板前，木材含水量太低③拼板後鉋削前，膠合膠太乾④拼板後鉋削前，膠合面未乾。

43.(1)一部兩馬力電動機轉動二小時計耗電①三度②四度③二度④五度。

44.(1)使用平鉋機鉋削木材，如開始鉋削一端有凹痕，可能的原因是①下方進材滾輪太高②上方出材滾輪太低③上方出材滾輪太高④下方進材滾輪太低。

45.(1)公司在保持正常經營發展以及實現股東利益最大化之同時，應重視社會責任，下列何者「非」屬應關注之社會責任？①高階經理人利益②社區環保③消費者權益④公益。

46.(4)噴塗時，噴幅的寬度應重疊①1/4②1/3③1/5④1/2。

47.(4)1 立方公尺約等於多少板呎？①425②426③427④424。

48.(2)製作指接(Finger Joint)，下列何部機械最適當？①帶鋸機②線鉋機（立軸機）③圓鋸機④懸臂鋸。

49.(4)木工手工具刀刃質料一般為①中碳鋼②碳化鎢鋼③低碳鋼④高碳鋼。

50.(4)材積為 30 台才，約折合①30 板呎②45 板呎③40 板呎④35 板呎。

51.(1)製作如下圖之邊對接時，採用下列哪部機械最適合？①手壓鉋機②作榫機③帶鋸機④線鋸機。

52.(3)手壓鉋機不得鉋削短於多少公分之木材①40cm②55cm③25cm ④70cm。

53.(3)鑽木釘孔使用下列何種鑽頭較佳？ ①

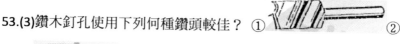

54.(4)木材的膨脹係由於①受高溫引起②太乾燥引起③發散水分④ 吸收水分。

55.(3)空心木門的邊緣處理，以下列何種較佳？①貼薄片②補土油漆 ③鑲實木④貼塑膠皮。

56.(2)中式家具傳統塗裝，常採用下列何種材料？①拉卡②生漆③優 力坦漆④阿美濃。

57.(1)鳩尾榫之斜度，一般為①1：6②1：4③1：10④1：2。

58.(3)使用鳩尾榫機製作鳩尾榫時，若配合太緊，是因①材料太硬② 榫頭太短③榫頭太長④榫頭未經修磨。

59.(1)同一塊材料，依其含水率之高低強度有所不同，假設在 25％、 35％、40％、50％四個階段時則①在 25％時強度較大②在 50 ％時強度較大③在 35％時強度較大④強度無明顯差別。

60.(3)一般帶鋸機鋸條，存放時為縮小體積通常以折成多少圈為多？ ①2②5③3④4。

複選題：

61.(234)下列哪些機器可鉋削如右圖之形狀？①平鉋機②立軸機③花鉋機④手壓鉋機。

62.(234)一般而言，以木材(含薄片)的顏色由深到淺排序，下列哪些錯誤？①胡桃木、櫻桃木、白欅木②白欅木、櫻桃木、胡桃木③白欅木、胡桃木、櫻桃木④櫻桃木、白欅木、胡桃木。

63.(12)下列哪些接合法不適用於兩片粒片板成 L 形接合？①插榫接②指接③組合五金④木釘。

64.(234)下列敍述哪些正確？①運用手腕操作使噴槍成弧行運行，有利於噴塗出均勻的塗膜②吸上式噴槍不適合噴塗濃稠塗料③噴槍若與被塗物的距離太遠，塗膜易粗糙④噴槍若與被塗物的距離太近，塗膜易垂流。

65.(34)下列哪些作法可以避免塗膜表面產生白化現象？①在烈日下進行噴塗作業②在稀釋劑中添加合適的低沸點溶劑③不要在下雨天進行噴塗作業④在稀釋劑中添加合適的高沸點溶劑。

66.(123)下列圖紙規格敍述哪些正確？①描圖紙之厚度單位為 g/m2②A3 圖紙之規格尺度為 297×420mm③製圖用紙短邊與長邊之比為 1：④A1 規格圖紙的面積是 A3 圖紙的 3 倍。

67.(234)下列哪項因素會使木材停滯於平鉋機內？①放送材料過慢②材料短於兩滾軸間之長度③下進料滾軸定位過低④下出料滾軸定位過低。

68.(234)花鉋機可加工下列哪些工件？①橢圓榫頭②挖空③鉋花線④內封閉曲線。

69.(34)下列哪些是年輪明顯的樹種屬於？①散孔材(闊葉樹)②肖楠(針葉樹)③松屬(針葉樹)④環孔材(闊葉樹)。

70.(34)帶鋸機鋸切圓弧，不影響鋸切弧度大小的是①鋸條寬度②鋸齒粗細③轉速④鋸條長度。

71.(34)卸下圓鋸機鋸片，較正確的方法是將螺帽①逆鋸片旋轉方向②順送材方向③順鋸片旋轉方向④逆送料方向。

72.(123)如下圖所示，依據 CNS 木工專業製圖符號，下列敘述哪些錯誤？①上方材料使用纖維板②兩材料是以排釘接合③上方材料使用木心板④下方材料使用實木。

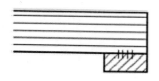

73.(234)下列哪些不是手提線鋸機主要功能？①鋸內外曲線圓弧②鋸厚板③鋸榫頭④鋸切精準斜面。

74.(23)下列敘述哪些錯誤？①第三角法的右側視圖位於其前視圖的右邊②俯視圖無法表示物體深度③在同一張圖紙上可同時採用第一角法與第三角法④正投影中，物體置於觀察者與投影面間，是第一角法。

75.(1234)下列哪些是闊二級木？①瓊楠②大葉楠③紅楠④江某。

76.(1234)下列材料哪些可達耐燃一級？①纖維矽酸鈣板②岩棉吸音板③纖維石膏板④木絲水泥板。

77.(1234)下列哪些是安裝西德絞鏈時應注意之事項？①門片厚度②開啓角度③入框④遮框。

78.(34)如下圖所示，下列敘述哪些正確？①選擇柚木薄片厚 0.8mm②基材為粒片板③在該剖切方向可看到木薄片端部斷面④該圖可看出表面處理順序為先貼薄片再鑲邊。

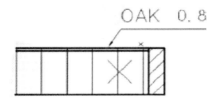

79.(123)製作工模時，下列哪些材料比較適合使用？①電木板②夾板③壓克力板④實木板。

80.(23)配料作業材料定長時，下列哪些機械適合？①帶鋸機②萬能圓鋸機③懸臂鋸機④線鋸機。

單選題：

1.(4) 線鉋機（立軸機）刀具直徑較大時，其刀軸轉速須①不變②視鉋削高度而定③加快④減慢。

2.(4) 立體圖之繪製以①3/4 斜圖②半斜圖③等斜圖④等角圖 較佳。

3.(1) 下列何種方法可畫出橢圓①同心圓法②支距法③擺線法④等軸法。

4.(1) 生產製程中材料含水率，最有效的控制方法是①工作環境維持相同濕度②工件製作時堆疊整齊③不予理會④時時檢查。

5.(4) 為了提高大量生產之效率，目前特殊刀具都採用①中碳鋼②高速鋼③高碳鋼④鎢碳鋼。

6.(3) 鉋削後產生木理突出之原因是①生長於樹枝下方之材料②進料速度太快③刀刃鈍化④逆木理鉋削。

7.(2) 鑽木釘孔使用下列何種鑽頭較佳？　①

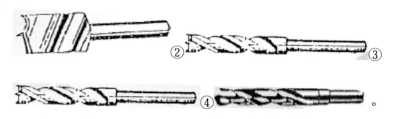

8.(4) 木材的膨脹係由於①受高溫引起②太乾燥引起③發散水分④吸收水分。

9.(1) 使用鑿孔機欲鑿 1/2 吋榫孔時，應選用①1/2 吋之鑽錐與鑿②1/2 寸之鑽錐③1/2 吋之鑿④1/2 寸的鑽錐與鑿。

10.(3) 實木材面砂光時，通常分為粗、中、細三次砂光，一般選用砂紙號數為①#60-#100-#240②#60-#180-#280③#100-#150-#180④#100-#240-#320。

11.(4)依照 CNS 木工製圖應該採用①第二角畫法②第三角畫法③第一角畫法④第一及第三角均可。

12.(1)小徑木松木最常見之材面瑕疵為①節疤②腐朽③蜂巢裂④蛀孔。

13.(3)檢修中的機械，工作人員離開現場時要①告訴別人注意②盡快回來③立標示警告④不能離開現場。

14.(1)空氣壓縮機壓力錶上的單位為①Kg/cm2②Kg/mm2③g/cm2④g/mm2。

15.(2)扁平皮帶的打滑率較Ｖ形皮帶的打滑率①小②大③不一定④相同。

16.(1)噴漆用發白防止劑，係以能溶解硝化纖維素之①高沸點溶劑②低沸點溶劑③一般溶劑④中沸點溶劑 為主要原料製成。

17.(1)下列何種木材之比重最大？①紫檀②楠木③檜木④鐵杉。

18.(4)帶鋸條會往前移動時，是因為①上輪向後仰②轉速太快③張力太大④上輪往前傾斜。

19.(2)能鉋出同一厚度木材之機械是①手壓鉋機②平鉋機③花鉋機④圓鋸機。

20.(2)製作實木彎板時，應採用①低溫低濕②高溫高濕③高溫低濕④低溫高濕。

21.(2)鳩尾榫之榫梢寬度與材料厚度比的多少為最佳？①1/2②2/3③3/4④1/3。

22.(4)此符號是表示①特殊加工②釘接③膠合④木理方向。

23.(2)製作櫥櫃組裝上膠時，下列何者不是應注意的要點？①直角②表面處理③平行④密合。

24.(3)手壓鉋機正常操作時，鉋削量之大小與下列何者有關？①靠板

②刀軸③進料台④出料台。

25.(1)有關木材彈性，下列何者敘述有誤？①木材比重小者彈性較佳②木材紋理筆直者彈性較佳③木材年輪細密者彈性較大④充分乾燥之木材彈性較大。

26.(1)下列何種木材翹曲最嚴重？①木荷②柳安③桂蘭④白木。

27.(2)一般帶鋸機鋸條，存放時為縮小體積通常以折成多少圈為多？①2②3④4⑤5。

28.(4)手提震動砂光機，適於砂磨①角②邊③端面④平面。

29.(3)安全標誌中，消防設備是以何種顏色來表示？①黃②綠③紅④藍。

30.(4)木材製材後，無法馬上進乾燥窯乾燥，為防止發霉，應如何處理？①堆於陰暗潮濕的地方②端部塗漆以防端裂③緊密堆積一起以防翹曲④每層用疊桿隔開。

31.(4)針對各種不同紋路木釘的組合強度而言，下列何者紋路最好？①無紋②斷續直紋③直紋④螺旋紋。

32.(4)生材乾燥後含水率減少而強度增加，強度開始增加時之含水率應約為①15%②10%③20%④30%。

33.(1)家具製圖中，常以下列何種圖表示內部構造？①透視圖②草圖③剖視圖④立體圖。

34.(2)抽屜側板的長度尺寸加工，下列何部機械最適當？①帶鋸機②懸臂鋸③線鋸機④縱鋸機。

35.(3)調整帶鋸機側引導裝置之前緣應以①齒之一半②與齒尖平③齒後④超過齒尖 為宜。

36.(3)一般手提木工電動工具大多數為使用①單相 220V②三相 110V③單相 110V④三相 220V 之電源。

37.(3)硝化纖維拉卡塗膜在何種氣候下，易發生白化現象①相對濕度很低時②寒冬③下雨天④晴天。

38.(2)櫥門四角一般減榫以木材寬度①1/2②1/3③1/4④1/5 為佳。

39.(3)下列四種木工機械之中，迴轉數最高的是①鑽床②圓鋸機③花鉋機④立軸機。

40.(1)大量生產加工中，材料第一次表面砂光處理時，砂紙號數以使用①#120②#240③#180④#480。

41.(1)旋轉剖面，通常是將剖面在視圖上旋轉①90°②30°③45°④60°。

42.(3)所謂一馬力電動機，其耗電量約等於①1.0kW②2.0kW③0.75kW④1.5kW。

43.(3)手提電鉋機鉋台面之調整是①前後台面均低於切削圈②兩台面與切削圈等高③前台面低於切削圈，後台面與切削圈同高④前台面與切削圈同高，後台面低於切削圈。

44.(1)台灣森林之分佈近海拔高度 500M 以下者，稱為①熱帶②溫帶③寒帶④暖帶。

45.(4)下列何者不屬於立面圖？①前視圖②左側視圖③右側視圖④俯視圖。

46.(4)砂紙之磨料，下列何者最硬？①拓榴石②氧化鋁③金鋼砂④碳化矽。

47.(4)花鉋機亦可代替①作榫機②帶鋸機③手壓鉋機④線鋸機 ，在木板上挖削不規則形狀之內穿孔。

48.(2)用手提花鉋機製作鳩尾榫時，如接合太鬆應①換較大刀具②調大刀具伸出量③調小刀具伸出量④換較小刀具。

49.(1)為充分利用短木料，應採取何種接合方法較為理想？①指接(Finger Joint)②斜端接(ScartJoint)③對接(Butt Joint)④木釘接

合。

50.(4)圓鋸鋸盤的鋸齒以露出工作物①10mm②15mm③1mm④齒高
一半 為宜。

51.(4)製作如下圖之舌槽接時，採用下列哪部機械最適合？①線鋸機
②帶鋸機③手壓鉋機④線鉋機。

52.(2)木材之弦向收縮平均約為徑向收縮的①四倍②二倍③一倍④
三倍。

53.(1)帶鋸條往外滑脫的主要原因為①上輪傾斜調整不當②張力太
大③速度太快④鋸條寬度太小。

54.(1)下列何種機械有調速裝置？①手提電鑽②手提挖空機③手提
圓鋸機④手提電鉋。

55.(2)鐵釘接合時，釘長通常為接合木板厚度的幾倍為宜？①7②3③
1④5。

56.(3)木材纖維方向每隔數年向左或向右，成螺旋狀交替生長者，稱
為①螺旋木理②筆直木理③交錯木理④傾斜木理。

57.(4)使用手壓鉋機鉋下圖之凹面工件時，要①調低出料檯②升高鉋
刀軸③調低進料檯④調低進
料檯與出料檯。

58.(1)手提電鉋機不能完成下列何種鉋削？①溝槽鉋削②斜邊鉋削
③板側邊鉋削④平面鉋削。

59.(2)利用一套三角板(45°與 30°、60°)與平行尺配合使用，無法繪出
下列何者角度？①75°②40°③105°④15°。

60.(1)下圖之側視圖① 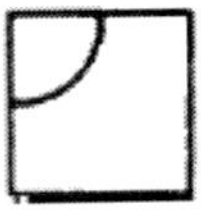 ② 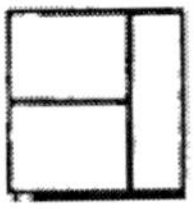 ③ 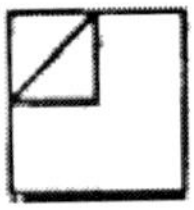 ④  。

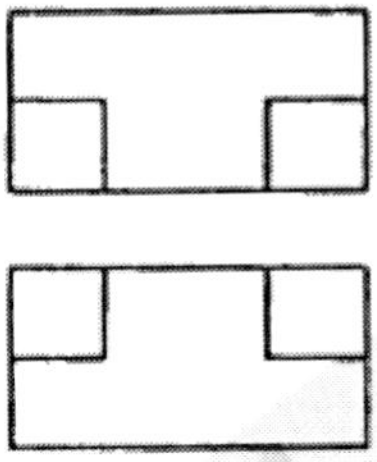

複選題：

61.(234)木工用麻花鑽，其兩刃口合計角度，下列哪些不適宜？①70度②90度③110度④50度。

62.(134)下列哪些材種具有特殊氣味？①柚木②楓木③扁柏④酸枝。

63.(1234)下列哪些是屬於熱可塑性樹脂塗料？①聚丙烯 PP②聚氯乙烯 PVC③聚苯乙烯 PS④聚乙烯 PE。

64.(24)貼合 0.3mm 的木薄片時，下列哪些是正確的注意事項？①佈膠時樹脂量需要較多量②木理、花紋須對稱③電熨斗溫度要在 105℃以上④切割時薄片上下須重疊。

65.(124)下列哪些為台灣引進種植之世界級高級木材？①鐵刀木②柚木③銀合歡④印度紫檀。

66.(124)木螺絲釘之釘著力與下列哪些有關？①木紋走向②木材之含水率③螺絲頭之選擇④螺牙之粗細。

67.(34)下列哪些機械不適合製作嵌槽？①立軸機②圓鋸機③平鉋機④帶鋸機。

68.(13)帶鋸機鋸切圓弧，不影響鋸切弧度大小的是①轉速②鋸齒粗細③鋸條長度④鋸條寬度。

69.(23)下列敘述哪些錯誤？①複斜面在三視圖中，皆為非真實大小之面②複斜面與三個主要投影面之一平行③局部輔助視圖必要時可平移至任何位置，但不可旋轉④由斜面的垂直方向觀察，所投影之視圖稱為輔助視圖。

70.(13)如下圖所示，下列敘述哪些正確？①該圖可看出表面處理順序為先貼薄片再鑲邊②選擇柚木薄片厚 0.8mm③在該剖切方向可看到木薄片端部斷面④基材為粒片板。

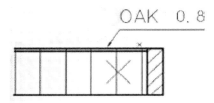

71.(24)如下圖所示，依據 CNS 木工專業製圖符號，下列敘述哪些正確？①為闊頭釘②鐵釘直徑 1.6mm③為半圓頭釘④鐵釘長度 20mm。

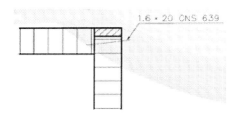

72.(12)下列敘述哪些錯誤？①在同一張圖紙上可同時採用第一角法與第三角法②俯視圖無法表示物體深度③正投影中，物體置於觀察者與投影面間，是第一角法④第三角法的右側視圖位於其前視圖的右邊。

73.(124)鑽孔機之調整下列哪些正確？①轉速可調整②台面可調整傾斜③無法定深淺量產④可鑽傾斜孔。

74.(24)在硝化纖維素中添加香蕉水的主要目的是①增加塗膜厚度②增加塗膜乾燥速度控制能力③溶解纖維素④改善塗裝作業性。

75.(234)下列哪些砂磨機無法砂磨內凹面工件？①鼓輪式砂磨機②橫式帶狀砂磨機③圓盤式砂磨機④寬帶式砂磨機。

76.(23)熱壓膠合時，不宜使用下列哪些膠合劑？①聚酯樹脂②環氧樹脂③動物膠④尿素樹脂。

77.(23)當平鉋機的後壓桿定位偏低時將發生下列哪些現象？①材面後端有刀痕②材面有壓痕③材料停滯不前④材面有不規則刀痕。

78.(123)下列哪些是系統家具常用的人造板材料？①木心板、(膠)合板(含竹膠板)②(高中低密度)纖維板、塑合板③刨花板、粒片板④石膏板、水泥板。

79.(124)手壓鉋機鉋木材時，後端鉋不到與下列哪些無關？①出料台面定位過低②進料台面低於切削圈③出料台面略高於切削圈④進料台面高於切削圈。

80.(234)在木心板邊緣封實木邊，其主要目的為①減少工時②節省材料③降低成本④增加美觀、防止發生凹陷及裂痕。

單選題：

1.(2)下列何者不是木材的優點？①森林分佈廣，樹木砍伐後可有計
劃種植，用之不竭②木材性質各有差異③乾燥容易，受溫度影
響不大④木材乾燥後是優良的絕緣體。

2.(3)用手提電鉋機鉋削木材時，鉋削量是調整①刀片②刀軸③前台
面④後台面。

3.(2)下列何種樹種較具有交錯木理？①檜木②楠木③雲杉④亞杉。

4.(1)投影線均集中於一點者為①透視投影②陰影③軸測投影④斜投
影。

5.(2)配料作業材料定厚時，採用下列哪部機器最適合？①帶鋸機②
作榫機③手壓鉋機④線鋸機。

6.(4)鑽削木材所用之麻花鑽頭，其鑽唇（兩刃口）之角度以①50～
60度②30～40度③90～120度④60～80度 為宜。

7.(1)材積為30台才，約折合①35板呎②40板呎③30板呎④45板呎。

8.(3)實木材面砂光時，通常分為粗、中、細三次砂光，一般選用砂
紙號數為①#60-#180-#280②#60-#100-#240③#100-#150-#180④
#100-#240-#320。

9.(1)下列何者不適合用於木製家具塗裝？①瀝青漆②生漆③聚胺基
甲酸酯樹脂漆④硝化纖維噴漆。

10.(1)人工乾燥材，若加工製程太長，材料容易產生①回潮②變色③
端裂④收縮。

11.(4)製作如下圖之搭接時 ，採用下列哪部機械最適合？①手壓鉋
機②線鋸機③帶鋸機④圓鋸機。

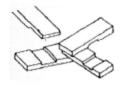

12.(1)鳩尾榫之榫梢寬度，以材料厚度比的多少為最佳？①2/3②1/3③1/2④3/4。

13.(3)手壓鉋機的出料檯面高度，是以下列何者為準？①進料台面②導板③刀刃切削圈最高點④出料台面。

14.(4)木工手工具刀刃質料一般為①低碳鋼②碳化鎢鋼③中碳鋼④高碳鋼。

15.(1)塗料杯蓋上方透氣孔被阻塞時，可能發生①痙攣性震動②無噴霧現象③噴霧集中現象④噴霧分裂現象。

16.(1)n 多邊形之內角和為①(n-2)×180②(n+2)×180③(n-1)×180④(n+1)×180。

17.(2)使用機械加工，下列何者不是影響木面瑕疵之主要因素？①刀片角度②刀片材質③切削速度④木材含水量。

18.(1)平鉋機下進料滾軸比台面約高①0.5mm②1mm③2mm④1.5mm。

19.(3)春秋材不分明之木材，都生長於①亞熱帶②溫帶③熱帶④寒帶。

20.(1)下圖此材料符號是指①實木剖面②纖維板③合板剖面④塑合板剖面。

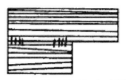

21.(3)手提帶狀砂磨機不使用時應①倒放②吊掛③側放④平放。

22.(3)平鉋機鉋削進行中，發出噪音及震動的原因是①下方滾筒突出②上方出材滾筒突出③鉋刀過鈍④壓桿對材面施壓過大。

23.(1)帶鋸切削面粗糙的原因為①齒張不整齊②迴轉數太快③沒有齒張④齒張太粗。

24.(1)萬一強力膠已有些微乾涸，致使濃度太高不易塗佈時，可以用①甲苯②松香水③香蕉水④酒精 稀釋。

25.(3)圓鋸鋸盤的鋸齒以露出工作物①1mm②10mm③齒高一半④15mm 為宜。

26.(1)使用平鉋機鉋削木材，刀口有鉋花堵塞的現象是①刀片鋼面與壓鐵沒有密合②刀刃角度不對③刀刃不利④鉋面不平。

27.(4)家具製圖中，常以下列何種圖表示內部構造？①草圖②立體圖③剖視圖④透視圖。

28.(2)圖紙 A3 之面積大小為 A2 面積大小之①2/3 倍②1/2 倍③2 倍④3/2 倍。

29.(1)手壓鉋加工造成木材成尖削形，下列因素何者錯誤？①出料台與切削圈同高②材料翹曲面向上③鉋刀軸比出料台稍低④出料臺稍高。

30.(3)浴室門最好選用①木心板門②夾板空心門③塑膠門④麗光板空心門。

31.(4)A4 圖紙之規格為①4 開②8 開③297mm×420mm④210mm×297mm。

32.(3)一般木材纖維飽和點愈高的木材,則乾燥後之收縮①愈小②不變③愈大④沒有影響。

33.(1)平鉋機通常刀軸裝有多少片刀?①3②4③2④5。

34.(4)圓鋸機之劈刀應比鋸路①小 1.5mm②大 0.5mm③大 1.5mm④小 0.5mm。

35.(2)製造素面合板所用之薄片為①鋸削薄片②旋削薄片③刮削薄片④平削薄片 製成。

36.(1)製作積層曲木成型、成型合板和普通合板之液態尿素膠,其固體成分一般為①45%～50%②80%～85%③65%～70%④75%～80%。

37.(1)木工製圖中,木螺釘規格①以指線加註說明②不必說明③以中心線加註說明④以鏈線加註說明。

38.(4)木材纖維方向每隔數年向左或向右,成螺旋狀交替生長者,稱為①傾斜木理②螺旋木理③筆直木理④交錯木理。

39.(3)製作如下圖之榫接之橢圓榫孔時,採用下列哪部機械最適合?①圓鋸機②角鑿機③橢圓榫孔機④鑽孔機。

40.(2)拼實木寬板,在拼好並鉋削後,其接合處呈如下圖之現象,其原因是①拼板後鉋削前,膠合膠太乾②拼板後鉋削前,膠合面未乾③拼板前,木材含水量太高④拼板前,木材含水量太低。

41.(1)某平面之正投影爲一線條時，則此面與投影面①垂直②平行③相交④傾斜。

42.(1 下列何種機械在操作時，有可能發生後拋現象？①圓鋸機②線鋸機③帶鋸機④鑽孔機。

43.(1)清噴漆最適合面塗的黏度爲①20 秒~25 秒②12 秒~18 秒③12 秒以下④25 秒以上。

44.(1)抽屜側板的長度尺寸加工，下列何部機械最適當？①懸臂鋸②線鋸機③帶鋸機④縱鋸機。

45.(4)扁平皮帶的打滑率較 V 形皮帶的打滑率①小②不一定③相同④大。

46.(4)木材性質中，下列敘述何者錯誤？①易燃且燃點低②木材富彈性③吸水性大易腐朽④熱的良導體，膨脹係數大。

47.(2)一般噴漆，噴槍移動速度約①10～15cm／秒②30～50cm／秒③60～80cm／秒④20～25cm／秒。

48.(4)在立軸機上鉋削材料時，材料尾端凹陷是因爲①進刀量過大②輸入靠板太低③送料不均④輸出靠板太低。

49.(3)尿素膠最常用的硬化劑爲①硫化鉀②氯化鋅③氯化銨④硫化鐵。

50.(1)木材發生白蟻蛀蝕，使用何種藥品將其驅除？①焦蒸油②硫酸③漂白粉④蚊香。

51.(3)平鉋機中的機器零件與穩固鉋削材料無關的是①壓桿②進料滾軸③刀軸④鉋花折斷板。

52.(3)砂紙的號數愈大者磨料粒度①愈寬②愈粗③愈細④愈長。

53.(4)下列何種機械有調速裝置？①手提圓鋸機②手提挖空機③手提電鉋④手提電鑽。

54.(2)操作帶鋸機時，勿站在外漏鋸帶哪個位置？①後側方②側方③前方④後方。

55.(3)作榫機製作榫頭時，兩刀軸轉動的鉋削方向是①不一定②轉向相同③背向轉動④同向轉動。

56.(1)圖面上投影法的標註表示第三角畫法的符號為 ①

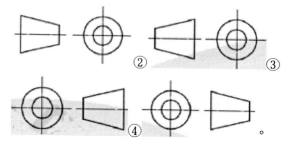

57.(2)有關木材彈性，下列何者敘述有誤？①木材紋理筆直者彈性較佳②木材比重小者彈性較佳③木材年輪細密者彈性較大④充分乾燥之木材彈性較大。

58.(2)一般木材膠合時，木材含水率應該介於多少之間為宜？①愈乾愈好②8％～10％③12％～15％④5％～7％ 為宜。

59.(1)使用手提電鉋鉋削木材，如遇逆紋撕裂時，應如何處理①調換鉋削方向②增加電鉋轉速③加快推進速度④增加鉋削量。

60.(1)木材之弦向收縮平均約為徑向收縮的①二倍②一倍③四倍④三倍。

複選題：

61.(34)下列敘述哪些錯誤？①複斜面在三視圖中，皆為非真實大小之面②由斜面的垂直方向觀察，所投影之視圖稱為輔助視圖③局部輔助視圖必要時可平移至任何位置，但不可旋轉④複斜面與三個主要投影面之一平行。

62.(24)下列哪些為手壓鉋機鉋削安全作業程序？①鉋削前靠板不必調直角②材料凹面朝台面鉋削平整基準面③材料凸面朝台面鉋削平整基準面④出料台應調整與切削圈等高。

63.(12)下列哪些為貼木薄片的步驟？①板面補土整平②塗佈白膠、貼上木薄片③先砂磨木薄片④噴水調濕。

64.(24)如下圖所示，依據 CNS 木工專業製圖符號，下列敘述哪些正確？①為闊頭釘②鐵釘直徑 1.6mm③為半圓頭釘④鐵釘長度 20mm。

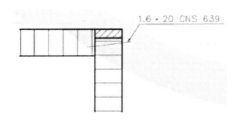

1.6 • 20 CNS 639

65.(123)下列哪些材料於戶外用時必須防腐處理？①冷杉②楓香③白柳桉④蟻木(IPE)。

66.(234)有關角鑿機之調整，下列敘述哪些正確？①轉速可調整②台面可調整左右移動③台面可調整鑿孔深度④可更換不同大小尺寸角鑿。

67.(1234)下列哪些是手提式電鋸及手提式電鉋的使用安全規則？①鋸、鉋完畢立即關閉開關②調整或調換刀具前，取下插頭③

手指應遠離鋸盤或鉋刀④連接電源前確實檢看開關係在關閉位置。

68.(124)就一塊長厚板而言，除瓦狀與挴轉之外，也可能出現下列何種翹曲變形？①菱形②弓形(駝背)③橢圓④彎曲(bowing)。

69.(14)下列哪些機械不適合製作嵌槽？①帶鋸機②立軸機③圓鋸機④平鉋機。

70.(1234)鋸切木條可使用①縱開鋸機②多片縱鋸機③圓鋸機④帶鋸機。

71.(24)線鋸條之安裝下列哪些正確？①先固定上夾頭②先固定下夾頭③鋸齒方向朝上④鋸齒方向朝下。

72.(14)下列哪些為鳩尾槽接的特色？①能允許木材之伸縮②強度大③美觀④防止大板面翹曲。

73.(14)下列對剖視圖的敘述哪些正確？①旋轉剖面如採用中斷視圖表示，其剖面輪廓線應使用粗實線②半剖面之分界線是實線③全剖面之割面不可以轉折④同一物體剖面線方向與間隔均應一致。

74.(1234)下列哪些是闊二級木？①紅楠②大葉楠③江某④瓊楠。

75.(14)下列哪些作法可以避免塗膜表面產生白化現象？①在稀釋劑中添加合適的高沸點溶劑②在稀釋劑中添加合適的低沸點溶劑③在烈日下進行噴塗作業④不要在下雨天進行噴塗作業。

76.(1234)下列材料哪些可達耐燃一級？①岩棉吸音板②纖維矽酸鈣板③纖維石膏板④木絲水泥板。

77.(123)下列敘述哪些正確？①日本工業規格簡稱 JIS②國際標準化組織簡稱 ISO③中華民國國家標準簡稱為 CNS④德國國家級標準化組織簡稱 DNA。

78.(234)實木門框之組合，下列哪些適合？①橫槽接合②三缺榫接合③單添榫接合④木釘接合。

79.(234)下列哪些為操作砂輪機發生意外的原因？①刀具摩擦產生火花②砂磨作業不當③於砂輪側面砂磨④砂輪安裝不當。

80.(124)下列敘述哪些正確？①吸上式噴槍不適合噴塗濃稠塗料②噴槍若與被塗物的距離太遠，塗膜易粗糙③運用手腕操作使噴槍成弧行運行，有利於噴塗出均勻的塗膜④噴槍若與被塗物的距離太近，塗膜易垂流。

單選題：

1.(4)線鉋機（立軸機）刀具直徑較大時，其刀軸轉速須①不變②視鉋削高度而定③加快④減慢。

2.(4)立體圖之繪製以①3/4 斜圖②半斜圖③等斜圖④等角圖 較佳。

3.(1)下列何種方法可畫出橢圓①同心圓法②支距法③擺線法④等軸法。

4.(1)生產製程中材料含水率，最有效的控制方法是①工作環境維持相同濕度②工件製作時堆疊整齊③不予理會④時時檢查。

5.(4)為了提高大量生產之效率，目前特殊刀具都採用①中碳鋼②高速鋼③高碳鋼④鎢碳鋼。

6.(3)鉋削後產生木理突出之原因是①生長於樹枝下方之材料②進料速度太快③刀刃鈍化④逆木理鉋削。

7.(2)鑽木釘孔使用下列何種鑽頭較佳？ ①②③④。

8.(4)木材的膨脹係由於①受高溫引起②太乾燥引起③發散水分④吸收水分。

9.(1)使用鑿孔機欲鑿 1/2 吋榫孔時，應選用①1/2 吋之鑽錐與鑿②1/2 寸之鑽錐③1/2 吋之鑿④1/2 寸的鑽錐與鑿。

10.(3)實木材面砂光時，通常分為粗、中、細三次砂光，一般選用砂紙號數為①#60-#100-#240②#60-#180-#280③#100-#150-#180④#100-#240-#320。

11.(4)依照 CNS 木工製圖應該採用①第二角畫法②第三角畫法③第一角畫法④第一及第三角均可。

12.(1)小徑木松木最常見之材面瑕疵為①節疤②腐朽③蜂巢裂④蛀孔。

13.(3)檢修中的機械，工作人員離開現場時要①告訴別人注意②盡快

回來③立標示警告④不能離開現場。

14.(1)空氣壓縮機壓力錶上的單位為①Kg/cm2②Kg/mm2③g/cm2④ g/mm2。

15.(2)扁平皮帶的打滑率較Ｖ形皮帶的打滑率①小②大③不一定④ 相同。

16.(1)噴漆用發白防止劑，係以能溶解硝化纖維素之①高沸點溶劑② 低沸點溶劑③一般溶劑④中沸點溶劑 為主要原料製成。

17.(1)下列何種木材之比重最大？①紫檀②楠木③檜木④鐵杉。

18.(4)帶鋸條會往前移動時，是因為①上輪向後仰②轉速太快③張力 太大④上輪往前傾斜。

19.(2)能鉋出同一厚度木材之機械是①手壓鉋機②平鉋機③花鉋機 ④圓鋸機。

20.(2)製作實木彎板時，應採用①低溫低濕②高溫高濕③高溫低濕④ 低溫高濕。

21.(2)鳩尾榫之榫梢寬度與材料厚度比的多少為最佳？①1/2②2/3③ 3/4④1/3。

22.(4)此符號是表示①特殊加工②釘接③膠合④木理方向。

23.(2)製作櫥櫃組裝上膠時，下列何者不是應注意的要點？①直角② 表面處理③平行④密合。

24.(3)手壓鉋機正常操作時，鉋削量之大小與下列何者有關？①靠板 ②刀軸③進料台④出料台。

25.(1)有關木材彈性，下列何者敘述有誤？①木材比重小者彈性較佳 ②木材紋理筆直者彈性較佳③木材年輪細密者彈性較大④ 充分乾燥之木材彈性較大。

26.(1)下列何種木材翹曲最嚴重？①木荷②柳安③桂蘭④白木。

27.(2)一般帶鋸機鋸條，存放時為縮小體積通常以折成多少圈為多？
①2②3③4④5。

28.(4)手提震動砂光機，適於砂磨①角②邊③端面④平面。

105家具木工乙4-2(序003)

29.(3)安全標誌中，消防設備是以何種顏色來表示？①黃②綠③紅④
藍。

30.(4)木材製材後，無法馬上進乾燥窯乾燥，為防止發霉，應如何處
理？①堆於陰暗潮濕的地方②端部塗漆以防端裂③緊密堆
積一起以防翹曲④每層用疊桿隔開。

31.(4)針對各種不同紋路木釘的組合強度而言，下列何者紋路最好？
①無紋②斷續直紋③直紋④螺旋紋。

32.(4)生材乾燥後含水率減少而強度增加，強度開始增加時之含水率
應約為①15%②10%③20%④30%。

33.(1)家具製圖中，常以下列何種圖表示內部構造？①透視圖②草圖
③剖視圖④立體圖。

34.(2)抽屜側板的長度尺寸加工，下列何部機械最適當？①帶鋸機②
懸臂鋸③線鋸機④縱鋸機。

35.(3)調整帶鋸機側引導裝置之前緣應以①齒之一半②與齒尖平③
齒後④超過齒尖 為宜。

36.(3)一般手提木工電動工具大多數為使用①單相 220V②三相 110V
③單相 110V④三相 220V 之電源。

37.(3)硝化纖維拉卡塗膜在何種氣候下，易發生白化現象①相對濕度
很低時②寒冬③下雨天④晴天。

38.(2)櫥門四角一般減榫以木材寬度①1/2②1/3③1/4④1/5 為佳。

39.(3)下列四種木工機械之中，迴轉數最高的是①鑽床②圓鋸機③花鉋機④立軸機。

40.(1)大量生產加工中，材料第一次表面砂光處理時，砂紙號數以使用①#120②#240③#180④#480。

41.(1)旋轉剖面，通常是將剖面在視圖上旋轉①90°②30°③45°④60°。

42.(3)所謂一馬力電動機，其耗電量約等於①1.0kW②2.0kW③0.75kW④1.5kW。

43.(3)手提電鉋機鉋台面之調整是①前後台面均低於切削圈②兩台面與切削圈等高③前台面低於切削圈，後台面與切削圈同高④前台面與切削圈同高，後台面低於切削圈。

44.(1)台灣森林之分佈近海拔高度 500M 以下者，稱為①熱帶②溫帶③寒帶④暖帶。

45.(4)下列何者不屬於立面圖？①前視圖②左側視圖③右側視圖④俯視圖。

46.(4)砂紙之磨料，下列何者最硬？①拓榴石②氧化鋁③金鋼砂④碳化矽。

47.(4)花鉋機亦可代替①作榫機②帶鋸機③手壓鉋機④線鋸機 ，在木板上挖削不規則形狀之內穿孔。

48.(2)用手提花鉋機製作鳩尾榫時，如接合太鬆應①換較大刀具②調大刀具伸出量③調小刀具伸出量④換較小刀具。

49.(1)為充分利用短木料，應採取何種接合方法較為理想？①指接(Finger Joint)②斜端接(ScartJoint)③對接(Butt Joint)④木釘接合。

50.(4)圓鋸鋸盤的鋸齒以露出工作物①10mm②15mm③1mm④齒高一半 為宜。

51.(4)製作如下圖之舌槽接時，採用下列哪部機械最適合？①線鋸機②帶鋸機③手壓鉋機④線鉋機。

52.(2)木材之弦向收縮平均約為徑向收縮的①四倍②二倍③一倍④三倍。

53.(1)帶鋸條往外滑脫的主要原因為①上輪傾斜調整不當②張力太大③速度太快④鋸條寬度太小。

54.(1)下列何種機械有調速裝置？①手提電鑽②手提挖空機③手提圓鋸機④手提電鉋。

55.(2)鐵釘接合時，釘長通常為接合木板厚度的幾倍為宜？①7②3③1④5。

56.(3)木材纖維方向每隔數年向左或向右，成螺旋狀交替生長者，稱為①螺旋木理②筆直木理③交錯木理④傾斜木理。

57.(4)使用手壓鉋機鉋下圖之凹面工件時，要①調低出料檯②升高鉋刀軸③調低進料檯④調低進

105 家 具 木 工 乙 4-3(序 003)

料檯與出料檯。

58.(1)手提電鉋機不能完成下列何種鉋削？①溝槽鉋削②斜邊鉋削③板側邊鉋削④平面鉋削。

59.(2)利用一套三角板(45°與 30°、60°)與平行尺配合使用，無法繪出下列何者角度？①75°②40°③105°④15°。

60.(1)下圖之側視圖①②③④。

複選題：

61.(234)木工用麻花鑽，其兩刃口合計角度，下列哪些不適宜？①70度②90度③110度④50度。

62.(134)下列哪些材種具有特殊氣味？①柚木②楓木③扁柏④酸枝。

63.(1234)下列哪些是屬於熱可塑性樹脂塗料？①聚丙烯PP②聚氯乙烯PVC③聚苯乙烯PS④聚乙烯PE。

64.(24)貼合0.3mm的木薄片時，下列哪些是正確的注意事項？①佈膠時樹脂量需要較多量②木理、花紋須對稱③電熨斗溫度要在105℃以上④切割時薄片上下須重疊。

65.(124)下列哪些為台灣引進種植之世界級高級木材？①鐵刀木②柚木③銀合歡④印度紫檀。

66.(124)木螺絲釘之釘著力與下列哪些有關？①木紋走向②木材之含水率③螺絲頭之選擇④螺牙之粗細。

67.(34)下列哪些機械不適合製作嵌槽？①立軸機②圓鋸機③平鉋機④帶鋸機。

68.(13)帶鋸機鋸切圓弧，不影響鋸切弧度大小的是①轉速②鋸齒粗細③鋸條長度④鋸條寬度。

69.(23)下列敘述哪些錯誤？①複斜面在三視圖中，皆為非真實大小之面②複斜面與三個主要投影面之一平行③局部輔助視圖必要時可平移至任何位置，但不可旋轉④由斜面的垂直方向觀察，所投影之視圖稱為輔助視圖。

70.(13)如下圖所示，下列敘述哪些正確？①該圖可看出表面處理順序為先貼薄片再鑲邊②選擇柚木薄片厚0.8mm③在該剖切方向可看到木薄片端部斷面④基材為粒片板。

71.(24)如下圖所示，依據CNS木工專業製圖符號，下列敘述哪些正

確？①為闊頭釘②鐵釘直徑 **1.6mm**③為半圓頭釘④鐵釘長度 **20mm**。

72.(12)下列敘述哪些錯誤？①在同一張圖紙上可同時採用第一角法與第三角法②俯視圖無法表示物體深度③正投影中，物體置於觀察者與投影面間，是第一角法④第三角法的右側視圖位於其前視圖的右邊。

73.(124)鑽孔機之調整下列哪些正確？①轉速可調整②台面可調整傾斜③無法定深淺量產④可鑽傾斜孔。

74.(24)在硝化纖維素中添加香蕉水的主要目的是①增加塗膜厚度②增加塗膜乾燥速度控制能力③溶解纖維素④改善塗裝作業性。

1 0 5 家 具 木 工 乙 4 - 4 (序 0 0 3)

75.(234)下列哪些砂磨機無法砂磨內凹面工件？①鼓輪式砂磨機②橫式帶狀砂磨機③圓盤式砂磨機④寬帶式砂磨機。

76.(23)熱壓膠合時，不宜使用下列哪些膠合劑？①聚酯樹脂②環氧樹脂③動物膠④尿素樹脂。

77.(23)當平鉋機的後壓桿定位偏低時將發生下列哪些現象？①材面後端有刀痕②材面有壓痕③材料停滯不前④材面有不規則刀痕。

78.(123)下列哪些是系統家具常用的人造板材料？①木心板、(膠)合板(含竹膠板)②(高中低密度)纖維板、塑合板③刨花板、粒片板④石膏板、水泥板。

79.(124)手壓鉋機鉋木材時，後端鉋不到與下列哪些無關？①出料台面定位過低②進料台面低於切削圈③出料台面略高於切削圈④進料台面高於切削圈。

80.(234)在木心板邊緣封實木邊，其主要目的為①減少工時②節省材料③降低成本④增加美觀、防止發生凹陷及裂痕。

單選題：

1. **(2)** 依第三角投影法，排列在前視圖上方為①左側視圖②俯視圖③仰視圖④右側視圖。

2. **(2)** 木材收縮率因樹種而異，一般來說①徑向＞縱向＞弦向②弦向＞徑向＞縱向③徑向＞弦向＞縱向④縱向＞弦向＞徑向。

3. **(4)** 塗料稀釋的目的在於①增加附著性②減少用量③增加份量④便於塗佈。

4. **(3)** 對於切削工具，下列敘述何者正確？①鉋削較薄時撕裂較深②鉋硬木材之刀刃角要小些③鉋軟木材之刀刃角約為 20°～25°④增大切削角較為省力。

5. **(3)** 旋轉剖面通常是將剖視圖上旋轉①45 度②60 度③90 度④30度。

6. **(3)** 清掃機器上的灰塵最安全的時機是①加班時②機器停止前③機器停止後④工作中。

7. **(3)** 木材之膠合面與膠合的效果有關，最理想的是①光滑②要有刮痕③平直④波浪狀。

8. **(3)** 在砂輪機上磨刀時①要配戴太陽眼鏡②不可以戴眼鏡③配戴安全眼鏡④配戴放大眼鏡。

9. **(1)** 鋸切木材為安全理由，鋸片不能高出木面①3 mm以上②7 mm以上③5 mm以上④10 mm以上。

10. **(4)** 使用直徑小的鑽頭，其轉速應①無關②高低皆可③低④高。

11. **(3)** 平鉋機上方輸出滾輪之高低定位為①與鉋削面無關②略高於鉋削面 0.2～0.3 mm③略低於鉋削面 0.2～0.3 mm④剛好與鉋削面等高。

12. **(3)** 操作帶鋸機時，最先要做下列哪一項動作①調整導引裝置之

高度②調整靠板③上緊鋸條④按　電鈕。

13. (1) 手工細平鉋之調整，壓鐵和刃口的距離約為①0.3 ㎜②0.6 ㎜ ③0.8 ㎜④1 ㎜。

14. (1) 鋸齒的疏密粗細要配合材質，當我們要鋸切軟材的時候應該 選擇①較疏的鋸子②較密③較細　④較多。

15. (2) 依我國木工專業製圖國家標準，　　　　“　　　　　” 符號表示①膠合位置②木理方向③組合部位④表面使用之 材料。

16. (2) 尿素樹脂是一種屬於①蒸發型膠②反應型膠③乾燥型膠④感 應型膠。

17. (3) 使用機械的時候要①不用考慮轉速②儘量使用高轉速③依工 作性質而選定轉速④儘量使用低　轉速。

18. (1) 當手壓鉋機的出料檯面偏低時，材料鉋削後將呈現①後端有 凹陷②前端有凹陷③前後都有凹　陷④中段有凹陷。

19. (2) 操作木工車床粗車的車刀是①圓口車刀②半圓車刀③平口車 刀④斜口車刀。

20. (3) 溝鉋的割刀其刀刃①與鉋刀齊正②略縮於鉋刀刀刃③略突於 鉋刀刀刃④與鉋台齊平。

21. (2) 我國林務局標售木材採用的單位是①板呎②立方公尺③立方 公分④石。

22. (1) 圓鋸機鋸切時，造成反彈的主要原因①導板與鋸片不平行， 壓迫鋸片②送料速度太慢③轉速　太快④材料逆理。

23. (2) 生材含水量的差異，下列何者正確？①針葉樹材大於闊葉樹 材②邊材大於心材③冬季伐木大　於夏季伐木④闊葉樹材與

298

針葉樹材相同。

24. **(1)** 有脆性缺點之膠合劑是①尿素劑②三聚氰氨樹脂③酚膠④白膠。

25. **(3)** 任意角度之畫線時應使用何種工具？①分規②鋼尺③自由角規④角尺。

26. **(2)** 使用木釘接合時，每一接榫處之木釘數量不得少於①四支②二支③三支④一支。

27. **(3)** 正確的手鉋，刀刃必須保持①絕對平直②凹形③平直，兩端略帶圓弧形④凸形。

28. **(2)** 圖學的兩個要素是①比例與文字②線條與文字③符號與說明④線條與尺寸。

29. **(2)** 方栓接合(如下圖)時通常方栓的厚度 a 與方栓的寬度 b 最理想的比例 a：b 為①1：6②1：4 ③1：2④1：5。

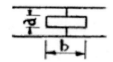

30. **(4)** 以下敘述何種不正確①水平儀是檢查工作物表面是否有傾斜②水平儀是檢查工作物表面是否 水平③校對真實水平面，水平儀氣泡應在中間④水平儀可同時測量水平與垂直。

31. **(2)** 洋干漆在塗佈時最適合的方法是①刮塗②刷塗③浸塗④噴塗。

32. **(3)** 木板經過乾燥後翹曲的方向，下列敘述何者錯誤①與製材部位有關②與乾燥方法有關③毫無 定律④依樹種而異。

33. **(4)** 木釘直徑和所接合木材厚度之關係，通常約①小於 1/4②大於 1/2③等於 1/5④小於 1/2。

34. (1) 市售夾板有各種尺寸，下列常見的規格爲①3 尺×6 尺②1 尺×1 尺③6 尺×6 尺④3 尺×3 尺。

35. (1) 塗裝前木面整理工作，最令人苦惱的是①去除殘膠②去除灰塵③磨平④去除鉛筆線。

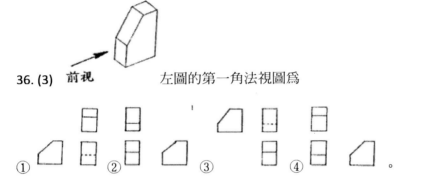

36. (3) 前視　　　左圖的第一角法視圖爲

①　②　③　④　。

37. (2) 下列長度量具何者最準確？①竹尺②不銹鋼直尺③折尺④捲尺。

38. (3) 鋸榫頭時應①線內平直②下寬上窄③線外平直④上寬下窄。

39. (2) 1/20 之游標卡尺可量度①0.02 ㎜②0.05 ㎜③0.015 ㎜④0.5 ㎜ 之精度。

40. (1) 劃與板側垂直的數條平行線，最方便的工具是①直角規②劃線規③直尺④捲尺。

41. (2) B 圖紙的面積爲①0.8②1.5③1④0.6 平方公尺。

42. (4) 100 立方寸爲①10 才②100 才③15 才④1 才。

43. (4) 木材經過人工乾燥後①與未乾燥沒有差別②永不變形③變形程度增大④可減少變形的程度。

44. (2) 盤式砂磨機主要用途是砂磨①內凹圓孤②外凸圓孤③長直板側面④板面。

45. **(2)** 香蕉水所使用之防白劑是由①超低沸點②高沸點③中沸點④低沸點 之溶劑組成。

46. **(4)** 劃鳩尾 時，下列何種工具最適合？①分規②直角規③45 度規④自由角規。

47. **(3)** 剖面線通常會與水平線成①60°②30°③45°④90°。

48. **(4)** 機械上黃油注入口的構造多半是①銅蓋封口②鋼珠封口③塑膠蓋封口④鋼珠及銅蓋封口。

49. **(4)** 6 尺×2 寸×1 寸的木料 5 支，3 尺×1 寸 5×1 寸 5 的木料 8 支共爲①114 才②0.114 才③1.14 才④11.4 才。

50. **(3)** 橫切圓鋸機或懸臂鋸機在鋸切材料時其鋸齒的切削方向①由左向右鋸②由右向前鋸③由上往 下鋸④由下往上鋸。

51. **(4)** 線條之形態可分爲實線、虛線及①細線②折線③中線④鏈線。

52. **(4)** 游標卡尺不能測量①內徑②深度③外徑④角度。

53. **(3)** 如果要把手壓鉋機鉋削量加大時，必須①將輸出檯面下降②將輸入檯面提高③將輸入檯面下 降④將木材向下壓，連續鉋兩次。

54. **(4)** 下圖之剖面符號爲①管剖面②視角符號③圖形剖面④旋轉剖面。

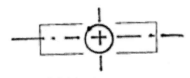

55. **(1)** 合板之長、寬方向強度相等的原因是①各單板木理方向成直角相交拼成②合板由單板層疊而 成③合板上膠④合板層數爲奇數 的關係。

56. **(4)** 從年輪可算出樹齡，每一圈年輪爲①半年②二年③三年④一

年。

57. (4) 下列四種材料，以那種材質最硬？①台灣杉②扁柏③木荷④台灣櫸。

58. (2) 使用手壓鉋機鉋削木材形成如下圖之現象是由於①出料檯與切削圈等高②出料檯略高於切削圈③出料檯略低於切削圈④進料檯與切削圈等高 之故。

59. (4) 圓鋸機鋸切木材，下列何者不是木材焦黑的原因①木材有油脂②轉速太快③角度不對④鋸路 大。

60. (3) 手壓鉋機的主要規格是依據其①台面高度②馬力數③台面寬度④台面長度 來表示之。

61. (3) 研磨二度底漆是採用①水磨②加煤油研磨③乾磨④先水磨再乾磨。

62. (3) 檢查砂輪是否有裂痕其正確方法是①目測②拿放大鏡細心觀察③拿小鐵鎚或木鎚輕敲打④拿 橡皮鎚輕輕敲打。

63. (3) 木材的纖維飽和點之含水量約為①100%②38%③28%④18%。

64. (4) 一立方公尺等於①443.7737 板呎②433.7737 板呎③413.7737 板呎④423.7737 板呎。

65. (1) 膠固木面，防止材料吐油的塗料俗稱①一度底漆②填眼漆③二度底漆④面漆。

66. (3) 通常手工具刀刃的材質為①高速鋼②碳化鎢③高碳鋼④中碳鋼。

67. (3) 下列有關於劃線之敘述，何者正確？①先劃細部尺寸②角材上的橫線都應四面劃線③鋸切線 可用尖刀④連線用尖刀。

68. **(3)** 爲求鉋削非常準確之平面及木板併合之工作時，應該選用①細鉋②短鉋③長鉋④中鉋。

69. **(1)** 下列木材中，耐用年限最長的是①檜木②杉木③楠木④松木。

70. **(1)** 下列何種翹曲之木板最難加工①捩轉翹曲②駝背翹曲③瓦狀翹曲④弓狀翹曲。

71. **(2)** 用木纖維或其他植物纖維製成的是①木心板②纖維板③合板④粒片板。

72. **(1)** 木工用雙面鋸亦稱爲①日本鋸②中國鋸③夾板鋸④歐美鋸。

73. **(4)** 噴塗所用的塗料，其黏度應比刷塗①與黏度無關②相似③高④低。

74. **(3)** 圓鋸帶鋸都有鋸路，主要目的在於①增加鋸齒強度②貯藏鋸屑③減少鋸片磨擦④增加鋸屑。

75. **(4)** 下列那部機器在操作時，工作物不易造成反擊的現象？①手壓鉋機②立軸機③圓鋸機④帶鋸 機。

76. **(4)** 我國推行①台制單位②英制單位③日制單位④公制單位。

77. **(3)** 平鉋機的鉋削自材料那一面鉋削？①材料下方②材料右側③材料上方④材料左側。

78. **(4)** 釘接時下列何者敘述錯誤？①平行木理釘接時，釘子要較長些②垂直木理釘接較牢③釘接硬 材時，釘子可較短些④平行木理釘接釘著力較強。

79. **(3)** 角材劃線的時候從第一面到第四面之間，角尺①調兩次方向②不必調方向③要調方向④以工 作者習慣而定。

80. **(4)** 每天收工前要把帶鋸機①注黃油②取下鋸條③上緊鋸條④放鬆鋸條。

單選題：

1.(2)下列何者不是計算木材材積的單位？①才②立方才③立方公尺④板呎。

2.(4)下圖符號不可用於表示下列何種材料？①木心板②纖維板③粒片板④實木材。

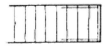

3.(1)細點劃線可應用於①中心線②尺寸線③剖面線④隱蔽之邊線。

4.(4)下述何項機器之刀軸係在加工材料之上？①圓鋸機②手壓鉋機③單邊加工時之立軸機④平鉋機。

5.(1)第一角畫法中，投影面設為 A，物體設為 B，視點設為 C，其三者間的視覺順序應為①C、B、A②B、A、C③C、A、B④A、C、B。

6.(4)用油壓機膠合兩塊工作物，此油壓機共有四支直徑為 8cm 之油壓缸，若所需之壓力為 200 噸，試問油壓機之壓力錶須設定為①(200×4×4)÷(8×8×3.14)②(200×4)÷[(8×8×3.14)÷4]③(4×8×8×3.14)÷(200×4)④200÷[4×(8×8×3.14÷4)]。

7.(2)自動平鉋機之後壓桿，理想高度為①略高於切削圈②與切削圈等高③與出料軸等高④略低於切削圈。

8.(3)木材之材面與幹軸平行而且指向髓心的是①斜切面②弦切面③徑切面④橫切面。

9.(2)防颱用門窗重要的設計考慮功能為①隔音②排水與防風③美觀④隔熱。

10.(3)噴塗硝化纖維樹脂塗料（拉卡）時，其粘度一般以福特四號杯量測為幾秒？①20 秒②24 秒③14 秒④7 秒。

11.(2)一立方公尺體積之材料約為①424 才②360 才③395 才④433 才。

12.(4)烏心石、香楠之生長分佈林帶為①熱帶林②寒帶林③溫帶林④暖帶林。

13.(4)若一平鉋機在 4.5 小時內鉋出 1080 公尺之木板，試求其進料速度為？①4.5 公尺／分②3 公尺／分③5 公尺／分④4 公尺／分。

14.(4)下列何種塗料具有速乾性，但耐候性稍差？①聚胺酯樹脂塗料②壓克力樹脂塗料③不飽和聚酯塗料④硝化纖維樹脂塗料。

15.(1)傳達設計意念，最快速直接的方法是①草圖示意法②書面報告③模型展示法④口頭講。

16.(1)下列塗膜硬化過程分類中，何者最早形成？①指觸乾燥②粘著乾燥③定著乾燥④固定乾燥。

17.(4)三用電表中 AC 檔是量測①電阻②電流③直流電壓④交流電壓。

18.(3)門窗施工圖中，前視圖需依工作物位置或施工情況來選擇，通常以最能表現工作物之外觀形狀與尺寸大小者為前視，故室外門應以①朝向戶外的面②能清楚標註尺寸的面③能見到活葉軸的面④朝向屋內的面　為前視圖。

19.(2)下圖 a 與 b 各代表釘子與縱橫桿對接的對角距離①a、b 距離不一定②a=2/3，b=1/3③a=1/2，b=1/2④a=1/3，b=2/3。

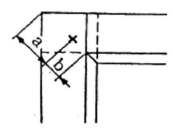

20.(2)下列何種樹種最適宜擦拭填充的染色方式？①檜木②橡木③松木④雲杉。

21.(3)平面砂光機操作時，砂帶會偏離脫出破裂的主要原因是①砂帶粒號太大②砂磨量太小③擺動裝置失靈沒動作④進料速度太慢。

22.(1)安裝拉門時，應選用下列何種鎖最合適？①鈎式鎖②喇叭鎖③匣式鎖④箱式鎖。

23.(3)下列何者不是合板的優點？①易得寬度大之板材②強度較大③木理內外一致④加工較容易。

24.(1)下圖為門之縱桿與鑲板之結構,試問水平剖面圖投影所得的前

視圖為何？ ①　　　　　　　②　　　　　　　③

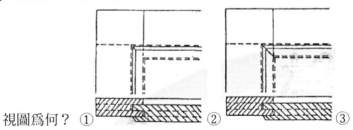

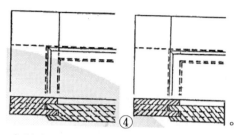

④。

25.(4)木材含水量超過纖維飽和點，稱為①軟材②氣乾材③硬材④生材。

26.(4)下列敘述何者錯誤？①油漆著火用砂或泡沫滅火劑滅火②塑膠漆較不易著火③不能用香蕉水洗手④香蕉水易著火而松香水不易著火。

27.(1)下列何項不是塗裝後產生氣泡、針孔的原因？①噴塗距離過小②壓縮空氣含有水份③氣溫過高④材面研磨不當。

28.(4)一般空氣壓縮機上的壓力錶，其單位為何？①g/cm②g/mm③kg/mm④kg/cm。

29.(2)木材含水率的表示單位為①公克②百分比③C.C④度。

30.(3)下列為室外門下橫桿與鑲板的結構，試問何種結構最為理想？

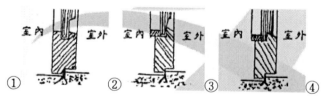

。

31.(4)門窗用玻璃為增強防裂效果可①彩繪處理②噴砂處理③壓花

處理④強化處理。

32.(4)底漆比面漆含較多的①溶劑②硬化劑③乾燥劑④塡充劑。

33.(3)將木材打碎與膠合劑拌合，經熱壓機壓製而成的是①纖維板②木心板③粒片板④夾板。

34.(3)一板呎體積之木材約爲①1.048 才②0.748 才③0.848 才④0.948 才。

35.(3)木材收縮率因樹種而異，一般來說①縱向＞弦向＞徑向②徑向＞弦向＞縱向③弦向＞徑向＞縱向④徑向＞縱向＞弦向。

36.(3)毛料規格爲 18 ㎜×101.6 ㎜×1860 ㎜＝4 支，經鉋光、鋸切成成品後其規格爲 15 ㎜×98 ㎜×1830 ㎜＝4 支，則其利用率爲①89.09％②69.09％③79.09％④99.09％。

37.(3)何種機械不能加工出如下圖工作物之溝槽？①花鉋機②圓鋸機③鑽孔機④立軸機。

38.(4)下圖中之「×」表示貼面薄片①板面不砂光②板面不加工③貼面材縱斷面④貼面材橫斷面 的符號。

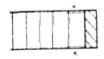

39.(2)室內門經常使用下，產生門扇與門框相互卡緊，其原因一般爲①下方鉸鏈螺絲生銹②上方鉸鏈螺絲鬆脫③門框收縮④油漆黏著。

40.(4)砂輪機的砂輪圓周速度（M.P.M）是表示①每秒鐘的速度②每秒鐘的迴轉數③每分鐘的迴轉數④每分鐘幾公尺的速度。

41.(2)3 馬力之機械一天使用 8 小時，其耗電量約爲①32 度②18 度③28 度④42 度。

42.(2)以電阻原理測定角材的含水率，其測定位置在①表層內 0.5 公分②表層面③內層中心④表層內 1 公分。

43.(4)圓鋸機上之劈刀，其厚度①略大於鋸路寬度②視材料性質而定③等於鋸路寬度④略小於鋸路寬度。

44.(1)設 t 爲時間，v 爲進料速度，s 爲距離，其進料速度之求法爲

① $v = \dfrac{s}{t}$ ② $v = \dfrac{t}{s}$ ③ $t = s \cdot v$ ④ $v = s \cdot t$。

45.(3)中央標準局檢驗合格的塗料，均有下列何種標誌？①甲②A③正④合格。

46.(3)塗料主要構成的三種成份，除顏料及樹脂外，尚包括下列何者？①稀釋劑②乾燥劑③溶劑④氧化劑。

47.(1)下圖中之「×」表示①木心板的橫斷面②五金裝配位置③木心板的縱斷面④板的中心位置。

48.(3)下列有關材料的敘述何者是錯誤的？①徑面板較穩定②弦面板較易成瓦狀翹曲③弦向收縮較徑向收縮小④徑面板呈現平直之紋理。

49.(4)圓鋸機上用來固定鋸盤之夾盤，其直徑約爲鋸盤直徑的①1/6②1/2③1/4④1/3。

50.(1)按裝戶車（滑輪）時，其輪緣高低位置應如何？①比窗戶下緣之溝深略凸出約 2～3 mm 左右②比窗戶下緣略凸出 2～3 mm 左右

③與窗戶下緣之溝深平齊④與窗戶下緣平齊。

51.(1)立軸機的切削速度為 40m/s，直徑為 120 ㎜，則花鉋刀心軸迴轉速度為①6370 轉/分②6370 公尺/時③6370 轉/時④6370 轉/秒。

52.(4)下列何者屬於間接成本？①油漆②五金③木料④砂布。

53.(1)下列何種材料最適宜製作花鉋機(路達機)加工用的模板？①電木②鐵板③木心板④實木板。

54.(1)繪製零件圖最須表達的重點是①尺寸與加工符號②比例③結合方式④圖面的美觀。

55.(4)木材乾燥時產生收縮的最大方向為①長度②與方向無關③徑向④弦向。

56.(1)下圖為一帶鋸機之傳動機構，D 為上輪之直徑，其迴轉速 n＝600 轉／分，d 為馬達上Ｖ型皮帶輪直徑，已 d＝100 ㎜，馬達之迴轉數 n＝1500 轉／分，今以 d 帶動 d，問 d 之迴轉數為①600 轉／分②1500 轉／分③大於 600 轉／分④大於 1500 轉／分。

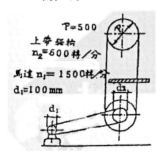

57.(3)下圖之縱桿斷面為① ② ③

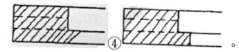

58.(2)一實木門完工後之淨材數為 18 才，配料利用率為 80%，如木料之單價為每才 60 元，則此木門之成本計算式為何？①18×16＋80%②18×60÷80%③18×80%×60④18×16×80%。

59.(2)木板長 4.4 呎，寬 1.1 呎，厚 1.1 吋，試問為若干板呎(B.M.F)？①2.32 板呎②5.32 板呎③3.32 板呎④4.32 板呎。

60.(2)一度的用電量是指①1 馬力×10 小時②1 千瓦×1 小時③1 馬力×1 小時④1 百瓦×1 小時。

室內裝修木工材料及工法初步解析

木工相關技術士學科考試教材

複選題：

61.(12)在濕板之弦切面上鑽一圓孔，並埋入膠合相同濕度之圓木塞(直徑完全吻合，可看見木塞之年輪)，經乾燥後①木塞仍與板接合，但本身裂開②木塞變小③板子被脹破④仍完全接合如初。

62.(12)有一木製門窗，使用 49 才的淨材積，如損耗率為 30%，木材 1 才為 150 元，則①材料費用為 10500 元②毛料材積為 70 才③材料費用為 9555 元④毛料材積為 63.7 才。

63.(24)有關剖視圖，下列敘述哪些正確？①尺度應註於剖面圖之內部②剖面線屬細實線③所有的剖面線均應與水平成 45°④割面可轉折。

64.(13)木製門窗製作時，常須由數個構件組成，其中構件有邊對端的組合，一般可採用下列哪些方式較佳？①木釘②膠接③榫接④釘接。

65.(234)有關強度廣義的意義，下列哪些正確？①抗酸強度②抗壓強度③抗彎強度④靜力抗彎強度。

66.(24)以鋸片或鋸帶(含鏈式)鋸切木材時，其可切削點的切削類型，哪些屬於旋轉切削？①線鋸②鏈鋸③帶鋸④圓鋸。

67.(12)圓錐的展開，因為可能為直立正圓錐體或斜圓錐體，所以可能需用下列哪些展開法？①放射線法②三角形法③平行四邊形法④平行線法。

68.(1234)縮收變形甚大的樹種有①櫧、櫟類②楓木、樺木③木荷、相思樹④赤皮、栲樹。

69.(123)有關應用幾何作圖，下列敘述哪些正確？①二圓互相內切，則連心線長度等於兩半徑之差②漸開線及阿基米德蝸(螺

旋)線是平面曲線，而柱面螺旋線是空間曲線③二圓弧相
切，其切點必位於此二圓弧的連心線上④通過在一直線上
的三點，可作一圓弧。

70.(234)「隔音窗」可以有「氣密」功能，但「氣密窗」卻不一定可
以「隔音」，兩者最大的差別在於①柚木框②鋁擠型不同③
玻璃規格④隔音氣密條。

71.(123)有關噴塗，下列敘述哪些正確？①噴漆槍口徑 1.0~1.5mm②
壓縮空氣壓力 3~4kg/cm③噴塗距離約 15~25cm④塗料黏度
40 秒以上。

72.(13)下列哪些為手壓鉋機的正確用途？①獲得基準邊②獲得固定
厚度③獲得基準面④獲得光滑曲面。

73.(12)溶劑的選擇下列哪些錯誤？①NC 拉卡漆---松香水②油漆---香
蕉水③強力膠---甲苯④油洇水泥漆---甲苯。

74.(14)除了紅檜、香杉之外、下列哪些不為台灣針五木或針一級木？
①柳杉②黃檜③紅豆杉④杉木。

75.(12)下列哪些機具可用於曲線之鋸切？①線鋸機②帶鋸機③圓鋸
機④角度裁切機。

76.(14)有關鑽孔機，下列敘述哪些正確？①小直徑鑽頭轉速較大直
徑鑽頭轉速快②常使用銑刀代替花鉋之功能③小直徑鑽頭轉
速較大直徑鑽頭轉速慢④塔輪為常用的變速機構。

77.(24)目前木材塗裝最常用的塗料有下列哪幾種？①蟲膠漆②硝化
纖維樹脂(拉卡)③生漆④聚氨酯樹脂。

78.(124)下列桿件(機件)與偶(pair)的數量對應關係，哪些無法進行機
械之有規律的相對運動？①五偶配五桿件②八偶配八桿件③
四偶配四桿件④三偶配三桿件。

79.(123)長 2 公尺、寬 30 公分、厚 6 公分之柚木 10 塊，試問其材積為何？①0.36 m②129.37 才③152.56 板呎④0.36 m。

80.(23)門窗結構常用哪些榫接？①指接榫②單添榫③通榫④燕尾榫。

單選題：

1.(1)下列何者可能是平鉋機鉋削木材時卡料的原因？①木材含水率太高②未開吸塵機③人工推木料的力量中斷④刀具太利。

2.(3)以下何種釘最適於 45°斜接處之加強（尤其寬面）？①T②⌒③ ∿∿∿④丨 。

3.(4)下列木材材積計算何者正確？①12 吋×10 吋×1 吋＝1 板呎②1 台寸×1 台寸×1 台尺＝1 台才③1 公尺×1 公尺×1 公分＝1 立方公尺④1 台尺×10 台寸×1 台寸＝1 台才。

4.(1)若玻璃裁切加工之公差標註為，今訂一玻璃尺寸為其加工後之尺寸如後四種尺寸，下列何者不在公差範圍內？①300×451②299×450.5③299.5×449④300.5×449.5。

5.(4)木材端部塗膠或塗漆的主要目的是①做記號②防止遺失③防止木材吐油④防止端裂。

6.(3)使用木工車床將木材粗削成圓柱形，此時選用之刀具為①斜口車刀②圓頭車刀③半圓口車刀④平口車刀 為宜。

7.(1)立軸機有 4 片刀，轉速為 4200RPM，刀痕間距為 0.8 mm，則其進料速度約為①13m/min②18m/min③15m/min④20m/min。

8.(2)當工作場所發生死亡職業災害或罹災人數三人以上，雇主應於幾小時內報告勞動檢查機構？①12②24③6④48。

9.(3)油漆塗裝每m² 為 70 元，今有門板 1400 mm×45cm＝2 片需正面塗裝，耗損率 24% ，共需油漆費用多少元？①96②106③116④126。

10.(3)不具確動性的傳動方式為①齒輪與齒輪②齒輪與齒條③傳動

帶與帶輪④齒輪與鏈條。

11.(1)木材產生表面僵化的原因是①乾燥處理不當②木材太濕③木材本性④加工刀具太鈍。

12.(2)破裂後不易散開之安全玻璃為①強化玻璃②雙層膠合玻璃③鉀玻璃④鈉玻璃。

13.(3)一塊木板其比重為 0.86，已知其長為 5 公尺、寬為 30 公分、厚為 8 公分，試問其重量為多少公斤？①96.2②116.4③103.2④86.4。

14.(1)下列何種材料俗名稱為松梧？①台灣扁柏②亞杉③柳杉④鐵杉。

15.(1)下圖中的二塊木料係用①膠接②氣動釘接③木釘接合④浪型釘接。

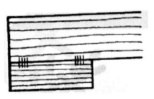

16.(1)下列何者材料吸濕膨脹且變異較大？①纖維板②合板③木心板④粒片板。

17.(1)噴漆時，下列哪一種個人防護具最為必要？①活性碳口罩②安全鞋③手套④耳塞。

18.(4)使用手鉋，鉋削交錯木理時應①壓鐵距刀刃遠些②推鉋慢些③推鉋快些④調整壓鐵距刀刃近些。

19.(1)配料之技術，除了需充分利用木材之外，也應顧及①因材適用②注意尺寸夠用③隨便取用④一律選用上等材料。

20.(2)製作實木彎板時，應採用①低溫低濕②高溫高濕③低溫高濕④

高溫低濕。

21.(4)木材細胞壁中的水分稱爲①自由水②游離水③天然水④吸著水。

22.(2)下圖之結構爲①迴旋門②拉門③擺動式門④旋轉門。

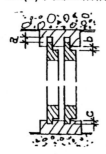

23.(4)鋸較硬之木料時①齒尖角宜小些②鋸路用小些③鋸路用大些④齒尖角宜大些。

24.(4)木材表面處理上，研磨的要領是①在木材纖維上作不規則的研磨②與木材纖維垂直的方向研磨③在木材纖維上作螺旋狀的研磨④配合木材纖維同方向研磨。

25.(2)勞工有接受雇主安排之安全衛生教育訓練的義務，違反時可處①拘役②罰鍰③有期徒刑④罰金。

26.(1)勞工違反職業安全衛生法規係由下列何者處罰？①主管機關②事業單位③警察機關④檢查機構。

27.(4)下圖爲門窗的榫頭結構，若在榫頭上打入 A、B 兩個木楔，試問何種情形最爲正確？①木楔 A 先打入②打入順序無關③木楔 A、B 同時打入④木楔 B 先打入。

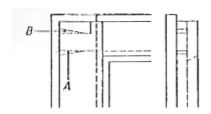

28.(4)長度 4 呎、寬度 8 吋、厚度 1 吋其材積應是多少板呎(B.M.F)？
①4.67②3.67③1.67④2.67。

29.(2)木材一塊長 90 公分，寬 45 公分，厚 30 公分，則其材積為多少立方公尺？①0.23②0.12③0.09④0.45。

30.(2)製圖時如有線條重疊，應該照下列那一種優先順序？①虛線→實線→尺寸②實線→虛線→尺寸線③虛線→尺寸線→實線④尺寸線→虛線→實線。

31.(3)①大葉楠②樟樹③烏心石④栓木 是台灣所產闊一級樹種。

32.(3)下列何種活葉，不適用於大門？①阿努巴活葉②H型活葉③西德活葉④普通活葉。

33.(4)主要用於門窗木工家具、車輛及機械等，其特性為乾燥時間短、耐候性，常用噴灑施工，此種材料為①蟲膠漆②水泥漆③油漆④清漆。

34.(4)下圖為一個以框結構所製成之室內門，其尺寸如圖所示，若中橫桿與縱桿結合後再打入木楔，則下列結構何者正確？①

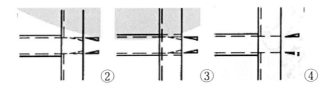

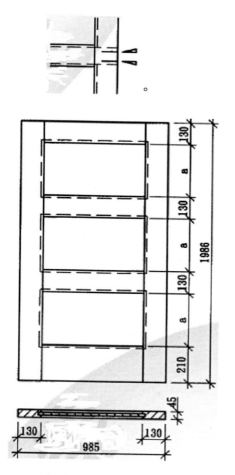

35.(1)木質百葉窗是下列何者單位計價？①才②樘③平方公尺④式。

36.(4)有關木材，下列敘述何者錯誤？①徑面板較穩定②弦面板較易
得瓦狀翹曲③徑面板呈平直木紋④弦向收縮較徑向收縮小。

37.(3)在操作時，有可能發生後拋現象的機械？①線鋸機②帶鋸機③
圓鋸機④鑿孔機。

38.(1)1 ㎜寬之線組中，細實線的寬度應為①0.35 ㎜②0.5 ㎜③1 ㎜④

319

0.7 mm。

39.(1)木材樹皮內層有一層生活之細胞組織，具分生分裂之能力，稱
為①形成層②秋材③春材④內皮層。

40.(1)在已知的圓上，利用 30/60 度的三角板並配合平行尺，外切圓
周即得①正六邊形②正五邊形③正八邊形④正七邊形。

41.(1)有關圓鋸機，下列敘述何者錯誤？①不可斜鋸②可橫鋸③可鋸
溝槽④可縱鋸。

42.(2)一般所說 28 吋帶鋸機，是指①帶鋸機的寬度②帶鋸輪的直徑
③帶鋸機的高度④台面寬度。

43.(3)細實線使用於下列何種線段？①中心線②割面線③尺寸線④
輪廓線。

44.(1)長度 5 公尺，為多少台尺？①16.5②17.5③14.5④15.5。

45.(1)使用作榫機時，下列操作何者錯誤？①下料時，台面推至機台
之前方並卸料②上料時，須以夾具緊壓材料③上料時，台面退
至機台後方④榫刀切削時宜慢。

46.(4)木材發生端裂之原因為①白蟻侵蝕②空氣中相對濕度太高③
水中放置太久④橫切面水分逸出過速。

47.(3)下列何者不是拉式窗用五金？①栓②滑軌③活葉④戶車（滑
輪）。

48.(2)有關尺寸標註，下列敘述何者正確？①尺寸應標註於尺寸線中
間②尺寸應標註於尺寸線上方③尺寸界線應較輪廓線粗④中
心線可當尺寸線。

49.(2)一個以框結構所製成之室內門，其尺寸為高 1986 mm、寬 985
mm，門鎖的安裝位置應距地面多少公分較佳？①60②100③80
④70。

50.(3)台灣製材品之材積計算，均以長度×寬度×厚度，但板材厚度均加 1 分，是作爲①電力成本②鋸帶損耗③鋸路損耗④人工薪資。

51.(2)下列何者爲空心木門的特質？①笨重②重量輕③強度大④防水性佳。

52.(2)下列四個開列材料單順序的敘述何者錯誤？①先開長料，後開短料②先開數量少的，後開數量多的③先開寬料，後開窄料④先開厚料，後開薄料。

53.(3)圖面標記比例 1：2，即表示按實物①放大 1.5 倍②縮小 4 倍③縮小一倍④放大兩倍。

54.(2)立方體一次切截後，如下圖所示，試依指定前視方向選出正確的俯視圖① 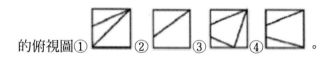 ② ③ ④ 。

55.(1)材料經平鉋機鉋削過後，材料有壓溝痕跡的現象是因①下進料滾輪太低②上出料被動輪太低③鉋花折斷板太低④上出料滾輪太低。

56.(4)下列何種機械可直接開槽？①鑽孔機②帶鋸機③線鋸機④花鉋機。

57.(4)有些較寬之實木鑲板，於背面縱向鋸溝槽乃爲①減輕重量②增加強度③利於膠合④防止乾燥收縮變形。

58.(2)下列材料何者燃點最低？①木材②香蕉水③松香水④紙張。

59.(4)左圖符號是表示為①向上迴轉窗②向外開之旋轉窗③向內開之旋轉窗④向下翻轉窗。

60.(4)描圖紙之厚度下列何種單位表示？①g/mm2②g/cm2③kg/cm2④g/m2。

複選題：

61.(124)欲彎曲木心板作爲結構體時，下列何種加工方法的效果有缺陷？①將板材浸泡水裡軟化後再彎曲②使用噴燈烘烤後再彎曲③背面鋸切數條鋸溝後再彎曲④用熱水軟化後再彎曲。

62.(123)於剖面線之繪法，下列哪些正確？①②

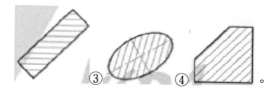③ ④ 。

63.(24)有關推拉門，下列敘述哪些正確？①推拉門的隔音較果好②推拉門的輪子常用膠輪，爲了降低滑動噪音③推拉門的隱密性好④一般推拉門使用的鎖，有鉤狀的鎖閂。

64.(34)下列四種針葉樹氣乾材，其比重大於 0.55 的有①紅檜②台灣扁柏③紅豆杉④肖楠。

65.(123)聚胺酯塗料，俗稱 PU 塗料，下列敘述何者正確？①塗膜比 NC 拉卡硬且厚②屬二液型塗料③亦稱爲優麗坦塗料④使用的稀釋劑與 NC 拉卡相同。

66.(134)浴室內之插座，下列哪些錯誤？①可安裝於任何位置②安裝時位置應遠離浴盆③安裝時應靠近浴盆④不得安裝插座。

67.(1234)有關釘接工法，下列敘述哪些正確？①可用電動起子固定②上釘工具有釘衝、鐵鎚③上釘的方式有直釘法與斜釘法④釘硬度高之樹材要先鑽一小於釘身直徑導引孔。

68.(234)木材各方向之收縮大小順序中，下列哪些有誤？①弦向>徑

向>縱向②縱向>徑向>弦向③弦向>縱向>徑向④徑向>弦向>縱向。

69.(124)木材停滯於平鉋機中，其原因有①上方滾桶定位不夠低②壓桿定位過低③鉋花折斷板定位過高④下方滾桶定位過低。

70.(1234)顏料可影響塗膜下列各項性質？①光澤性與遮蔽性②耐久性與防火性③防鏽防蝕性與防污防霉性④流展性。

71.(14)有關榫孔機操作，下列敘述哪些錯誤？①榫孔機因有角鑿，旋轉方向和鑽孔機不同②榫孔機有空心鑿及鏈鋸式③角鑿作深孔時，要時常抽出鑿，清除榫孔中木屑④榫孔機作業時，用手壓緊工件，就可加工。

72.(124)下列哪些為電腦繪圖的特性？①攜帶及傳送方便②圖形分層使用③將草圖直接轉換成圖檔④圖形可合併使用。

73.(24)交叉傳動帶之張掛方式，有何下列哪些特點？①傳動帶平行帶身完全開裂時仍有傳動作用②纏繞角大於開口式張掛法的纏繞角③使用壽命短④主動輪與從動輪方向相反。

74.(124)下列哪些材種具有其特殊氣味？①柚木②扁柏③楓木④酸枝。

75.(124)火災發生必需具備之要素是①氧②可燃物③壓力④熱度。

76.(234)下列敘述哪些正確？①移轉剖面不可平移至任何位置②局部剖面以不規則連續線分界之③旋轉剖面如採用中斷視圖表示，其剖面輪廓線以粗實線繪之④旋轉剖面在剖切處原地旋轉90°，以細實線繪之。

77.(134)平鉋機的刀軸傳動與下列哪些無關？①同步齒輪②皮帶③鏈條④齒輪。

78.(13) 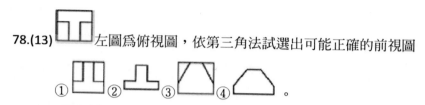 左圖為俯視圖，依第三角法試選出可能正確的前視圖

① ② ③ ④ 。

79.(123)操作機械的安全通則，下列敘述哪些正確？①多人操作時，應事先溝通協調後才工作②檢視出料空間是否足夠③清理地面防止滑倒④開機後，先清除機台上的木屑或灰塵。

80.(123)有一窗戶，內崁透明玻璃，其尺寸 80 ㎝×150 ㎝×8 ㎜ ，玻璃每才為 110 元，試問玻璃所需金額，下列哪些錯誤？①1314 元②1356 元③1244 元④1466 元。

室內裝修木工材料及工法初步解析

木工相關技術士學科考試教材

單選題：

1.(1)木材收縮率其最大方向是①弦向②斜向③徑向④縱向。

2.(1)浴室門最好選用①塑膠門②麗光板空心門③木心板門④合板空心門。

3.(3)空氣壓縮機用之潤滑機油為①SEA40～SEA50②SEA30～SEA40③SEA10～SEA20④SEA20～SEA30。

4.(2)左圖符號是指旋轉窗戶①向上開②向內開③向外開④向下開。

5.(3)兩點透視圖中，其消失點有多少個①4②3③2④1。

6.(3)木材乾燥時，最先散失的是①細胞腔中之結合水②細胞壁表面之自由水③細胞腔中之自由水④細胞壁中之結合水。

7.(2)CNS 之圖框留邊是三邊留 10 ㎜，裝釘用的邊是留①18 ㎜②25 ㎜③15 ㎜④30 ㎜。

8.(3)旋轉剖面，通常是將剖面在視圖上旋轉①45°②60°③90°④30°。

9.(3)如左圖所示為一直圓柱體之展開，下列何者是正確的展開圖？ ①  ② ③ ④ 。

10.(1)一般木材含水率最適合膠合者為①8～12％②15～20％③21～30％④3～7％。

11.(4)一面積「才」指①10 公分×10 公分②24.5 公分×25.4 公分③

1m×1m④1 台尺×1 台尺。

12.(3)木材不易導電，但隨著①硬度②強度③含水率④溫度 增加而增加傳導性。

13.(2)下列何種機械加工後不能獲得所需的精準加工角度？①手壓鉋機②線鋸機③圓鋸機④花鉋機。

14.(4)①柚木②松木③杉木④紅豆杉 是台灣所產國寶級樹種。

15.(4)下列木工機械中，鋸切彎曲工件為其主要功能之一者是？①懸臂鋸②手提圓鋸機③圓鋸機④帶鋸機。

16.(3)下列對公傷的敘述，何者錯誤？①上下班必經途中受傷者②在工作中發生之傷害③公傷期間留職停薪④公傷又稱職業傷害。

17.(3)帶鋸機鋸切圓弧與下列何者有關？①鋸路寬、厚度②馬達轉速③鋸帶寬度④鋸切送料速度。

18.(4)製圖時，最適合用來畫實線的鉛筆等級為①2H②2B③H④HB。

19.(1)如下圖，在傳動機構中，若 A 為主動輪，則產生的迴轉速①B＞A②A=B=A×B③A：B④A＞B。

20.(2)工作中發生災害時，若有呼吸或心臟停止時，應立即進行下列何種措施？①量體溫②人工呼吸或心肺復甦術③電擊④手腳按摩。

21.(1)下列四種鎖中，何者較適合用於拉式門？

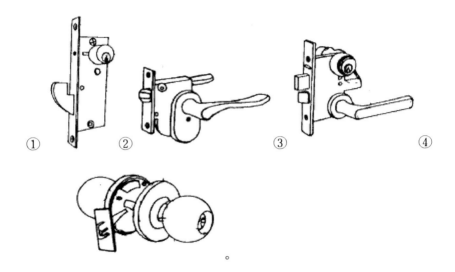

。

22.(1)平鉋機鉋削木材之最短限制是①大於進料與出料滾筒距離②小於進料與出料滾筒距離③等於進料與出料滾筒距離④等於刀軸與出料滾筒距離。

23.(2)圓形在工業安全標示上之意義為①警告②禁止③指示④提示。

24.(2)麻花鑽其鑽頭的兩刃口合計角度，應為①130°②118°③110°④125°。

25.(2)一度電，乃是一個 1 仟瓦的燈泡，點亮幾個小時所耗用的電能？①1000②1③10④100。

26.(3)在已知的圓上，利用 30/60 度的三角板並配合平行尺，外切圓周即得①正七邊形②正八邊形③正六邊形④正五邊形。

27.(4)若一旋轉門其前視圖的絞鏈，位於門之右側，則此門稱謂？①滑動門②左側門③摺疊門④右側門。

28.(4)在大量生產工廠所用的工模，最理想的材料是①鐵板②木材③夾板④電木板。

29.(1)圖面上有 6 根材料尺寸為 420 ㎜×33 ㎜×24 ㎜，其毛料材積為多少才？①1.08②0.97③0.74④2.08。

30.(3)低壓室內配線導線之線徑不得小於多少㎜？①1.25②0.75③1.6④0.5。

31.(4)下圖之鑲板為實木，依照圖面尺寸(㎜)，若有 8 片鑲板，購買毛料每才為 86 元，計需多少元？①1465②1650③854④1232。

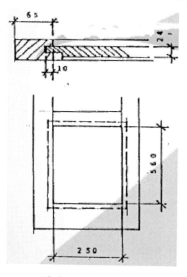

32.(2)長度 5 公尺，為多少台尺？①17.5②16.5③15.5④14.5。

33.(3)投影時，表示眼睛位置之點稱為①投影面②視線③視點④畫面。

34.(2)實木鑲板的門，在嵌合組立時①鑲板部分上膠②鑲板與溝槽皆不需上膠③鑲板與溝槽部分上膠④鑲板與溝槽須全部上膠。

35.(2)下列何種材料最不耐水？①夾板②纖維板③粒片板④木心板。

36.(1)長 10 台尺、寬 2 台寸、厚 1.5 台寸之木材 2 支，計有多少台才？①6②3③5④4。

37.(1)角鑿機之刀具，有空心鑿及鑽頭。鑿之兩側開孔，主要的目的
①可供木屑自其中排出②散熱③控制切削深度④便於切削木
材。

38.(4)下圖中的 75/55 係指材料①材料的比重係數②鉋溝、槽的尺寸
③斷面的寬、厚比例④斷面的寬、厚尺寸。

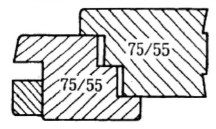

39.(1)如下圖結構，係何種接合？①十字塔接②鳩尾榫接③貫穿榫接
④不貫穿榫接。

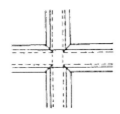

40.(3)鑽木釘孔要留裕量約 2 ㎜，應留在①深孔端②視自已喜歡而定
③淺孔端④沒有分別。

41.(3)塗膜垂流的發生原因，可能為①空氣壓力過高②黏度過高噴塗
太薄③黏度過低噴塗太厚④室溫過高。

42.(2)機械外殼接地的目的是①防止馬達損壞②防止感電③防止漏
電④穩定電壓。

43.(4)鉋刀的刀刃角愈大，則其①前滑角愈大②切削角愈大③切削角
愈小④前滑角愈小。

44.(2)台灣製材品之材積計算，均以長度×寬度×厚度，但板材厚度均加 1 分，是作為①電力成本②鋸路損耗③人工薪資④鋸帶損耗。

45.(1)下圖標記符號是屬於第幾角劃法？①第三角②第四角③第一角④第二角。

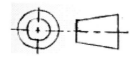

46.(4)防治白蟻的最佳方法？①緊閉門窗②使用殺蟲劑③用超音波干擾④保持乾燥。

47.(4)不具確動性的傳動方式為①齒輪與齒輪②齒輪與鏈條③齒輪與齒條④傳動帶與帶輪。

48.(3)下圖之活葉為阿努巴活葉，其特點為可安裝於下列何種門內①重型門②小型門③可拆卸的門④大型門。

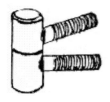

49.(1)空氣壓縮機之Ｖ型皮帶適當的張度，即在皮帶的中心用單手向下壓約①15～20 ㎜②25～30 ㎜③10～15 ㎜④5～10 ㎜ 為度 。

50.(4)下列尺寸何者不是雙向公差？①②30±0.3③④。

51.(3)釘著強度與木材纖維方向有關，強度較大的是釘子與纖維方向成①45°夾角②平行③垂直④22.5°夾角。

52.(4)1 馬力等於多少瓦？①647②476③764④746。

53.(3)圖面標記比例 1：2，即表示按實物①縮小 4 倍②放大兩倍③縮

331

小一倍④放大 0.5 倍。

54.(3)最容易產生藍斑的木材是①柚木②紅木③白松④檜木。

55.(3)操作手提圓鋸機，下列何者錯誤？①鋸切貼有美耐板門板，應使用碳化鎢鋸片②手提圓鋸可固定當做圓鋸機來使用③木心板直接在地板上鋸切即可④夾板因太薄了，在鋸台操作較理想。

56.(4)爲使空氣壓縮機之錶壓力與絕對壓力有所區別，在壓力單位之後加①「M」(kg/㎝ M)②「A」(kg/㎝ A)③「P」(kg/㎝ P)④「G」(kg/㎝ G)。

57.(1)與木材收縮有密切關係的水分是①吸著水②原形質水③化學水④自由水。

58.(3)①栓木②大葉楠③烏心石④樟樹 是台灣所產闊一級樹種 。

59.(2)下圖爲一個以框結構所製成之室內門，其尺寸如圖所示，四個角若皆爲裂口榫接接合，則其結構下列何者正確？①

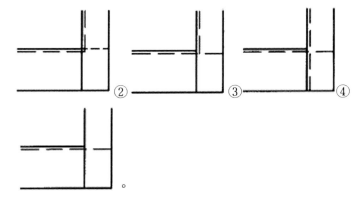

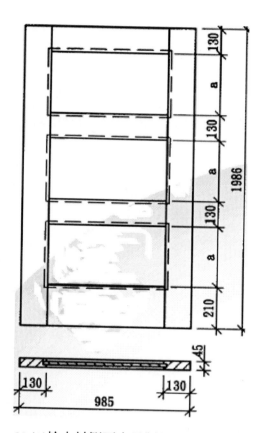

60.(3)於木材側面大量製作相同之不規則形狀鉋削時，常選用之生產
機器為①雙面鉋光機②圓鋸機③立軸機④作榫機。

複選題：

61.(123)下列幾何畫法敘述哪些正確？①多邊形的外角和為 360°②等邊且等角，能內接或外切一圓者，是為正多邊形③正八邊形每一內角為 135°④任意長短之三邊均可作一個三角形。

62.(124)下列那一項是組合門框時，應注意的事項？①直角度②密合度③材料厚度④平行度。

63.(134)抽屜長 2.5 尺寬 1.8 尺高 5 寸使用 4 分厚松木抽屜牆板四面施工，下列計算哪些錯誤？(不考慮損耗範圍)①0.9 才②1.72 才③1.8 才④3.44 才。

64.(123)製作戶外門窗時，下列哪些材料不宜使用？①粒片板②纖維板③木心板④實木。

65.(134)下列哪些不是測量電阻值表？①電流表②歐姆表③瓦時計④電壓表。

66.(123)木材使用模具加工時，下列哪些是夾緊工件裝置需考慮的事項？①不可造成工件的變形②必須考慮操作方便③必須具有足夠的夾緊強度④夾持的位置儘可能遠離切削點，以策安全。

67.(123)下列哪些材種具有其特殊氣味？①酸枝②扁柏③柚木④楓木。

68.(1234)有關合板(夾板)，下列敘述哪些正確？①合板的層數也可以為偶數②合板縱橫方面的強度相同③合板之利用率較高④合板的翹曲較實木小。

69.(123)下列哪些機械通常都有機件可直接調整工作檯面的水平傾斜角度？①帶鋸機②角鑿機③花鉋機④旋臂鋸。

70.(24)鑲板因常用板料拼接，一般可用何種榫接？①鐵釘②舌槽③

通榫④指接榫。

71.(14)有關塗裝噴槍的使用，下列敘述何者正確？①噴槍的塗料頂針很精密不可用砂紙清潔②噴槍的板機輕按有氣噴出是故障的現象③噴嘴相對邊的調整鈕是控制噴幅④接氣孔處的調整鈕是控制壓力的大小。

72.(123)於剖面線之繪法，下列哪些正確？① 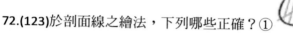  ②

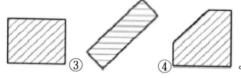 ③ ④ 。

73.(1234)所謂「不安全的工作環境」是指不安全的①機械②環境③工具④設備。

74.(1234)有關尺度標註，下列敘述哪些正確？①勿使任何線穿過尺度數字②尺度過小時，可將箭頭移至尺度線外側③輪廓線、中心線可用作尺度界線④尺度數字應寫於尺度線之上方，尺度線不得中斷。

75.(12)厚 0.2～0.3 mm花梨木薄片，用白膠貼合時，下列哪些作法錯誤？①滾輪佈膠角落四周膠膜須略厚②木薄片要保持乾燥③接合拼貼時兩薄片須重疊再切割④前一晚泡水晾半乾待用。

76.(12)有關圖紙規格，下列敘述哪些正確？①最大 A0 圖紙之面積為 1m2，長邊為短邊的 $\sqrt{2}$ 倍②CNS 所規定之製圖用紙的規格是 A 系列③A1 圖紙的面積為 A3 的 3 倍④不裝訂的 A3 圖紙圖框線距離紙邊皆為 10mm。

77.(123)氣動木工機具有下列哪些優點？①操作時無火花產生，即使在有可燃物料的工廠亦可使用②操作時可依實際需要，隨時變換其速率，使之快慢自如③機具本身較為耐用，無超荷現象發生④設備成本較電動機具便宜。

78.(34)圓鋸機裁切物料時，為免化學物質或木屑等物質飛濺眼睛，應佩戴下列哪些較為適宜？①手套②口罩③護目鏡④防護面罩。

79.(134)噴塗作業中，塗料送出發生間斷的原因有下列哪些？①塗料管線堵住②空氣壓力太大③料杯塗料不足④塗料黏度太高。

80.(1234)木工機器之傳動機構有哪些種類？①摩擦輪傳動、齒輪傳動②輪軸傳動、軸承傳動③連桿傳動、塔輪傳動④皮帶輪傳動、鏈條傳動。

單選題：

1.(3)在圓鋸機上鋸切斜邊時，傾斜方式下列何者較安全？①鋸台傾斜②木材傾斜③鋸片傾斜④靠板傾斜。

2.(3)帶鋸機之下輪為①可前後調整②可左右調整③固定不可調整④前後、左右皆可調整。

3.(3)用圓鋸機鋸切塑合板及夾板時應選用①橫斷鋸②溝鉋刀③縱橫兩用④縱開鋸。

4.(2)繪圖時，以下列何者表示物體的形狀或輪廓？①細實線②粗實線③尺寸線④投影線。

5.(2)手壓鉋機之大小是以①手壓鉋機之依板長度②能鉋木材之最大寬度③鉋檯的長度④刀軸直徑大小 表示。

6.(1)鉋削木材產生逆紋撕裂時，此現象下列敘述何者是錯誤？①鉋刀太鋒利了②刀刃口與壓鐵距離過大③鉋身刀口太大④鉋削量太多。

7.(2)鉋刀之切削原理中，切削的關係角度含前滑角、刃角及切削角，三者之和為①60°②90°③70°④80°。

8.(3)加工時影響刀具易鈍化的膠合劑為①熱溶膠②強力膠③尿素膠④白膠。

9.(2)工廠走道在安全標誌上之顏色一般使用①紅色②黃色③綠色④黑色。

10.(2)一立方體共有幾個正投影視圖？①8②6③2④4。

11.(4)菌對木材的危害最嚴重的為①使顏色改變②產生小傷孔③使木材產生異味④影響木材強度。

12.(3)將說明性的註解引至圖面適宜處，加上註解之細實線稱為①尺寸線②尺寸數字③指線④尺寸法線。

13.(4)在製圖上不能用圖示及尺寸表達之資料，可以使用文字加以說明，稱為①圖形②字法③符號④註解。

14.(1)塗膜發生白化的原因之一為①空氣太潮濕②黏度過高③空氣太乾燥④溶劑發揮太慢。

15.(2)理論上指含水率在纖維飽和點以上之木材，稱為①爐乾材②生材③氣乾材④空乾材。

16.(1)松香水是用於①調和漆②NC 拉卡③洋干漆④PU 漆 的稀釋劑。

17.(1)砂輪機的切削速度是決定於①砂輪的圓周②操作時的推進速度③砂輪的重量④砂輪的寬度。

18.(2)下列四種木螺釘哪種比較長？①3/8"②3/4"③5/8"④1/2"。

19.(4)45°斜接在木材繼續收縮時將造成①直線開口②外角開口③不會開口④內角開口。

20.(2)鑿子規格是以①柄長②刃口寬③斜口寬④厚度寬 表示。

21.(1)木釘直徑若為 D 時，則木釘長度為多少較適宜？①４D②２D③５D④６D。

22.(3)手工鋸切寬板，應選用以下何種工具較佳？①夾背鋸②框鋸③雙面鋸④線鋸。

23.(2)強力膠的稀釋劑為①酒精②甲苯③香蕉水④水。

24.(1)各種鑿子的刃角與手鉋的刃角同樣重要，鑿削及鉋削質軟木材的刃角約為①20°～25°②45°③30°④35°。

25.(3) 左圖榫接型式適合用於實木門之何處？①縱桿②

上橫桿③中橫桿④下橫桿。

26.(3)下列何項不是鑿削手工具？①圓鑿②修鑿③角鑿④平鑿。

27.(3)實木之橫斷剖面，其剖面線角度一般為①75°②30°③45°④
60°。

28.(2)測量一個工作物是否垂直可用①捲尺②鉛錘③鋼尺④折尺。

29.(2)如下圖，依第一角法，以下何者為正確之右側視圖？①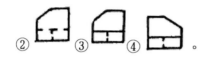

 （註：箭頭所示為正面）

30.(3)玻璃固定最佳膠合劑為①環氧樹脂②白膠③矽利康（矽膠）
④強力膠。

31.(2)圖紙大小 210 ㎜×297 ㎜是表示何種圖紙規格？①B3②A4③
A3④B4。

32.(1)木材的年輪大或小表示生長的快慢，通常生長較快的季節是
①春夏天②夏秋天③秋冬天④冬春天。

33.(2) 讀出左圖精度 1/20 ㎜
之游標尺箭頭所指之刻度尺寸？①10.15②9.15③8.15④9。

34.(2)平行尺與30度及45度三角板配合後，無法繪出下列何角度？
①75°②22.5°③105°④15°。

35.(4)正視圖上在木料中間常畫縱向不規則直線是代表木料的①乾
燥狀態②塗裝情形③著色情形④紋理狀態。

36.(2)下圖木材長厚寬為a、b、c之收縮比應為①a＞b＜c②a＜b＜
c③a＜b＞c④a＞b＞c。

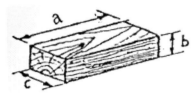

37.(1)以下何者是鑽床之主要工作？①鑽孔②拉槽③作榫④銑花
線。

38.(1)操作機械的安全通則，下列何者錯誤？①開機後，先清除機
檯上的防礙物後才工作②視出料空間是否足夠③多人操作
時，應事先溝通協調④清理地面防止滑倒。

39.(4)偽年輪之生成是因為①雨水太多②水污染③蟲害④乾旱。

40.(1)按裝戶車(滑輪)時，其輪緣高低位置應如何？①比窗戶下緣之
溝深略凸出約2〜3㎜左右②與窗戶下緣平齊③與窗戶下緣
之溝深平齊④比窗戶下緣略凸出2〜3㎜左右。

41.(1)燙傷的急救下列何者錯誤？①將患部塗抹醬油或漿糊降低溫
度②用剪刀剪開患者的衣物③不可刺破燙傷部位的水泡④用
清潔的紗布浸生理食鹽水覆蓋患部。

42.(2)儲存的板料常在端面塗上油漆，其用途係為①美觀②防乾裂
③防黴菌④防蟲害。

43.(2)油漆作業程序下列敘述何項正確？①先填補再油漆再砂磨②

先填補再砂磨再油漆③先油漆再砂磨再填補④先砂磨再填補
再油漆。

44.(2)調整機械按裝螺母時，扳手宜①用鐵管加長把手柄②朝自己
方向拉動③朝自身反向外推④用鐵錘敲擊。

45.(4)當框鋸的鋸片鬆弛時，應①更換鋸框②更換鋸片③修改鋸片
④撐緊中檔。

46.(3)能鉋削木材直角邊之機械為①平面自動鉋機②砂光機③手壓
鉋機④雙面鉋機。

47.(3)圓鋸機不適鋸切何種加工情況？①定寬②作槽③鋸弧角④鋸
斜角。

48.(3)手壓鉋機的規格是以①皮帶輪直徑②台面的高度③台面的寬
度④重量 決定之。

49.(3)膠合時，須兩面佈膠的膠合劑為①熱溶膠②尿素膠③強力膠
瞬間加壓型④白膠。

50.(4)一般帶鋸機之鋸條在工廠折放時，以①2 圈②4 圈③6 圈④3
圈 為宜。

51.(2)手鋸上鋸齒之鋸路應由齒高(齒尖算起)多少距離，開始左右撥
齒？①1/4②1/3③1/2④2/3。

52.(1)標準斜式字母之傾斜角度約與水平成幾度？①75°②80°③70°
④65°。

53.(2)設備接地用的接地導線以①藍②綠③紅④黃 色絕緣的銅線
來區別。

54.(3)購買木薄片是以①重量②體積③才④片 為計值單位。

55.(4)一般門窗用料中何項瑕疵可以被接受？①腐朽②蟲蛀③輪裂
④活節。

56.(1)線條之起訖與交接，下列何者是錯誤？　① 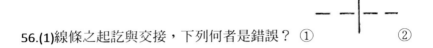 ②

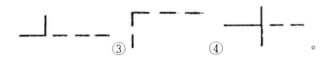 ③　　　④　　　　。

57.(3)小而深的傷口，如刺傷易引起①高燒不退②失血過多③破傷風菌寄生④休克。

58.(4)銅製五金配件，保養時可用下列何者擦拭較佳？①亮光腊②透明漆③機油④桐油。

59.(2)平鑿與打鑿主要差別在①刀刃寬度②刀刃厚度③刀刃角度④刀刃質料。

60.(2)較重的拉式窗，按裝戶車（滑輪）時應考慮使用幾個較佳①3②2③1④4。

61.(1)測量角度之量具是①分度規②游標卡尺③分規④圓規。

62.(3)門窗常用之工作圖，以哪種比例工作圖最適宜？①1：5②1：2③1：1④1：10。

63.(3)木材在平鉋機二次鉋削，偶而有停滯現象，其處理方式為①關掉開關檢查②降低檯面③再用力推木材試一試④頭低下來看一看。

64.(1)下列製圖符號中，何者可表示玻璃斷面？①②③④。

65.(3)下列各種膠合劑中，何者屬於熱硬化性膠合劑？①白膠②強

力膠③尿素膠④牛皮膠。

66.(1)一般砂紙編號爲 1/2，其顆粒粗細，相當於①60#②150#③240# ④120#。

67.(1)路達機有高低兩速之變速裝置，其變速原理是應用①極數② 頻率③電流④電壓 的改變。

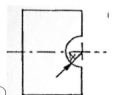

68.(2)下列半徑的標示法中那一個是正確的？ ①

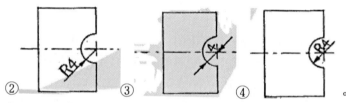

② ③ ④ 。

69.(4)下列何項不是門窗常用之五金配件？①鉸鏈②鎖③戶車④隔 板釘。

70.(2)著色後須等較長時間乾燥之著色劑爲①酒精性②水性③化學 性④油性。

71.(2)下列尺寸標記法中，那一個最爲標準？ ①

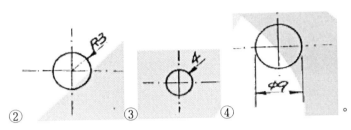

②　　　　　③　　　　　④　　　　　　　。

72.(1)製作框架,鉋溝槽嵌入木板,在組合工作時①二者皆不需上膠②二者皆需上膠③鑲板需上膠④溝槽需上膠。

73.(3)拉敏木(白木)為何地出產之木材?①非洲產②本省產③南洋產④歐洲產。

74.(3)溝槽鉋之割刀與鉋刀之調整應①割刀略低於鉋刀②割刀必須拆除③割刀略凸於鉋刀④割刀與鉋刀等高。

75.(4)180#砂紙較 240#砂紙為①長②細③短④粗。

76.(4)操作砂輪機時最需要配戴的是①手套②口罩③帽子④護目鏡。

77.(2)手壓鉋機欲準確鉋削,出料台與刀飛線之最高頂點須①較低②同高③無關④較高。

78.(3)帶鋸機在每天下班前,一定要①注黃油②取下鋸條③放鬆鋸條④將護蓋打開。

79.(1)樹幹能繼續肥厚增長,主要是依賴①形成層②樹③皮髓線④生長點。

80.(4)細實線可使用於下列何種線段?①割面線②中心線③輪廓線④尺寸線。

單選題：

1.(3)櫥櫃表面之透明塗料受刮傷後，最容易再修復之塗料是？①油性水泥漆塗料②優麗坦塗料③硝化纖維系塗料④兩液型硬化性塗料。

2.(4)在現場貼合木薄片的常見缺點，下述何項敘述不正確？①貼面易起泡②併接線不易密接③常見小木節疤④木理常有裂紋

3.(2)設計繪圖常用的 1：1.618 之長寬比，一般稱為①自由分割②黃金比例③幾何級數④畢氏定理。

4.(4)下列何種木材為針葉樹材？①柳安②橡木③油桐④檜木。

5.(3)7 英尺等於幾吋？①65②90③84④70。

6.(3)目前國際間公認綠建材應具有的特性，除「再使用」、「減量」及「再循環」外還包含①價格便宜②用途廣③低污染④無規定。

7.(1)下列有關手提電鉋台面調整的敘述，哪一項是正確的？①前台低於切削圈，後台與切削圈同高②前台與切削圈同高，後台低於切削圈③兩台面與切削圈等高④前後台均低於切削圈。

8.(4)砂紙有 E 的記號，表示①氧化鋁一級②柘榴石③碳化矽一級④金鋼砂。

9.(3) 左圖符號，在消防設備圖例中是表示①手動報警機②泡沫撒水頭③自動警報逆止閥④水霧頭。

10.(3)使用組合五金組合家具，其最大優點是①樣式齊全②價錢便宜③可隨需要拆卸與組裝④顏色多、外觀優雅。

11.(1)下列何項是兩點透視圖中較易失真的作法？①左消失點高於右消失點②右消失點大於左消失點③左消失點大於右消失點④左消失點等於右消失點。

12.(1)高架地板的內部結構，宜選用下列何種圖說明？①剖面圖②平面圖③透視圖④立面圖。

13.(2)理想的裝潢用角材，其含水率以下列何者較佳？①30%②18%③24%④10%。

14.(3)以精密度而言，下列何種線條精度最高？①鉛筆線②原子筆線③尖刀線④墨斗線。

15.(1)下列何種溶劑，最適合作為調和漆？①松香水②甲苯③水④酒精。

16.(1)下列何種鉸鏈不適用於房間門？　①

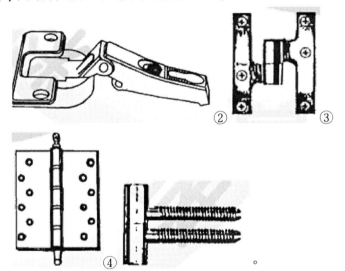

17.(1)行（受）賄罪成立要素之一為具有對價關係，而作為公務員職務之對價有「賄賂」或「不正利益」，下列何者不屬於「賄賂」或「不正利益」？①開工邀請觀禮②免除債務③招待吃大餐④介紹工作。

18.(2)下列何者「非」屬於以不正當方法取得營業秘密？①擅自重

製②還原工程③引誘他人違反其保密義務④賄賂。

19.(1)＝300 ㎜，其中符號代表①直徑②斜度③內徑④長度。

20.(4)鋸切抽屜面板寬度的尺寸，哪一部機械最適當？①角度切斷機②花鉋機③帶鋸機④圓鋸機。

21.(4)雷射水平儀無法提供下列何種雷射光線？①垂直線②下鉛垂光點③水平線④45 度線。

22.(4)選用肚臍鎖最重要的決定因素，是規格要能配合面板的①寬度②長度③材質④厚度。

23.(3)依勞動基準法規定，下列何者屬不定期契約？①季節性的工作②臨時性或短期性的工作③有繼續性的工作④特定性的工作。

24.(2)一立方台尺等於幾台才？①1②10③100④1000。

25.(3)下列何者非屬一般機械操作時為遠離危險所採用之措施？①使用夾具或手工具②自動進退料③減少動作項目④遠端操控。

26.(4)下列何項工作不是一般木工機具保養的重點？①防鏽②軸承潤滑③清潔④打蠟。

27.(1)木工機械所謂的「切削速度」乃是指①刀具的圓周速度②刀具的旋轉速度③被削材通過刀具的速度④刀片數乘以刀具旋轉速度。

28.(3)下列有關雷射水平儀的敘述，何者是不正確的？①操作時須佩戴護目鏡②不用時須裝箱保護③雷射光對眼睛無害④可測量水平及垂直。

29.(3)員工應善盡道德義務，但也享有相對的權利，下列有關員工的倫理權利，何者不包括？①程序正義權利②抱怨申訴權利

③進修教育補助權利④工作保障權利。

30.(3)平面壓床貼面壓合時，壓力大小的決定是以何爲基準？①體積②長度③面積④重量。

31.(4)一般玻璃的主要成分爲①陶土②粘土③鐵砂④矽砂。

32.(3)金屬製兩節式滑軌，長度 450 mm的要比 300 mm的抽出重疊損耗尺寸①多出 8 mm②多出 15 mm③沒有差別④多出 10 mm。

33.(1)最早期的製圖上墨工具爲①鴨嘴筆②針筆③簽字筆④鋼珠筆。

34.(4)下列何者不是膠合玻璃的特點？①隔音效果佳②防盜、防爆性佳③防紫外線④玻璃片易飛散。

35.(2)鑽木釘孔時，應選用下列何種鑽頭最適當？①快速鑽頭②突刺鑽頭③麻花鑽頭④沈孔鑽頭。

36.(2)手提電鑽的規格依下列哪項作區分？①使用電壓②夾頭內徑③迴轉速④馬力大小。

37.(4)一英尺等於多少 cm？①30.30②35.4③25.4④30.48。

38.(4)硝化纖維系漆(拉卡)的塗膜，在何種氣候下，易發生白化現象？①晴天②寒冬③相對濕度很低時④下雨天。

39.(1)正多邊形之頂點與圓周相接時，則稱此圓爲多邊形的①外接圓②內接圓③外切圓④內切圓。

40.(2)下列何者不是製作櫥櫃組裝上膠時，應注意的要點？①直角②表面處理③平行④密合。

41.(3)手電鑽不適合下列何項加工作法？①鑽孔深度超過 3 公分時②固定壓條之木螺釘③長木條之導角④板面上過多孔位。

42.(1)下列何種工具可作爲實木封邊用？①蚊釘槍②手鉋刀③手提電鑽④手提電鉋。

43.(3)下列何者不適用於正投影畫法？①剖面圖②立面圖③透視圖④平面圖。

44.(3)甲公司嚴格保密之最新配方產品大賣，下列何者侵害甲公司之營業秘密？①甲公司與乙公司協議共有配方②甲公司授權乙公司使用其配方③甲公司之 B 員工擅自將配方盜賣給乙公司④鑑定人 A 因司法審理而知悉配方。

45.(2)下列有關木釘接合的敘述，哪一項是不正確的？①木釘材質要比接合材稍硬②鑽孔較木釘直徑略大 0.3 ㎜③均勻佈膠於孔壁④木釘直徑為接合材料厚度的 0.45 倍以內。

46.(1)中間鉋削凹槽型式的實木封邊條，使用蚊釘槍封邊時，蚊釘的釘擊位置應於板厚的①上下兩側②上側單邊③中間④下側單邊。

47.(4)木質薄片拼合貼飾時，使用下列何種工具來佈膠，較快速且膠量均勻？①鐵板②薄夾板③膠刷④橡膠滾輪。

48.(4)天花板轉角的線板接合，宜選用下列何種工具量取施工所須的角度？①長角尺②分度器③鋼尺④自由角規。

49.(1)職業災害預防工作中對於危害控制，首先應考慮的為下列何者？①危害源控制②危害路徑控制③危害場所控制④勞工之控制。

50.(1)下列有關於平鉋機之鉋花折斷板的敘述，何者不正確？①節段式折斷板無法壓按厚薄略有差異之木料②附有彈簧裝置③減少木面撕裂紋理④將木料壓按於台面上。

51.(4)將立體形態，用二度空間來表現的繪圖方法，稱為①輔助投影法②正投影法③斜投影法④透視圖法。

52.(2)地板骨架施工時，其下方橫桿等分之後，其支撐距離間隔不

超過多少公分為原則？①90②65③150④120。

53.(3)下列何者較不易燃燒？①瓦斯②沙拉油③方糖④揚起之麵粉。

54.(1)香蕉水主要作為塗料中之①稀釋劑②色料③催乾劑④介面劑。

55.(2)牆面施工時，下列何項工具較不適宜作垂直放樣作業？①水平尺②透明水管③鉛錘④雷射水平儀。

56.(1)在木材表面進行塗裝前最後一次砂磨作業，最適當之砂紙編號為何？①150號②80號③180號④120號。

57.(3)下列有關木質材料性質之敘述，何者不正確？①針葉樹之抗拉強度大於闊葉樹②斷面愈大抗彎強度愈大③濕材之各種強度大於乾燥材④比重大者抗壓強度較大。

58.(2)天花板釘接各木材骨架時，應選用下列何種釘型的氣動釘？①一字型釘②Ｔ型鐵釘③Π型釘④紋釘。

59.(2)天花板施工時，吊筋距離為長縱材等分之後，其間隔不超過多少公分為原則？①150②90③120④180。

60.(4)實木板材組合而成之家具結構，可稱為①木心板材結構②合板材結構③粒片板材結構④實木板材結構。

複選題：

61.(234)木薄片的貼飾適用於板材的哪些部位？①圓面②端③邊④面。

62.(123)購買 110V 插電式手提電鑽，要注意規格有下列哪些？①轉數及功率②起子的功能③夾頭型式及夾持鑽柄之最大直徑④電池的蓄電能力。

63.(134)下列敘述哪些正確？①割面線可轉折②剖面線屬中線③大尺寸標註於小尺寸之外④製圖鉛筆中 F 較 HB 為硬。

64.(13)下列哪些是刀角與材料切削的正確關係？①硬材的刀角要大②軟材的刀角較大③軟材的刀角較小④硬材的刀角要小。

65.(134)依我國規定，下列哪些木質纖維材料必須檢驗甲醛釋出量？①室內用合板②天然實木③室外用合板④防水等級之合板。

66.(24)下列哪些人造板在系統家具之電腦數控花鉋機(CNCRouter)銑刀直線切削時，容易產生碎裂狀的毛邊？①粒片板②美耐板③中密度纖維板(MDF 密迪板或密集板)④合板。

67.(124)下列敘述哪些正確？①檢查天花板是否水平可用雷射水平儀②1/50 之游標卡尺其精密度為 0.02mm③鋼直尺的最小刻度為 1mm④測量櫥櫃是否方正可量其對角線。

68.(123)使用簡易鋸台鋸切窄木條時，下列敘述哪些正確？①使用助推板②使用靠板③鋸切過半後翻轉再鋸④採用徒手方式。

69.(134)有關常用雙線劃線規的結構，下列敘述哪些正確？①有導塊②有角度控制桿③有翼形固定螺絲④有小刀片之橫樑。

70.(234)天花板施工時，下列哪些放樣的基準線定位工作？①不必

預先作水平與直角測量直接將角材釘接即可②墨斗彈線③90°直角測量④測量水平。

71.(23)下列哪些是氣動釘槍使用的錯誤敘述？①釘頭深淺可由氣壓大小做調整②壓縮空氣壓力越大,使用氣動釘槍越穩定,不易故障③釘槍不可加油潤滑,因油會污染材料④釘舌的端部要保持平整,不然容易滑釘或打斜。

72.(134)下面哪些是正確的各國統一規格代號？①CNS 指中華民國國家標準②AISI 指美國工業規格③BS 指英國工業標準④JIS 指日本工業標準。

73.(12)平釘天花板的角材主結構縱向端接面接合時,下列結構有哪些施工方法強度較佳？①對接處需吊筋②對接處側邊取之適當長度之角材上膠釘合③縱向端接面斜釘接合④角材主平行結構對接處無需錯開。

74.(124)下列哪些是操作圓鋸機的正確方式？①橫斷時,使用斜接規(Mitergauge)②縱開時,使用導板③徒手操作鋸切④窄料鋸切時,使用助推板。

75.(124)下列哪些是造成塗裝缺失光澤不良(Clouding)的原因？①固成分太低②溶劑量過多③噴塗距離太近④底塗膜太薄。

76.(12)下列哪些是操作角度切斷機的安全注意事項？①材料必須貼緊檯面及靠版②角度等調整鈕固定妥適③更換鋸片不需拔除插座④小工作物必須用手握緊。

77.(124)下列哪些不是手提電動工具使用的注意事項？①手提電鋸是手提的,所以可以不靠依板直接懸空使用②現今電動工具外殼都是塑料製成,不導電可在有水的環境中使用③插電前先檢查開關是否是 OFF④使用延長線接電越長越好。

78.(123) 下列哪些是防止美耐板貼面其接縫邊易脫膠翹曲的方式？①貼薄片②貼實木邊③塑膠封邊條④不處理。

79.(14) 下列哪些是塑膠的特性？①耐水性佳②不會燃燒③可以自然分解④不導電。

80.(1234) 安裝喇叭鎖可用下列哪些機具？①弓型鑽②手提電鑽③鑿刀④起子。

單選題：

1.(4)下列哪一種塗料砂磨時會產生多量白色粉末？①一度底漆②洋干漆③硝化纖維系漆④二度底漆。

2.(1)門片鑲崁鑲花飾條時，使用下列何種工具最適當？①手提修邊機②折合鋸③鉋刀④電鉋。

3.(3)以精密度而言，下列何種線條精度最高？①原子筆線②墨斗線③尖刀線④鉛筆線。

4.(4)手提電鑽的規格依下列哪項作區分？①使用電壓②迴轉速③馬力大小④夾頭內徑。

5.(4)下列那一種鉸鏈的安裝，不須挖嵌槽或鑽孔洞？①隱藏式鉸鏈②西德鉸鏈③普通鉸鏈④面用鉸鏈。

6.(4)三角形的外角和等於①270°②540°③180°④360°。

7.(1)下列何者不是矽酸鈣板的特點？①容易腐蝕壽命短②具抗火耐燃③表面可塗漆及貼壁紙④隔音、隔熱性佳。

8.(2)下列何種工具能正確劃出較大半徑的圓弧？①自由角規②長徑規③分規④長角尺。

9.(2)用手推車搬運重物料時，遇下坡路段，推車的人宜在車行方向之何方？①前②後③左④右。

10.(1)目前國際間公認綠建材應具有的特性，除「再使用」、「減量」及「再循環」外還包含①低污染②價格便宜③用途廣④無規定。

11.(3)一立方台尺等於幾台才？①1②1000③10④100。

12.(1)安裝 200 公分高的系統櫥櫃門片時，要安裝幾個西德鉸鏈最為正確？①4 個②8 個③6 個④2 個。

13.(4)欲在木心板面挖削局部曲線孔時，應該選擇下列何項機器較

佳？①圓鋸機②手壓鉋機③平鉋機④花鉋機。

14.(3)下列哪種貼飾材料最能耐磨及耐熱？①木材薄片②PVC 塑膠皮③美耐板④美化板。

15.(4)量測 32.5 ㎜的尺寸時，下列何種量具最適合？①鋼尺②有刻度之角尺③捲尺④游標卡尺。

16.(3)針對各種不同紋路木釘的組合強度而言，要使用下列哪種紋路最好？①無紋②直紋③螺旋紋④斷續直紋。

17.(2)裝潢工程圖示標明不清楚時，施工人員應如何處置？①洽詢業主②洽詢設計師或監工人員③省略該項加工④依自己的想法施工。

18.(3)製圖時，實木橫斷木理剖面符號，係以徒手繪出與物體輪廓線傾斜①90°②60°③45°④30° 之平行細實線表示之。

19.(3)10 公尺寬的隔間牆，約等於幾台尺？①45②25.4③33④30。

20.(2)填充木材導管孔，密封材面的最佳底塗漆料是？①瓷漆②一度底漆③二度底漆④硝化纖維系漆。

21.(1)速乾型噴漆當急速揮發時，空氣中之濕氣凝結於塗膜表面，會發生下列何種現象？①白化②皺紋③垂流④結塊。

22.(3)下列何項是溶劑揮發氣體中毒的慢性症狀？①疲勞、嗜睡②嘔吐、頭痛③貧血、皮膚炎④視覺錯亂、失明。

23.(3)下列何項不是常用的封邊材料？①ABS②實木片③PU④PVC。

24.(3)石英砂中所含之氧化鐵會使玻璃呈現何種顏色？①紅②白③綠④黑。

25.(2)下列何者不是熱熔膠的優點？①膠合後不需有待乾場所②不具有還原性③膠合層軟不傷刀刃④冷卻固化後立即產生強度。

26.(1)下列材料何者是屬於闊葉樹？①柚木②檜木③松木④鐵杉。

27.(4)下列何者不是製作櫥櫃組裝上膠時，應注意的要點？①密合②直角③平行④表面處理。

28.(3)一般砂紙(砂布)之單張標準規格尺寸爲何？①8×10.5②8×10③9×11④9×10.5 英寸。

29.(1)正多邊形之頂點與圓周相接時，則稱此圓爲多邊形的①外接圓②外切圓③內接圓④內切圓。

30.(2)如下圖爲人造質板符號，其板上之「×」符號係表示①薄片縱斷面②薄片橫斷面③面板木理方向爲縱斷④線條錯誤的標示。

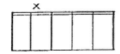

31.(3)高架地板的內部結構，宜選用下列何種圖說明？①立面圖②透視圖③剖面圖④平面圖。

32.(3)天花板釘接各木材骨架時，應選用下列何種釘型的氣動釘？①一字型釘②紋釘③Ｔ型鐵釘④ㄇ型釘。

33.(1)裝潢施工現場，最不允許施工人員有下列何種行爲？①飲酒提神②喝飲料補充水份③天熱吹電扇④聽收音機。

34.(2)下列何種材料，最適合木心板端面封邊？①塑膠皮②實木③油性補土④0.3 ㎜木薄片。

35.(2)下列材料何者比重最大？①雲杉②花梨木③樟木④油桐

36.(4)下列何項板料的收縮率最小？①纖維板②夾板③粒片板④矽酸鈣板。

37.(2)工地若有瓦斯洩漏時，下列處理要領何者不正確？①關閉瓦

斯②開動排風機③通知瓦斯公司④熄滅火源。

38.(2)平面噴塗時，噴槍與塗件若不保持直角，噴幅兩端的距離不同會造成①塗膜變厚②被塗面的漆膜不均③塗面的漆膜均勻④導致垂流。

39.(2)在手壓鉋機鉋材料，前端比後端鉋得多時，其原因是①出料台面定位過低②出料台面定位過高③進料台面定位過低④進料台面定位過高。

40.(3)桌面板為了實用，加封實木邊時，下列何種方式最佳？①封實木邊條並使其凹下 3 ㎜②封實木邊條並使其凸出 3 ㎜③先封實木邊條再貼薄片④先貼薄片再封實木邊條。

41.(1)安裝如下圖之普通鉸鏈時，門片及櫃體挖槽之總深度若大於鉸鏈之厚度時，有何現象？①門片開啟數次後，鉸鏈之螺釘易鬆脫或變形②門片無法密合③門片無法開啟④門片無法裝上櫃體。

42.(4)一般鳩尾榫之斜度約為①60 度②50 度③45 度④75 度。

43.(1)手提電鉋的排屑口阻塞時，使用下列何項措施清潔最正確？①竹筷②手指③木塊④起子。

44.(4)理想的西德鉸鏈，其可調整的方向應包括①左右、高低②前後、高低③左右、前後④左右、前後、高低。

45.(1)可以用來表現室內整體造型，提供業主較清楚描述的圖樣是①透視圖②平面圖③剖面圖④配置圖。

46.(3)如下圖表示的鉸鏈為①雙開式鉸鏈②平台鉸鏈③西德鉸鏈④

普通(蝴蝶)鉸鏈。

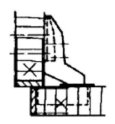

47.(3)一坪等於多少平方台尺？①10②12③36④24。

48.(3)使用平鉋機鉋削木材時，如開始鉋削的一端有凹痕，可能的原因是①上方出材滾輪稍低②下方進材滾輪太低③下方進材滾輪太高④上方出材滾輪太高。

49.(3)下列有關工模本體的敘述，哪一項是不正確的？①要考慮握持穩固容易②重量不宜太重，體積避免太大③使用木心板製作④必須考慮加工精度與耐磨性。

50.(2)下列何項材料不是防火材料？①矽酸鈣板②中密度纖維板③氧化鎂板④木絲水泥板。

51.(1)下列哪一部手提電動工具，最適合封線板時之斜接鋸切用？①角度切斷機②手提電鉋③手提線鋸機④手提花鉋機。

52.(1)鉋削之完成面，發現有波浪紋刀痕現象時，是與下列何種情形有關？①進料速度太快②木理不規則③材料不平整④側木理方向進刀。

53.(2)鑽木釘孔時，應選用下列何種鑽頭最適當？①麻花鑽頭②突刺鑽頭③快速鑽頭④沈孔鑽頭。

54.(1)櫥櫃等家具之剖視圖可用顏色來區分，一般以紅色系來表示①俯剖視圖②仰剖視圖③前剖視圖④側剖視圖。

55.(2)下列門窗繪圖圖例中，何者表示為雙開門？① ② ③ ④ 。

56.(4)下列何種量測，不是游標卡尺的功能？①深度②內徑③外徑④斜度。

57.(1)將立體形態，用二度空間來表現的繪圖方法，稱為①透視圖法②斜投影法③輔助投影法④正投影法。

58.(1)用氣動釘槍將木角材釘固在水泥地板上時，應選用下列何種釘？①T型鋼釘②T型鐵釘③一字型釘④ㄇ型釘。

59.(2)室內裝修木作隔間牆常用之矽酸鈣板，下列所述何者為其主要優點？①易取得寬幅較大之面材②具抗火耐燃③較木材加工方便④較不易變形反翹。

60.(2)下列哪種圖是立體圖的一種？①立面圖②透視圖③平面圖④施工圖。

複選題：

61.(1234)下列哪些是防護具必備條件？①合理價格（經濟性）②具有充分防止危害的性能（安全性）③優美的外觀（潮流性）④容易著用、良好之材質與構造及容易維修（舒適性）。

62.(34)下列哪些是手壓鉋機與平鉋機的正確敘述？①平鉋機可鉋基準面②手壓鉋機可鉋等寬、厚③平鉋機可鉋等寬、厚④手壓鉋機可鉋基準面。

63.(13)雙層玻璃中間的氣體為①乾燥空氣②溼潤空氣③惰性氣體④氧氣。

64.(124)一般而言，下列哪些是塗裝缺失發生的原因？①天候因素不佳②塗料選擇錯誤③木材含水率太低④塗裝方法不正確。

65.(34)造型牆面的縱向裝飾板三片須等分，下列橫向角材施作時，應如何施工？①中間間距小於左右間距②左右間距不同③中間的間距大於左右間距④左右間距相同。

66.(124)矽酸鈣板為許多裝潢業者樂於使用的特點？①耐潮溼又耐水②施工方便③不會腐爛只會有蛀蟲④配合法規。

67.(24)同一工地而有多家團隊同時施工時，應避免下列哪些不適當的行為？①各團隊互相支援②為同一團隊佔用工程車停車位置③各團隊互相交換工作心得④各團隊互相掩護偷工減料的行為。

68.(1234)手提電鑽可區分為①一般電鑽②震動式電鑽③充電式電鑽等④變速電鑽。

69.(23)下列哪些是組裝衣櫃箱體較準確的校正方法？①使用短角尺②量對角線來測知角度是否方正③利用衣櫃背板之角度④使用平行尺規。

70.(1234)下列哪些是角度切斷機可鋸切的材料種類？①木質材料②鋁材③木材④電木。

71.(134)下列哪些是常用的劃線量具？①直角規②平行尺規③鋼尺④捲尺。

72.(124)下列哪些是操作圓鋸機的正確方式？①橫斷時，使用斜接規(Mitergauge)②窄料鋸切時，使用助推板③徒手操作鋸切④縱開時，使用導板。

73.(14)下列哪些是 T 型封邊條主要使用的部位？①圓弧線桌面②櫥櫃門板③櫥櫃隔板④桌面板。

74.(123)下列哪些是手提砂磨機的種類？①震盪式②砂帶式③圓盤式④跳動式。

75.(134)下列哪些是有關公差的正確敘述？①公差有單向公差及雙向公差②300+0.5 爲雙向公差③300-0.5 爲單向公差④CNS規定公差配合分爲 18 級。

76.(14)下列哪些是熱熔膠的優點？①冷卻固化後立即產生強度②膠乾時間可控制③膠合層加工不傷刀具④短時間即可加工。

77.(34)簡易鋸台鋸切木料時，木料有焦痕，下列哪些是可能的原因？①靠板與鋸片平行②鋸齒鋒利③靠板與鋸片距離前大後小④鋸齒太鈍。

78.(1234)下列哪些是手提電鉋機的規格？①鉋刀片的長度②機械重量③電壓數④可加工範圍。

79.(234)下列哪些爲製圖的要求目標？①簡單②清晰③迅速④正確。

80.(12)實木材料所稱 1 才是①1 尺×1 尺×1 寸②1 寸×1 寸×10尺③1 寸×1.2 寸×10 尺④2 寸×1 寸×12 尺。

單選題：

1.(4)針對刀刃材料而言，以材質硬度排序，下列何項正確？①高速鋼＞人造鑽石＜鎢碳鋼②人造鑽石＜鎢碳鋼＜高速鋼③鎢碳鋼＞高速鋼＞人造鑽石④人造鑽石＞鎢碳鋼＞高速鋼。

2.(2)下列有關雷射水平儀調節水平調整腳的敘述，何者是不正確的？①水準器內的氣泡在正中央②水準器內的氣泡在圈外③水準器內的氣泡在圈線中央④水準器內的氣泡在圈內。

3.(4)下列何者不是製作櫥櫃組裝上膠時，應注意的要點？①密合②平行③直角④表面處理。

4.(4)安裝普通鉸鏈後，門片會有反彈情形，下列何項是正確的原因？①固定木鏍釘太緊②有一邊沒有挖鉸鏈槽③鉸鏈槽太淺④鉸鏈槽太深。

5.(4)下列有關木釘接合的敘述，哪一項是不正確的？①木釘材質要比接合材稍硬②木釘直徑為接合材料厚度的 0.45 倍以內③均勻佈膠於孔壁④鑽孔較木釘直徑略大 0.3 ㎜。

6.(2)進行塗裝作業之場所，為避免引起火災或爆炸，應選擇①儲備消防水②避開有明火或加熱器③放置水性塗料④放置滅火器之場所。

7.(1)能夠加強設計構想的表達及為一般大眾所接受的視圖是①透視圖②平面圖③施工圖④立面圖。

8.(4)下列何者不具有專業施工技術人員資格？①領有建築師證書者②領有結構工程技師證書者③領有建築物室內裝修工程管理乙級技術士證，並經參加內政部主辦之建築物室內裝修工程管理訓練達 21 小時以上者④領有建築物室內設計乙級技術士證，並經參加內政部主辦之建築物室內裝修工程管理訓練

達 21 小時以上者。

9.(3) 以下那一項不是影響木材強度與硬度的主要因素？①含水率②比重③溫度④木理。

10.(2) 目前大部份圓鋸盤的齒端皆焊上，下列何種材質作爲鋸齒，以提高工作效率？①高碳鋼②鎢碳鋼③高速鋼④氧化鐵。

11.(3) 用木纖維或其他植物纖維製成的板料是①木心板②夾板③纖維板④粒片板。

12.(1) 不須使用把手即可開啓的櫥櫃門，是因爲門後安裝了①自動拍門器②鋼珠門扣③塑膠門扣④磁鐵門扣。

13.(1) $\phi = 300$ ㎜，其中 ϕ 符號代表①直徑②長度③斜度④內徑。

14.(4) 理想的西德鉸鏈，其可調整的方向應包括①前後、高低②左右、高低③左右、前後④左右、前後、高低。

15.(4) 下列何項是溶劑揮發氣體中毒的慢性症狀？①視覺錯亂、失明②疲勞、嗜睡③嘔吐、頭痛④貧血、皮膚炎。

16.(3) 以精密度而言，下列何種線條精度最高？①墨斗線②鉛筆線③尖刀線④原子筆線。

17.(1) 砂布類分爲單張與成捲者兩種包裝，其單張的一包數量爲何？①60 片②12 片③50 片④80 片。

18.(2) A1 圖紙尺寸爲多少㎜？①297×420②594×841③420×594④210×297。

19.(2) 以下哪一項不是工模的目的？①簡化操作、提高效率及節省人力②提高直線加工的效率③發揮機具的功能，並增加其安全性④減少不良製品而避免材料與人力之損失。

20.(4) 下列何種樹種的香味，最受人喜歡？①柳安②柚木③楓木④

扁柏。

21.(1)施工圖用的指線與水平線所形成的角度，約爲①45°與60°②90°與75°③20°與45°④30°與60°。

22.(4)欲在木心板面挖削局部曲線孔時，應該選擇下列何項機器較佳？①手壓鉋機②圓鋸機③平鉋機④花鉋機。

23.(4)投影線均集中於一點者爲①斜投影②軸測投影③陰影④透視投影。

24.(1)下列何種工具較適合用來劃出約 350 公分之長線？①墨斗②角尺③捲尺④鋼尺。

25.(4)下列有關木質材料性質之敘述，何者不正確？①斷面愈大抗彎強度愈大②針葉樹之抗拉強度大於闊葉樹③比重大者抗壓強度較大④濕材之各種強度大於乾燥材。

26.(3)利用圓之半徑可以畫出內接幾邊形？①正八邊形②正五邊形③正六邊形④正四邊形。

27.(2)香蕉水主要作爲塗料中之①催乾劑②稀釋劑③色料④介面劑。

28.(4)下列有關鑲花飾板在鑲嵌挖槽時，何者敘述正確？①尺寸以目錄規格各減 1 mm 爲準②尺寸以圖面標示爲準③尺寸以目錄規格爲準④尺寸以實物爲準。

29.(2) 左圖符號，在電氣設備設備圖例中，是用來表示①電力分電盤②電燈分電盤③電燈總配電盤④電力總配電盤。

30.(1)只要局部受損破裂，就會失去應力的平衡，而引起全面碎裂的玻璃爲①強化玻璃②變色玻璃③膠合玻璃④一般玻璃。

31.(2)一平方公尺約等於多少坪？①0.035②0.3025③3.025④30.25。

32.(3) $\left(\dfrac{2}{S}\right)$ 左圖內下方 S 之英文字母是代表①軟材符號②短材符號③斷面符號④曲面符號。

33.(4)空氣壓縮機壓力錶上的單位，是如何表示？①kg/mm②g/mm③g/cm④kg/cm。

34.(3)封邊機適用下列何種膠合劑？①白膠（聚醋酸乙烯）②尿素膠③熱熔膠④強力膠。

35.(3)勞工從事裝潢木工作業場所噪音音源改善，應由何機關負責督導？①內政部營建署②各縣市政府環保處(局)③勞動檢查機構④各縣市政府衛生處(局)。

36.(1)正多邊形之頂點與圓周相接時，則稱此圓為多邊形的①外接圓②外切圓③內切圓④內接圓。

37.(2)木作隔間骨架與合板釘接合是屬下列何種結構？①端與面②邊與面③邊與邊④邊與端。

38.(2)裝潢木工從業人員，具有認真負責的工作態度及高度的榮譽感，這可稱為①服從精神②敬業精神③道德勇氣④團隊精神。

39.(3)實木板之拼板接合是屬於①面與面的接合②面與邊的接合③邊與邊的接合④端與端的接合。

40.(1)下列何種接合方法，最不適用於粒片板？①鐵釘接②木釘接③鍵片接④木螺釘接。

41.(2)下列何者不是熱熔膠的優點？①膠合層軟不傷刀刃②不具有還原性③膠合後不需有待乾場所④冷卻固化後立即產生

強度。

42.(4)在木心板邊緣封實木邊，其主要目的爲①降低成本②減少工時③節省材料④增加美觀、防止發生凹陷及裂痕。

43.(2)木心板彎曲成型封夾板時，除釘接外，接合面①不加膠合劑②應加膠合劑③應加機油④應擦水潤飾。

44.(3)下列有關工模本體的敘述，哪一項是不正確的？①重量不宜太重，體積避免太大②必須考慮加工精度與耐磨性③使用木心板製作④要考慮握持穩固容易。

45.(4)下列何種材料不屬於針葉樹材？①肖楠②柳杉③花旗松④烏心石。

46.(2)尺度標註 90+0.5，其公差爲①90.5②0.5③1④89.5。

47.(2)如下圖鉸鏈主要安裝於①輕而大的門②可拆卸的門③重而大的門④輕而小的門。

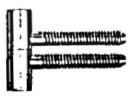

48.(4)一般常用手鉋的刀刃角度約爲？①45°～55°②35°～45°③15°～25°④25°～35°。

49.(4)一立方台尺等於幾台才？①1000②100③1④10。

50.(1)我國度量衡單位是採用下列何者？①公制單位②台制單位③英制單位④日制單位。

51.(1)在現場貼合木薄片的常見缺點，下述何項敘述不正確？①木理常有裂紋②貼面易起泡③併接線不易密接④常見小木節疤。

52.(4)選用肚臍鎖最重要的決定因素，是規格要能配合面板的①長度②材質③寬度④厚度。

53.(2)依「建築技術規則」，經中央主管建築機關認定符合耐燃二級之材料可視同為①不燃材料②耐火板③半耐燃材料④耐燃材料。

54.(2)無法在裝潢施工現場進行切割，鑽孔、磨邊、噴砂等加工的玻璃是下列何者？①浮式明板玻璃②熱處理增強玻璃③鏡板玻璃④浮式色板玻璃。

55.(2)下列何種材料適合製作整體刀具？①鎢碳鋼②高速鋼③鈷鉻合金④人造鑽石。

56.(3)雷射水平儀無法提供下列何種雷射光線？①下鉛垂光點②垂直線③45 度線④水平線。

57.(4)裝潢木工從業人員，對於施工的態度，下列何者正確？①內部的木架構可不按圖施工②看不到的接合處皆不用上膠③只注重外表、不重內部結構④能確實按圖施工。

58.(4)可以用來表現室內整體造型，提供業主較清楚描述的圖樣是①剖面圖②平面圖③配置圖④透視圖。

59.(3)下列四種木工機械中，迴轉數最高的是①手壓鉋機②圓鋸機③花鉋機④帶鋸機。

60.(1)下列何者不是顏料的主要功能？①改變纖維顏色②填充劑③調整塗料粘度④著色劑。

複選題：

61.(134) 下列哪些為複合材料？①鋼②鐵③青銅④纖維板。

62.(13) 下列哪些是充電式電動工具使用的正確敘述？①電池電極端子要用套子蓋好，防電池短路爆炸②鎳鎘電池和鋰電池，不是一般電池不用回收③鋰電池要充飽電存放④充電電池要一直插著充電，方便馬上使用。

63.(24) 下列哪些是熱熔膠的優點？①膠合層加工不傷刀具②短時間即可加工③膠乾時間可控制④冷卻固化後立即產生強度。

64.(23) 造型牆面的縱向裝飾板三片須等分，下列橫向角材施作時，應如何施工？①左右間距不同②左右間距相同③中間的間距大於左右間距④中間間距小於左右間距。

65.(23) 圓鋸機操作可從事下列哪些加工？①榫孔②縱槽③榫頭④花邊。

66.(124) 1.折斷線 2.隱藏線 3.輪廓線 4.剖面線 5.尺度線。當線條重疊時，下列哪些是正確的優先順序？①215②324③532④314。

67.(134) 下列哪些為市售常見的木質板尺寸規格？①3尺×7尺②3尺×9尺③3尺×6尺④4尺×8尺。

68.(12) 下列哪些是尖尾刀劃線的正確用法？①尖尾刀保持鋒利②刀平面密接角尺③靠著丁字尺下邊緣劃線④尖尾刀需雙斜刃。

69.(134) 下列敘述哪些正確？①部份矽酸鈣板材中可能含有石綿②紗布口罩即可預防石綿危害③石綿會導致石綿肺，可能造成肺癌或間皮瘤④耐火材料應使用不含石綿之產品。

70.(12)下列哪些是造成噴塗垂流發生的原因？①塗膜太厚②噴距太近③噴距太遠④稀釋劑太多。

71.(134)下列哪些是手提電鑽的正確敘述？①先將工作之中心點衝孔②可任意選用各種直徑之鑽頭③鑽沉孔時加裝定深規④開始鑽時壓力不可太大。

72.(124)有關手持手提圓鋸機的操作說明，下列哪些正確？①鋸切時如有阻滯不前，應稍向後拉，待轉至全速再向前推進②調整鋸切深度，使透過木板約 3mm 左右③材料正面應朝上④起動機器待轉速正常後再開始鋸切。

73.(123)美耐板貼飾於大板面，其接合處適用下列哪些材料填縫？①油漆②矽膠③塑鋼補土④不處理。

74.(234)下列哪些是手提砂磨機的種類？①跳動式②砂帶式③震盪式④圓盤式。

75.(23)一般裝潢木工的結構組裝，多採用釘接與膠合。但如屏風、流明天花板等實木結構，必須搭配應用下列哪些結構接合？①鐵釘接合②外角 45°斜接③十字搭接④鳩尾榫接。

76.(234)下列敘述哪些正確？①以外卡鉗測量內徑②游標卡尺可測量內、外徑③自由角規可以量角度④直尺可以作木板等分工作。

77.(13)啓動空氣壓縮機之前，重要的工作項目爲？①儲氣桶洩水②氣管接頭是否已先接好③機油是否適量④壓力表上的指數。

78.(34)同一工地而有多家團隊同時施工時，應避免下列哪些不適當的行爲？①各團隊互相交換工作心得②各團隊互相支援③各團隊互相掩護偷工減料的行爲④爲同一團隊佔用工程

　　車停車位置。

79.(234)使用圓鋸機鋸切矽酸鈣板類材質，應注意下列哪些？①使用高速鋼鋸片鋸切②此材料易斷裂，鋸切時要注意扶持③使用專用鋸片鋸切④集塵設備。

80.(234)下列哪些為製圖的要求目標？①簡單②迅速③清晰④正確。

單選題：

1.(4)下列何不是耐燃一級材料？①纖維矽酸鈣板②纖維石膏 板 ③岩棉吸音板④木粒水泥板。

2.(2)用手推車搬運重物料時，遇下坡路段，推車的人宜在車行 方向之何方？ ①左②後③前④右。

3.(2)針對各種不同紋路木釘的組合強度而言，要使用下列哪種 紋路最好？ ①斷續直紋 ②螺旋紋③無紋④直紋。

4.(4)設計繪圖常用的 5：8 之長寬比，一般稱為①自由分割② 畢氏定理③幾何級數④黃金比例。

5.(4)自動拍門器（拍拍鎖）的結構，是應用 ①磁吸原理② 重 力下垂原理 ③槓桿原理④彈力裝置。

6.(1)下列關於天然系與合成系膠合劑的敘述，何者不正確 ？ ①天然系使用較普通 ② 合成系使用較普遍 ③合 成 系 乾燥時間較短 ④天然系耐候性較佳 。

7.(1)製圖時，實木橫斷木理剖面符號，係以徒手繪出與物體輪 廓線傾斜 ① 45° ② 90° ③ 60° ④ 30°之平行細實 線表示之 。

8.(4)在釘類五金接合強度之比較，下列何項敘述為正確 ？ ① 木螺釘 ＞ 鐵釘 ＞ 粗牙木螺 釘 ②木螺釘 ＜ 鐵釘＜ 粗牙木螺釘 ③ 鐵釘 ＞ 木螺釘 ＞ 粗牙木螺釘 ④鐵 釘 ＜ 木螺釘 ＜粗牙木螺釘。

9.(4)二台尺約等於幾公分 ？ ① 62 ② 60 ③ 66④ 60． 6 。

10.(2)裝潢工程圖示標明不清楚時，施工人員應如何處置 ？ ①依自己的想法施工②洽詢設計師或監工人員③洽詢業

主④省略該項加工。

11.(1)硝化纖維系漆（拉卡)的塗膜，在何種氣候下，易發生白化現象？ ①下雨天②相對濕度很低時③晴天④寒冬。

12.(3) ϕ =300 mm ，其中 ϕ 符號代表①斜度②內徑③直徑④長度。

13.(4) 在右圖 ▐▌▌▌▌▌▌▌▌▌▌☒ 中，"X"表示①瑕疵②廢料③木心板的縱斷面④木心板的橫斷面 。

14.(2) 在不考慮其他因素下，下列哪一種平面壓床的機型，其獲得的壓力最均勻？ ①六個油壓缸②十個油壓缸③四個油壓缸④八個油壓缸 。

15.(1) 室內裝修業拒絕主管機關業務督導者，會受何種處分？①警告或停業②撤銷登記證③罰鍰④廢止登記證 。

16.(4) 用木纖維或其他植物纖維製成的板料是①木心板②夾板③粒片板④纖維板。

17.(2) 利用圓之半徑可以畫出內接幾邊形？①正四邊形②正六邊形③正八邊形④正五邊形。

18.(2) 雷射水平儀無法提供下列何種雷射光線 ？①垂直線 ②45 度線③下鉛垂光點④水平線。

19.(1) 天花板轉角的線板接合，宜選用下列何種工具量取施工所須的角度 ① 自由角規②鋼尺③長角尺④分度器。

20.(1) 石英砂中所含之氧化鐵會使玻璃呈現何種顏色？①綠②黑③白④紅 。

21.(2)木釘直徑與長度之比，下列哪項較適當？①1： 2 ②1：4③1 ： 1④ 1 ：3 。

22.(3)A1圖紙尺寸為多少㎜？ ① 297×420② 210×29 7 ③ 594×841 ④ 420×594 。

23.(3)6碼等於幾台尺？① 18 ② 15 ③ 18.1④ 15.1 。

24.(3) 下列何項不是圓鋸鋸切時，發出異常聲音的因素？ ① 軸承損傷 ②鋸片變形③傾斜鋸切④不正常鋸切。

25.(3)一般常用手鉋的刀刃角度約為？① 45°～ 55° ② 35° ～ 45°③ 25° ～35° ④ 15° ～25°。

26.(3) 針對門片的安裝強度而言，下列何項板料安裝的西德鉸 鏈效果最佳？①粒片板②木心板③實木板④纖維板。

27.(4) 下列有關使用透明水管的敘述，何者是不正確的？ ① 測量時須待水靜止再劃記②水管內不可有氣泡③屬於連 通管原理④水管內可以有氣泡 。

28.(1) 門片鑲崁鑲花飾條，使用下列何種工具最適當？①手提 修邊機②電鉋③鉋刀④折合鋸 。

29.(1) 在 ISO 國際規格中，鎢鋼刀具如 K10、 K20 、 K30 等，其號數愈大則 ①硬度愈低韌性亦低②硬度愈高韌性 亦高③硬度愈低韌性愈 ④硬度與韌性同等。

30.(2) 施工圖為表達家具內部結構及細部尺寸，必須繪製哪一 種圖？ ①平面圖②剖面圖③立面圖④透視圖。

31.(1) 以下哪一項不是刷塗時要注意的原則？① 第一次要刷 得很厚 ②一次不可沾太多塗料 ③邊緣角落及不易刷塗 的地方先行塗裝④塗料使用前要攪拌均勻 。

32.(1) 施工圖用的指線與水平線所形成的角度，約為①45°與60 ° ② 20° 與 45° ③ 30°與 60° ④ 90°與 75° 。

33.(1)砂布類分為單張與成捲者兩種包裝，其單張的一包數量為

何？①60片②50片③12片④80片。

34.(4)以下哪一項是工模的目的？①減少不良製品而避免材料與人力之損失②簡化操作提高效率及節省人力③發揮機具的功能，並增加其安全性④提高直線加工的效率。

35.(3) 下列何項工作不是一般木工機具保養的重點？①防鏽②軸承潤滑③打蠟④清潔。

36.(1) 複式地板之施工，一般稱為①架高式②直立式③平貼式④直貼式。

37.(1)木作油漆，塗上層漆膜的時機，下列何者為正確？①待漆膜乾燥後，以砂紙研磨平滑後②待表面稍乾後③立即砂磨④立即上漆。

38.(3)只要局部受損破裂，就會失去應力的平衡，而引起全面碎裂的玻璃為①變色玻璃②膠合玻璃③強化玻璃④一般玻璃。

39.(1)裝潢施工現場放樣，應以下列何種筆劃線較適宜？①鉛筆②原子筆③粉筆④簽字筆。

40.(1)目前大部份圓鋸盤的齒端皆焊上，下列何種材質作為鋸齒，以提高工作效率？①鎢碳鋼②高碳鋼③氧化鐵④高速鋼。

41.(2)木螺釘號數愈大，表示①螺距愈大②螺桿直徑愈大③螺桿直徑愈小④螺距愈小。

42.(2)使用平鉋機鉋削木材時，如開始鉋削的一端有凹痕，可能的原因是①上方出材滾輪稍低②下方進材滾輪太高③下方進材滾輪太低④上方出材滾輪太高。

43.(4)為顯示櫥櫃內部的構造，常將其切開繪製成①透視圖②平

面圖③立面圖④剖面圖。

44.(1)正投影中，上大下小的圓錐體，在俯視圖上的線條是 ①內虛線外實線②兩條實線③內實線外虛線④兩條虛線。

45.(4)手壓鉋機台面的潤滑，宜選用下列何種號數的機油？ ① 40 ② 30③ 10④ 20 。

46.(2)豐富的專業知識與熟練精巧的技術，雖然是完成工作必備的條件，但是最重要的還是①工作的待遇②工作的態度③工作的經驗④工作的時間 。

47.(1)下列材料何者比重最大？①花梨木②樟木 ③雲杉 ④油桐。

48.(1)手壓鉋一次的切削深度以多少 mm 較符合安全？①2 mm以下② 5 mm以 上 ③ 3 〜4 mm ④ 4 〜5 mm。

49.(4)目前國際間公認綠建材應具有的特性，除「 再 使 用 」、「減量 」及「再循環」外還包含 ①價格便宜②用途廣③無規定④低污染。

50.(3)下列何種工具最適合做直角的量測用？①45 度角規 ②游標卡尺③直角規④自由角規。

51.(3)下列有關使用墨斗劃線的敘述何者是正確的？①墨線應淡而斷續②墨斗彈線時用力拉彈③墨線應連續且清晰④墨斗內的墨汁應愈濕愈佳 。

52.(3)欲彎曲木心板作為結構體時，下列何種加工方法最正確？①將板材浸泡水裡軟化 再予彎曲②用熱水軟化後再予彎曲③背面鋸切數條鋸溝後再予彎曲 ④使用噴燈烘烤後再予彎曲。

53.(4)下列何種工具可作為實木封邊用？①手提電鑽②手鉋刀

③手提電鉋④蚊釘槍 。

54.(4)工地若有瓦斯洩漏時，下列處理要領何者不正確？①通知瓦斯公司②關閉瓦斯③熄滅火源④開動排風機。

55.(2)立體圖中兩條透視投影的視線會形成①立體②錐形③波浪形④平行 。

56.(3)下列材料何者是屬於闊葉樹？①檜木②鐵 杉③柚木④松木 。

57.(3)在現場貼合木薄片的常見缺點，下述何項敘 述不正確？①貼面易起泡②常見小木節疤③木理常有裂紋④併接線不易密接 。

58.(2)木心板彎曲成型封夾板時，除釘接外，接合面①不加膠合劑②應加膠合劑③應擦水潤飾④應加機油。

59.(3)銅製的五金配件保養時，可用下列何者擦拭較佳？①透明漆②亮光腊③銅油④機油。

60.(3)丈量現場梁柱尺寸的目的，下列敘述何者錯誤？①為分間牆配置的參考依據②控制其影響空間設計的因素③為計算敲除數量的依據④判斷建築物結構配置情形 。

複選題：

61.(23)一坪等於？①36 平方公尺② 3.3058 平方公尺③36 平面才④48 平面才 。

62.(13)手提電鑽調整震動鑽削適用於下列哪些材質？①磚牆②木質材料③水泥牆④實木。

63.(13)下列哪些是 T 型封邊條主要使用的部位？①桌面板②櫥櫃門板③圓弧線桌面④櫥櫃隔板。

64.(124)下列哪些是一般管線配色的正確敘述？①瓦斯管是黃色②水管是藍色③危險標識是紫色④消防標識是紅色。

65.(23)西德鉸鏈之直徑35mm 孔 洞，可用下列哪些電動工具完成？①手提線鋸機②手提電鑽③手提花鉋機④手提電鉋 。

66.(1234)私人住宅裝潢雖無消防檢查，但仍應教育業主，避免 下列何項錯誤？①減少逃生通道增加房間面積②鐵窗不留逃生口以免小偷入侵③安全梯不使用防火材料④修改陽台擴增室內空間。

67.(12)牆壁隔音效果良好的材料爲①混凝土②玻璃③合板④岩棉 。

68.(12)下列哪些是有關室內裝修木工作業場所的錯誤敘述？①整體完工前作業現場無須打掃②爲了方便可以在作業現場飲食③每天下工前必須整理作業現場④盡量使用防塵膠布及集塵裝置。

69.(24)使用釘類封邊，其釘頭採用下列哪些處理方式可以減少表面瑕疵？ ①白膠②紅丹③水性補土④油漆。

70.(234)依臺灣現有規定，下列哪些木質纖維材料必須檢驗甲醛釋出量？①天然實木②防水等級之合板③室內用合板④室外用合板。

71.(123)下列哪些是木器塗裝用的漆刷？①髮刷②尼龍刷 ③羊毛刷④銅絲刷 。

72.(24)壁板骨架結構施工時，下列哪些是固定平直的方法？①眼睛目測直，固定位置以長釘釘牢②將水線左右兩點固定拉緊，內方墊等厚木塊將水線外移③將水線左右兩點固定拉緊即可④主結構角材與水線左右兩點直線平行，固定位置以長釘釘牢。

73.(134)下列敘述哪些正確？①製圖鉛筆中 F 較 HB 為硬② 剖面線屬中線③割面線可轉折④大尺寸標註於小尺寸之外。

74.(124)下列哪些是手提線鋸機可鋸切的加工型式？①封閉型內圓②封 閉型（容許鋸條寬度轉彎鏤空）直角③線鋸條的長度等於板厚鋸切行程④弧曲線。

75.(24)下列哪些是組裝衣櫃箱體較準確的校正方法？①使用平行尺規②利用衣櫃背板之角度使用短角尺④量對角線來測知角度是否方正 。

76.(124)下列哪些是手提砂磨機可研磨的範圍？①平面②外曲面③複曲面④球型。

77.(1234)有關手提線鋸機操作，下列敘述哪些正確？①材料應墊高超過鋸條最大衝程以上高度②鋸薄板時，新型具震動功能的機種無須鑽小孔，再插入鋸條進行內鋸割③作內部鋸割時，可先在擬鋸除部份鑽一小孔，

再插入鋸條進行鋸割④材料正面應朝下 。

78.(123)手提式圓鋸機之鋸片調斜 45°作鋸切，下列敘述哪些正確？① 須確認鋸片的凸出量是否足夠，再行鋸切② 鋸切中如要停止，必須退回一些再關機③機器台面不可離開板面會造成切割面不準④ 鋸切途中如放棄鋸切可直接 垂直提起 。

79.(12)有關常用量具的精密度比較，下列敘述哪些正確？ ①游標卡尺優於鋼尺②鋼尺優於捲尺③鋼尺優於游標卡尺 ④ 捲尺優於鋼尺。

80.(123)下列哪些是手提電鑽的正確敘述？①先將工作之中心點衝孔②開始鑽時壓力不可太大③鑽沉孔時加裝定深規④可任意選用各種直徑之鑽頭 。

單選題：

1.(4)依據「職業安全衛生設施規則」第 161 條規定，勞工作業
地點高差超過幾公尺以上之場所作業時，應設置能使 勞工
安全上下之設備？ ① 2 ② 3 ③ 4④ 1.5 。

2.(1)繪製櫥櫃剖面詳圖時，可用下列何者來簡化表示鉸鏈軸的
位置？①中心線②粗實線③割面線④細實線

3.(2) 下列敘述何者正確？①一英尺等於十英寸②一公尺等於
一千公厘 ③一英尺等於一台尺④一公尺等於三台尺。

4.(2) 下列何種鉸鏈不適用於房間門？① ②

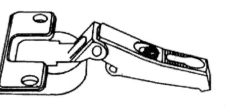

③

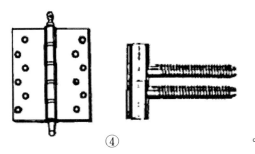

④ 。

5.(3)三角形的外角和等於① 180° ② 270°③ 360° ④ 54
0°。

6.(1)地板骨架施工時，其下方橫桿等分之後， 其支撐距離間隔
不超過多少公分爲原則？①65② 150③ 120 ④ 90 。

7.(1)木心板彎曲成型封夾板時，應選用下列何種釘型的氣動釘
槍來封板？① 冂型釘 ②T型鐵釘③ 紋釘④一字型釘。

8.(3)下列有關工模定位裝置的敘述，何者不正確？①必須考慮
木屑的排除，以免影響定位上的誤差②必須具備容易裝卸
的條件③必須使用金屬作定位裝置④必須注意定位點（ 面
）基準面之準確性與可靠性 。

9.(2) 繪製室內裝潢立面圖，採用下列哪種比例尺較適當？① 1
/50 ② 1/20 ③ 1/5 ④ 1/60 。

10.(3)最早期的製圖上墨工具爲①針筆②鋼珠筆③鴨嘴筆④簽
字筆 。

11.(4)依據 CNS 、DIN 標準繪製櫥櫃等家具之剖視圖可用顏
色來區分，一般以藍色系來表示①前剖視圖②仰剖視圖③
俯剖視圖④側剖視圖 。

12.(2)下列何種膠合劑，最適合木薄片貼合？① AB 膠②白膠
③瞬間膠④強力膠。

13.(4)封邊機適用下列何種膠合劑？①白膠（聚醋酸乙烯）②尿
素膠③強力膠④熱熔膠。

14.(3)下列哪一項，不是決定塗料乾燥時效的因素？①氣流快慢
②塗磨厚薄③顏色深淺④氣溫高低。

15.(3) 利用圓之半徑可以畫出內接幾邊形？① 正五邊形 ②
正四邊形③正六邊形④正八邊形。

16.(3)裝潢木工從業人員，應具備下列何種工作態度？①依自己的想法施工②主動省略加工步驟③珍惜施工資源④不按圖施工 。

17.(2) 油性水泥漆可用何種溶劑稀釋？①乙二醇②甲苯③酒精④香蕉水。

18.(4)木作隔間施工流程，下列順序何者有不正確？①固定四周邊料②放樣③固定直向角料④ 定垂直線並作橫向角料記號 。

19.(3)尺度標註 90+0.5 ，其公差為① 89.5② 1③0.5 ④90.5 。

20.(3)下列何者不是矽酸鈣板的特點？①具抗火耐燃②隔音、隔熱性佳③容易腐蝕壽命短④表面可塗漆及貼壁紙。

21.(3)平面噴塗時，噴槍與塗件若不保持直角，噴幅兩端的距離不同會造成①塗面的漆膜均勻②導致垂流③被塗面的 漆膜不均④塗膜變厚。

22.(1)以精密度而言，下列何種線條精度最高？①尖刀線②鉛筆線③墨斗線④原子筆線 。

23.(1)下列何項是溶劑揮發氣體中毒的慢性症狀？①貧血、皮膚炎② 嘔吐、頭痛③ 疲勞、嗜睡④視覺錯亂、失明。

24.(1)就家具而言，何種透視圖最逼真、最易被了解？①兩點透視 ②等角透 視③一點透視④不等角透視。

25.(2) 空氣壓縮機壓力錶上的單位，是如何表示？① g/mm ②kg/cm ③kg/mm ④ g/cm 。

26.(1)金屬製兩節式滑軌，長 度 450mm 的要比 300mm的抽出重疊損耗尺寸① 沒有差別②多出15mm ③ 多出 10

mm ④多出 8 mm 。

27.(2)下列何者不是市面常見的夾板規格?① 4 呎 ×8 呎 ②
3 呎 ×8 呎 ③ 3 呎× 7 呎④ 3 呎 ×6 呎 。

28.(3)指線 、尺寸線均是 ① 相同的虛線②不同的粗細線 ③
相同的細線④相同的粗線 。

29.(3)使用游標卡尺量測深度時,以下何種方法是正確的?①以
最深處為準②任於一處量取③更換多點位置觀測④於中
心點量取 。

30.(1)材料在火災初期至成長期時,受火焰或高溫時不易引燃延
燒,且產生有限熱及煙氣之性能;稱之為 ① 耐燃性 ②
耐火性 ③ 防焰性 ④ 放火性 。

31.(1)下列何者不具有專業施工技術人員資格?①領有建築物
室內設計乙級技術士證,並經參加內政部主辦之建築物
室內裝修工程管理訓練達 21 小時以上者 ②領有結構工程
技師證書者③領有建築師證書者④領有建築 物室內裝修
工程管理乙級技術士證,並經參加內政部主辦之建築物室
內裝修工程管理訓練達 21 小 時 以 上 者 。

32.(3)L 型直角隔間之畫線,使用下列何種量具最簡便迅速 ?
①鉛錘 ②透明水管③雷射水平儀④捲尺。

33.(4)下列哪一因素,不致使木材停滯於平鉋機內?①上滾軸定
位過高②壓桿定位過低③下滾軸定位過低④進料過緩 。

34.(3)天花板釘接各木材骨架時,應選用下列何種釘型的氣動
釘? ①ㄇ 型釘 ②一字型釘 ③T 型鐵釘④紋釘。

35.(2)一般玻璃的主要成分為①陶土②矽砂③粘土④鐵砂。

36.(3)手電鑽不適合下列何項加工作法?①鑽孔深度超過 3 公

分時②板面上過多孔位 ③長木條之導角④固定壓條之木螺釘。

37.(4)雷射水平儀無法提供下列何種雷射光線？①水平線②下鉛垂光點③垂直線④45度線。

38.(1)下列何者不是製作櫥櫃組裝上膠時，應注意的要點 ？ ①表面處理②直角③密合④平行。

39.(4)下列何項是兩點透視圖中較易失真的作法？ ①左消失點等於右消失點②左消失點大於右消失點③右消失點大 於左消失點④左消失點高於右消失點 。

40.(1)下列敘述何者不是木材變形的原因？①發生褐色②水分蒸發③堆積不當④木理不順。

41.(4)下列何種工具較適合用來劃出約350公分之長線？①捲尺②鋼尺③角尺④墨斗。

42.(4)下列何種木材為針葉樹材？①橡木②柳安③油桐④檜木。

43.(4)在釘類五金接合強度之比較，下列何項敘述為正確？①鐵釘 ＞ 木螺釘 ＞ 粗牙木螺釘 ②木螺釘＜ 鐵 釘＜ 粗牙木螺釘 ③木螺釘 ＞鐵釘 ＞ 粗牙木螺釘 ④鐵釘 ＜木螺釘 ＜粗牙木螺釘。

44.(1) 下列何者不適用於正投影畫法？①透視圖 ② 平面圖③立面圖 ④ 剖面圖 。

45.(4) 花鉋機為高速切削的刀具材質，使用下列何者最為普遍？ ①高碳鋼②中碳鋼③高速鋼④鎢碳鋼。

46.(3)塗膜最難研磨的部位是下列哪一項？①立面 ②斜面 ③稜角④平面。

47.(2)下列對手壓鉋機之敘述，何者是對的？①進料台面與切削

圈同高②出料台面與切削圈同高③出料台面與切削圈 之差即為切削量④順刀轉方向進料。

48.(3)在不考慮其他因素下，下列哪一種平面壓床的機型，其獲得的壓力最均勻？①四個油壓缸②八個油壓缸③十個 油壓缸④六個油壓缸 。

49.(2)使用手提花鉋機銑削時，木材產生焦黑的原因是①銑刀太利②銑刀太鈍 ③木材有油脂④轉速太快。

50.(2)木釘直徑與長度之比，下列哪項較適當？① 1：2 ② 1：4③ 1 ： 3④ 1 ：1 。

51.(4)裝潢工程圖示標明不清楚時，施工人員應如何處置？ ①洽詢業主②依自己的想法施工③省略 該 項 加工 ④ 洽詢設計師或監工人員。

52.(2)下列那一種鉸鏈的安裝，不須挖嵌槽或鑽孔洞？①普通鉸鏈②面用鉸鏈 ③西德鉸鏈④隱藏式鉸鏈。

53.(1)下列何種膠合劑不適合用於貼合塑膠封邊條？ ①白膠（聚醋酸乙烯）②熱熔膠③強力膠 ④ＡＢ膠。

54.(2)鋸切抽屜面板寬度的尺寸，哪一部機械最適當？①帶鋸機②圓鋸機 ③角度切斷機④花鉋機 。

55.(1)下列何者不是貼木薄片前，補土工作的要點？①釘頭應擦油防銹②釘頭應以釘衝打入板面些許③釘孔應補土④ 補土後應磨平。

56.(4)下列木材中，何者質地最硬？①杉木②松木③櫻桃木④紫檀。

57.(4)手提砂帶機(戰車)砂磨時，正確操作為① 邊緣斜放 ②平放 ③ 前端先放下④後端先放下 。

58.(3) 理想的裝潢用角材，其含水率以下列何者較佳？ ① 24％②30 ％③18% ④ 10% 。

59.(4)下列何者不是木鏍釘的型式分類名稱？① 平頭② 橢圓頭③ 圓頭 ④十字頭。

60.(2)安裝門窗時，測量其是否垂直，可用下列何種工具最方便 ？①丁字尺②水平尺③ 鋼尺④ 透明水管。

複選題：

61.(124)個人防護具是職業安全衛生防護的最後一道防線，應優先從下列哪些方向著手？①工程改善②管理策略③能省則省④封閉阻隔。

62.(134)現場組裝衣櫃要立起定位時，遇對角點碰觸天花板，應如何改善施工？①天花板高度為櫃體高度加線板高度②櫃體與踢腳板整體施工定位③踢腳板先定位組裝，其櫃體再組裝定位④踢腳板與櫃體分離施工。

63.(1234)下列哪些是游標卡尺的結構？①深度桿②游標尺③內卡尺④外卡尺。

64.(124)有關透視投影之名稱下列敘述哪些正確？①視點是指觀察者眼睛所在的位置②視平面是指通過視點的水平面③視平線是物體放置的水平面④視線是由視點至物體上的投影線。

65.(234)下列哪些是操作圓鋸機的正確方式？①徒手操作鋸切②窄料鋸切時，使用助推板③橫斷時，使用斜接規（Mitergauge)④縱開時，使用導板。

66.(12)施作隔間牆，使用 4 尺 × 8 尺× 1 分夾板，下列有哪些橫向骨架間隔結構較強的常用配置尺寸？①長度分成七間隔②長度分成六間隔③長度分成三間隔④長度分成二間隔。

67.(24)手提線鋸機切木材時①底板可調 45 度並可懸空鋸切②底板可調 45 度並壓緊材面鋸切③底板可懸空鋸切④底板（鋸台）應壓緊材面鋸切。

68.(234)下列哪些是手提砂磨機的種類 ？①跳動式 ② 圓盤式 ③震盪式 ④ 砂帶式 。

69.(1234)雷射墨線水平垂直儀墨線產生，下列敘述哪些正確？①扇形角度光源無法穿透障礙物 (墨線投影牆壁 形成線)② LED 燈泡 635 波長的光源經過聚焦鏡片產生點 ③ 柱面鏡與點的光源角度越大投影之曲線弧型越大④點的光源透過柱面鏡正中央形成扇形角度光 源 。

70.(13) 下列哪些是台灣光蠟樹及美國光蠟樹 (Ash) 的正確敘述？①台灣光蠟樹為散孔材②台灣光蠟樹為環孔材 ③美國光蠟樹為環孔材④ 美國光蠟樹為散孔材 。

71.(234)下列哪些不是手提電動工具使用的注意事項？ ① 插電前先檢查開關是否是 OFF ② 使用延長線接電越長越好 ③現今電動工具外殼都是塑料製成，不導電，在有水的環 境中使用 ④手提電鋸是手提的，所以可不靠依板直接懸空使用。

72.(123)手提圓鋸機操作時，下列哪些是容易發生危險的部位？ ①鋸切部位② 鋸片蓋板部 ③排屑口 ④ 開關部位 。

73.(124)下列哪些為製圖的要求目標？①迅速②清 晰③簡單④正確 。

74.(14) 下列哪些是塑膠的特性？ ①不導電②可以自然分解③不會燃燒 ④耐水性佳。

75.(12) 使用氣動釘槍釘固 1 分夾板在木材骨架上時，應選用下列哪些型式的釘子釘合較牢固？ ①413K ② 4

16J ③ 蚊釘④ F30 。

76.(1234)手提線鋸機檢查、保養與維護的部位為？ ①插頭 ②電線③鋸條 ④往復跳動部位 。

77.(12) 下列哪些是 T 型封邊條主要使用的部位？ ① 桌面板 ②圓弧線桌面③櫥櫃隔板④ 櫥櫃門板。

78.(14) 同一工地而有多家團隊同時施工時，應避免下列哪些不適當的行為？ ① 為同一團隊佔用工程車停車位置 ②各團隊互相交換工作心得 ③ 各團隊互相支援 ④ 各團隊互相掩護偷工減料行為。

79.(124)下列哪些是熱熔膠的膠合過程？ ①加熱 ② 擠壓③ 自然流出 ④ 迅速塗布 。

80.(1234) 下列哪些是使用油性天然護木油應注意的事項？ ① 環境需通風良好 ② 沾有漆料的布，不得與研磨的粉末放在一起③ 擦拭過的棉布應放置水中 ④漆料儲存避免高溫應遠離火源 。

單選題：

1.(2) 架高實木地板施工第一步驟為① 以鋼釘配合水線定出水
平線②定基準點後用透明水管測量水平線③墨斗彈 線④
用直尺劃水平線。

2.(2) 圖中為了註釋使用之材料、施工方法或記入尺寸等，可用
①中心線②指線③剖面線④輔助線 。

3.(1) 3台尺等於幾公分？ ① 90.9 ② 76.2 ③ 99 ④ 90。

4.(1) 釘合木板成箱體時，鐵釘長度之選擇應視木板的厚度而
定，通常約為板厚的幾倍為宜 ① 3② 1.5 ③ 2 ④ 1 。

5.(1) A3標準圖紙的尺寸為① 297×420 ㎜② 210×297
㎜③ 594×841 ㎜ ④ 420×594 ㎜。

6.(4) 作實木封邊時，下列那一項是上膠的錯誤方法？① 貼合
時，實木條應來回移動一下使膠均勻分佈 ②接合面 皆擦
適量之膠③溢出之殘膠用濕布擦拭乾淨④膠愈厚 愈理
想。

7.(1) 用於鑽深孔之鑽頭為①長桿鑽頭②擴孔鑽頭③尖刺鑽頭
④木螺鑽頭 。

8.(4) 下列美耐板規格中，何者不是一般常見的規格？① 4 呎
× 8 呎 ② 3 呎× 6 呎③ 3 呎 ×7 呎 ④ 4 呎 ×12
呎 。

9.(4) 下列何種鉸鏈適用於可拆卸式門片？①

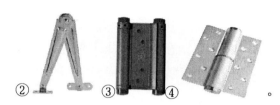

② ③ ④ 。

10.(2)旋轉剖面通常將剖面在視圖上旋轉幾度？① 60 ② 90
③ 45④ 30 度 。

11.(1)木面整理時，下列何者最難清除？①油污②手印③砂痕④
殘膠。

12.(3)欲於角材劃出平行線，下列工具何者最正確？①角尺②鉛
筆③ 劃線規④墨斗 。

13.(3)下列材料中，何者較不適宜貼塑膠皮（PVC）？ ①木心
板②纖維板 ③實木板④夾板。

14.(3)抽屜為了開拉更方便，常於面板裝配那一種五金 ?①活
頁②止木③把手④滑軌 。

15.(4)適合彎曲造型之弧面貼合的可彎曲美耐板，其厚約為 ①
1.2 ㎜ ② 2.0 ㎜ ③ 1.5 ㎜ ④ 0.5 ㎜ 。

16.(1) 氣動工具使用的空壓機，其壓力自動開關應 ①保持適當
壓力②避免使用③盡量提高④盡量降低 。

17.(2)單添榫接合是屬於下列何者接合法？ ①面與面②面與端
③端與端④邊與邊。

18.(4)施工圖上之比例尺為 1/50，表示圖形是 ① 指定尺寸
②放大尺寸 ③實際尺寸④ 縮小尺寸 。

19.(2)火藥擊釘槍，運用下列何種方式進行擊釘？①電源 ②彈
藥 ③ 空壓機 ④ 鐵鎚。

20.(3)以手工鉋削來說，下列何者和減少產生逆木理之撕裂粗糙

391

表面無關？ ①調整壓鐵前端靠近刀刃② 磨利鉋 刀③使用寬刀縫之手鉋刀④減少切削量 。

21.(4)目前民間房間面積的計算單位為 ①板尺 ② 才 ③分 ④坪。 22.(2)捲尺前端附有鋼鈎，用畢捲返時，其前後移動距離是多少？ ① 5 mm ②視鋼鈎厚度而定③ 2 mm ④不一定。

23.(2)關於透明水管的說明，下列何者是錯誤的？①水管不得漏水②水管中可用漂流物辨識水流③水管中不可 有氣泡④水管裡必須清潔。

24.(3)銘木地板的價格通常比實木地板 ①貴②一 樣③便宜④不一定 。

25.(3) 使用氣動釘槍釘固塑膠天花板在木材骨架上時，應選用下列何種型式的釘子？ ① 浪型釘②蚊釘③ П型釘 ④小T型釘 。

26.(1)製圖上除用視圖及尺寸表達加工需求外，亦可用文字加以說明，稱為 ①註解②圖形③符號④字法。

27.(2)以下列何種工具裝配鉸鏈較省力 、快速？① 短軸 、 短柄起子 ②電動起子③自動起子④一般起子 。

28.(4)下列何種夾具適用於垂直 、轉角接合？① C 形夾 ② 滑動夾 ③ 長桿夾 ④ 角度夾 。

29.(2) 耐水砂紙後面所寫的是指 ①氧化鋁②碳化矽③金剛砂④燧石。

30.(3) 對加工完成後的成品有極大影響的是①木材的重量 ②木材的產地③木材的色澤④木材的價錢 。

31.(1)工件之正投影為其實形，則此面必與投影面 ①平行②垂

直③傾斜④相交。

32.(1)契約工期將至，爲趕工程進度，施工人 員應 ①加強計畫兼顧品質② 省略部份加工步驟 ③表面加工要確實，內部可忽略 ④不計方法全力趕工。

33.(1)正六邊形之內角和爲幾度？① 720 ② 640 ③ 480 ④ 360 。

34.(4)欲求一段圓弧之圓心，至少需要使用弧上幾個點？① 4 ② 1 ③ 2 ④ 3 。

35.(2)空氣壓縮機的充氣速度，下列何者影響最大？ ①儲氣筒 ②氣缸 ③電流④電壓 。

36.(2)下列膠合劑中，何者耐水性最佳？ ①聚醋酸乙烯膠 (白膠) ②尿素膠③牛皮膠④強力膠。

37.(4)1 英呎等於幾英吋？① 16② 14③ 10④ 12 。

38.(1)機油的號數愈大，表示①愈濃 ②無關③愈稀④愈貴。

39.(3)雇主違反「職業安全衛生法」 有關規定時，其罰則爲 ① 刑法 ② 就業服務法③ 刑事法與行政法④ 民事法。

40.(1)聖誕樹造形之曲線，可用下列何種電動工具完成？ ①手提線鋸機②手提電鉋 ③手提電鑽 ④手提圓鋸機。

41.(4)室內裝潢製圖時，下列何種比例較適合用來繪製剖面詳圖？① 1/40 或 1/50② 1/20 或 1/30 ③ 1/50 或 1/100 ④ 1/10 或 1/1 。

42.(4)以鉋刀鉋削木材表面， 要使其光滑平整， 需考慮木材之何種木理方向爲最佳？ ① 逆木理 ②斜木理 ③ 橫木理④順木理 。

43.(1)鳩尾栓槽接，其接合之功能在於抵抗 ①拉力與推力 ②

拉力與剪力 ③推力與剪力 ④ 壓力與剪力。

44.(1)肖楠是屬於 ①針葉樹 ②闊葉樹 ③低海拔植物 ④草本類。

45.(4)必須等兩接合件的膠合面乾燥後，才能接觸壓合的膠合劑為① 尿素膠 ②聚醋酸乙稀膠 (白膠)③ＡＢ膠④強力膠。

46.(1)鉛筆級別中，H 表示 ①硬而淡② 軟③黑 ④ 軟而黑 。

47.(4)6公尺寬的隔間牆，等於幾台尺？ ① 25.4 ② 30 ③ 60 ④ 19.8 。

48.(1)手壓鉋機由於輸出台面過低而產生木材尾端凹陷 ， 其凹陷結果會如何？①形成後尖削形②形成後端變大 ③ 形成前尖削形④ 形成前端變小 。

49.(2) 打鑿鑿出來的孔，可使用何種工具修整四周？ ① 圓鑿 ②平鑿 ③鏟鑿 ④通屑鑿 。

50.(2)木材的收縮及膨脹與含水率高低成正比，以下各種收縮比，何者是對的？ ① 縱向 ＞弦 向 ＞徑向 ② 弦 向 ＞ 徑向＞縱向 ③ 縱向 ＞ 徑向＞ 弦向 ④徑向 ＞弦向 ＞ 縱向。

51.(1)使用木釘接合時，最少應使用幾支？① 2 ② 1③ 4 ④ 3 。

52.(1) 木材之腐朽，其最大原因是下列何者之影 響？① 潮濕的空氣 ② 污染的空氣③乾淨的空氣④乾燥的空氣。

53.(2)用於天花板的裝潢角材尺寸通常為 ① 1 寸 ×2 寸② 1 寸× 1 寸 ③ 2 寸 ×2 寸 ④ 1 寸 ×1 寸 半。

54.(1)拼接板料時,其塗佈膠合劑之要領是 ① 塗佈雙面 ， 薄

而均勻 ② 塗佈單面，要多且厚 ③ 塗佈雙面 ， 要 多
且厚 ④塗佈單面，薄而均勻。

55.(4)下列何者不是美耐板常用的厚度？① 0.8 mm② 1.1
mm③ 1.0 mm ④ 0.3 mm。

56.(1)百葉窗除了橫式外，尚有①垂直式②不規則式③捲軸式
④交叉式。

57.(1)下列有關劃線工作之敘述何者是正確的？ ① 鋸切線
可用尖刀劃②角材上的橫線應靠四邊來劃③先劃 細部
精密尺寸④ 使用尖刀劃線。

58.(1)擅自攜走公司的設計圖表與資料等，會觸犯何種罪 ？
①竊盜罪 ②侵占罪③詐欺罪 ④違反著作權罪。

59.(1)使用手提鉋花機倒角時，木材產生焦黑的原因是① 銑刀
太鈍 ②轉速太快③銑刀太利④ 木材有油脂。

60.(3)代表安全與危險的顏色分別是①藍色與黃色②白色與黑
色③綠色與紅色④紫色與灰色 。

61.(4)安裝櫥櫃時，測量其是否垂直，可選用 ①角尺② 自由
角規③丁字尺④水平儀 。

62.(2)量取天花板的高度，採用下列何種量具較適合？ ①1m
鋼尺 ② 捲 尺③ 游標卡尺 ④ 尼龍繩 。

63.(2) 手提電動鉋排屑口阻塞時 ，要以什麼清除 ① 美工刀
②木棒 ③ 鐵棒④ 手指。

64.(4)木地板可分為實木地板和①雕花地板②空心地板③合成
地板④銘木地板。

65.(1)磨刀用油石的粗細是以下列何者來區分？①粒號 ②
長、寬 、厚度③ 顏色④石材種類。

66.(3)水性補土之收縮性比油 性補土爲①小②不一定③大④相同 。

67.(3)和室裝潢最主要使用材料爲①布料②玻璃③木材④塑膠。

68.(2)裝潢施工現場的牆面或地面常有不平整的現象，下列何種工具用來劃直線最爲方 便、正確？① 折尺 ②墨斗 ③捲尺④ 劃線規 。

69.(3)30 號砂輪屬 ① 特細砂輪 ② 粗砂輪 ③中砂輪 ④細砂輪 。

70.(4)手提電鑽之碳刷有幾個？ ① 3 ② 5③ 4 ④ 2 。

71.(4)英吋單位是幾進位法？ ① 8② 16③ 10④ 12 。

72.(1)現場施工產生的廢棄物，其處理方式爲①委託合格環保公司清除 ②找空地燃燒 ③ 載運到河川丟棄 ④可隱藏在地板下 。

73.(1)板面貼覆有美耐板之工作物， 以何種手工具修整邊緣較適合？ ①美耐板專用鉋刀②粗平鉋③細平鉋④長鉋。

74.(3)使用弓型鑽鑽通喇叭鎖孔時，爲防止木材發生破裂現象，下列何種方法最正確 ？①直接鑽穿② 鑽穿再墊木板③鑽至鑽頭螺絲尖露出另一材面時，由另一邊鑽通④鑽一半反面畫線再鑽。

75.(1)木材含水率的表示單位爲①百分比 (%) ② 度 ③ E.M.C. ④ C.C. 。

76.(3)ㄇ 型氣動釘槍用釘之規格，所稱「 422」中之 "22" 是指釘的① 厚 度② 數 量③長 度 ④ 寬度 。

77.(4)下列手鋸中,何者鋸切面最爲精細？ ①折合鋸② 雙 面

鋸③框鋸④夾背鋸。

78.(4)裝潢製圖中所謂的立面圖 ，就是正投影圖的 ①俯視圖
②平面圖 ③仰視圖④正視圖。

79.(3)耐水砂紙用於塗裝的底塗、中塗時，其號數為① 120～
180② 40 ～100③ 240 ～360 ④ 400 以 上。

80.(4)啟動空氣壓縮機之前，最重要的檢查項目為①皮帶的鬆
緊度② 能否進氣③壓力表上的數字④機油是否適量 。

單選題

1.(2) 細點劃線(細鏈線)  可表示

(1)剖面線(2)中心線(3)隱蔽線(4)割面線。

2.(3) 依第一角法，以下何者為正確之右側視圖？

(註：箭頭所示為正面)

3.(2) 工作圖上用以表示看不到的結構之斷續線段，稱為(1)輪廓
線(2)隱藏線(3)中心線(4)剖面線。

4.(1) 實木剖面以 45° 徒手線表示木材之(1)橫斷面(2)縱斷面(3)
弦 面徑面。

5.(1) 下列那種尺寸標記法是正確的？

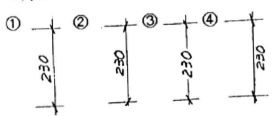

6.(2)下列工作物之尺寸標記法，何項是錯誤的？

① ② ③ ④

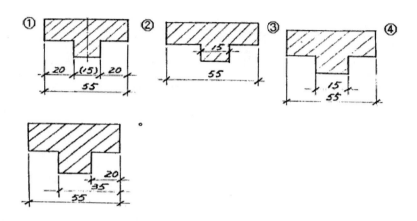

7.(4) 下列尺寸標記法中，那一個是最標準？

① ② ③

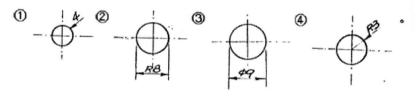

8.(2) 一立方體共有幾個正投影視圖？(1)8(2)6(3)4(4)2。

9.(2) 實木之橫斷剖面，其剖面線角度一般為(1)30°(2)45°(3)60°(4)7
5°。

10.(1) 下列畫法何者正確？

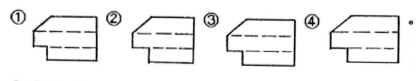

① ② ③ ④ 。

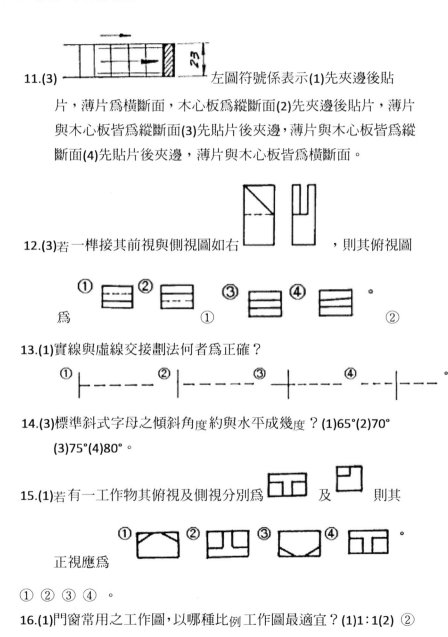

11.(3) 左圖符號係表示(1)先夾邊後貼片，薄片為橫斷面，木心板為縱斷面(2)先夾邊後貼片，薄片與木心板皆為縱斷面(3)先貼片後夾邊，薄片與木心板皆為縱斷面(4)先貼片後夾邊，薄片與木心板皆為橫斷面。

12.(3)若一榫接其前視與側視圖如右 ，則其俯視圖

① ② ③ ④ 。

為 ① ②

13.(1)實線與虛線交接劃法何者為正確？

① ② ③ ④ 。

14.(3)標準斜式字母之傾斜角度約與水平成幾度？(1)65°(2)70° (3)75°(4)80°。

15.(1)若有一工作物其俯視及側視分別為 及 則其

正視應為

① ② ③ ④ 。

16.(1)門窗常用之工作圖，以哪種比例工作圖最適宜？(1)1：1(2) ②

(3)1：5(4)1：2(5)1：10。

17.(3)正投影，依 CNS 標準規定使用何種角法繪製？(1)第二角②
(2)第四角(3)第一及第三角(4)第二及第四角。

18.(3)須裝釘成冊之圖紙，釘線位置依 CNS 標準須留多少mm？ ①
(1)10(2)15 (3)25(4)30。

19.(3)國家標準之 Ao 圖紙尺寸為多少mm？(1)851×1189(2)831×
1189(3)841×1189(4)821×1189。

20.(1)繪圖時表示物體的形狀或輪廓是以(1)粗實線(2)投影線(3)細
實線(4)尺寸線。

21.(1)引出線(指線)是用於(1)記入尺寸或註釋(2)方向引導(3)錯誤
的更正標明(4)隱藏部份所用之線段。

22.(2)製圖比例設為 1：2 即表示按實物(1)放大兩倍(2)縮小一倍③
(3)放大 0.5 倍(4)縮小 4 倍。

23.(2)下列為窗戶縱桿斷面，試問其榫頭何者較為正確？

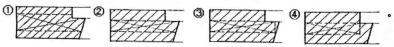

24.(3)下圖為一物體之前視及側視，則其俯視圖應為

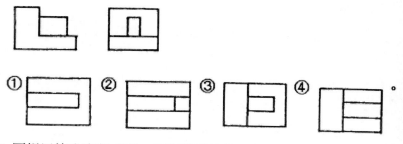

25.(3) 圓規用筆尖應削成下列何種形式較佳？①

②

26.(4) 下列加工尺寸標記何者較理想？

① ② ③ ④

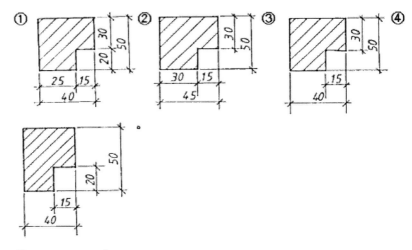

27.(2) ┠────────┨ 此符號一般表示為(1)木螺釘(2)木釘(3)機械螺絲(4)螺栓。

28.(2)製圖時起稿(打草圖)畫線，所用的鉛筆筆心宜用(1) 6 H (2)2 H(3)H B (4)6B。

29.(1)圖紙大小 210 mm×297 mm是表示何種圖紙規格？(1)A 4 (2)A 3(3)B 4 (4)B 3。

30.(1)下列製圖用鉛筆筆心中,何者為最硬？(1)2 H(2)2 B (3)H B ④ (4)F。

31.(2)繪製剖視圖時,為了易以區別,一般以何種顏色之剖面線表

示前視圖？(1)紅色(2)黃色(或淺褐色)(3)綠色(4)藍色。

32.(1)需裝訂成冊 A o 圖紙，圖面尺寸為(1)821×1154(2)584×831 (3)410×584(4)105×148。

33.(2)比例 2：1 是表示(1)縮圖(2)放大圖(3)現寸圖(4)工作圖。

34.(3) (粗點劃線)此種線型用於(1)中心線(2)斷裂線(3)割面線(4)指 示線。

35.(3)製圖上標記圓的半徑時，一般在尺寸數字之前冠以何種半徑 符號？(1)S(2)Q(3)R(4)P。

36.(3) 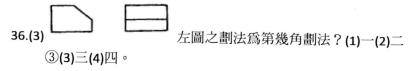 左圖之劃法為第幾角劃法？(1)一(2)二 ③(3)三(4)四。

37.(2)下列半徑的標示法中那一個是正確的？

① ② ③ ④

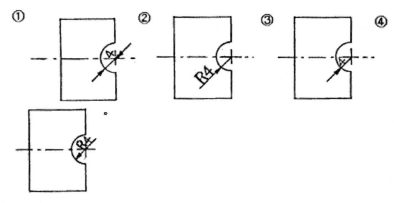

38.(3)製圖時完稿畫線所用的鉛筆筆心宜用(1)6 H (2)2 H (3)H B (4)6B。

39.(3)虛線使用於下列何種製圖情形？(1)線條重複時(2)不規則之 曲線(3)看不見之線段(4)木材剖面線段。

40.(1)比例為 2：1 時，是表示按原尺寸(1)放大為二倍(2)放大為三倍(3)縮小為一 倍(4)縮小為二倍 的圖。

41.(3) 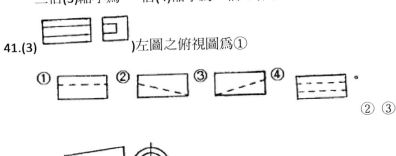)左圖之俯視圖為①

② ③

42.(1) 左圖是(1)第一角畫法(2)第二角畫法③(3)第三角畫法(4)第四角畫法。

43.(1)若為鑽孔加工用所繪之圖，其尺寸標記法下列何者最佳？① ② ③ ④

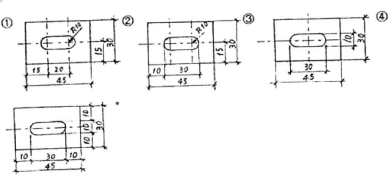

44.(2) 下列之尺寸標記法何者最為正確？

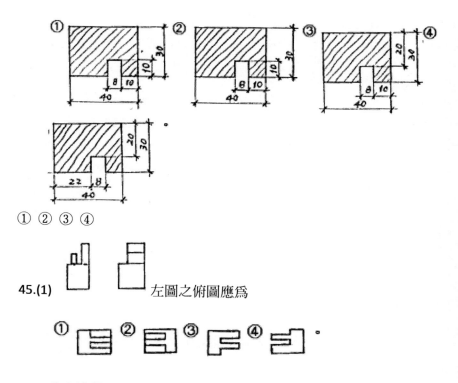

① ② ③ ④

45.(1) 左圖之俯圖應爲

① ② ③ ④ 。

46.(2)分畫線段專用的儀器爲(1)比例尺(2)分規(3)分度器(4)平行
尺。

47.(3)細實線可使用於下列何種線段？(1)輪廓線(2)中心線(3)尺寸
線(4)割面線。

48.(3)爲表示鉋刀柄斷面形狀，宜選用何種畫法？(1)半剖面(2)斷裂
剖面(3)旋轉剖面(4)移出剖面 來表示較適宜。

49.(1)木質板(二次加工板)剖面以垂直於板厚輪廓線之短平行細實
線表示，各平行細實線之間隔約爲板厚的(1)1/2～1/3(2)1/3～
1/4 (3)1/4～1/5(4)1～1/2 之間。

50.(2) 如左圖所示，MDF 之符號是表示(1)合板(2)中密度
纖維板(3)粒片板(4)木心板。

51.(4)於剖視圖上之鐵釘得以(1)細實線(2)粗實線(3)虛線(4)中心線
表示其進入方向，而以細實線"＋"符號表示其釘軸位置。

52.(2)隱藏線通常是以虛線表示，其畫法為其線段每段約 3 mm，線
段間隔約(1)0.5 mm(2)1 mm(3)1.5 mm(4)2.0 mm。

53.(2)尺寸法線應距輪廓線約(1)0.5 mm(2)1 mm(3)1.5 mm(4)2 mm 為
宜。

54.(2)徒手畫圓時，先在兩(1)尺寸線(2)中心線(3)延長線(4)剖面線
上註出半徑之長，然後以短弧線連結各半徑之註點，而完成
該圓。

55.(1)木釘在側視圖上以圓形虛線表示，則該木釘在前視圖上可看
出(1)長度(2)材質(3)外觀(4)紋理。

56.(1)正投影側視圖所繪旋轉螺絲(1)只是代表型式或實際尺寸②
(2)縮小尺寸(3)1 比 2 比例尺寸(4)放大尺寸。

57.(4)電腦輔助繪圖軟體的英文縮寫為(1)ET3(2)PE3 (3)LOTUS-1-2-3
(4)CAD。

58.(3)正視圖上在木料中間常畫縱向不規則直線是代表木料的(1)
塗裝情形(2)著色情形(3)紋理狀態(4)乾燥狀態。

59.(4)劃小圓時，精確又有效率的方法為(1)小圓規(2)大圓規(3)用硬
幣代替(4)圓圈板。

60.(3) 內切正五邊形，邊長與心之間的夾角爲(1)18°(2)36° (3)72°(4)90°。

61.(1)下列線段中，何者不是木工製圖常用線段？

62.(3) 下列製圖符號中，何者可表示玻璃斷面？

①

63.(4)Aо 圖紙是A 圖紙大小的幾倍？(1)2 (2)4 (3)6 (4)8。

64.(3)繪製鑲板結構的木門窗，其鑲板的形狀宜用何種圖表示？(1)前視圖(2)等角圖(3)剖面圖(4)輔助視圖。

65.(2)以圓之半徑作爲邊長的多邊形，爲幾邊形？(1)5(2)6(3)7(4)8。

66.(2)粗實線若使用 0.5 mm的線組時，虛線應爲多少mm粗細的線段？(1)0.5 (2)0.35(3)0.25 (4)0.15。

67.(3) 左圖爲二鄰接木材,其鄰接處之短橫線是表示爲① (1)釘接(2)指接(3)膠接(4)嵌槽接。

68.(2)尺寸標註線應用何種線段表示？(1)粗實線(2)細實線(3)虛線(4)細點劃線（細鏈線）。

69.(4)第三角法之左側視圖，應畫在前視圖的(1)上方(2)下方(3)右邊(4)左邊。

70.(1)畫線條的第二優先順序爲(1)虛線(2)中心線(3)剖面線(4)實線。

71.(4)將說明性的註解引至圖面適宜處,加上註解之細實線稱為
(1)尺寸線(2)尺寸法線(3)尺寸數字(4)指線。

72.(2)木工圖學上,常以那一種圖來表示複雜的內部構造?(1)立體
圖(2)剖視圖(3)透視圖(4)草圖。

73.(3)下列對尺寸標註的說明,那一項是正確的?(1)虛線可當尺寸
線(2)數字應標註尺寸線中間(3)數字應標註尺寸線的上方(4)
尺寸線與虛線同線組。

74.(2)尺寸標註上畫短斜線時,其角度應為(1)30°(2)45°(3)60°
(4)75°。

75.(2)使用丁字尺的製圖桌最基本要求為(1)四邊等長(2)有一邊絕
對通直(3)相鄰邊成直角(4)相鄰邊成直角且每邊須通直。

76.(3)工程圖紙的要求為堅韌、不耀目、耐擦拭、不擴散墨水;下
列何者適於製圖用紙?(1)再生紙(2)瓦楞紙(3)模造紙、道林
紙(4)水彩寫生紙。

77.(2)平行尺與 30 度及 45 度三角板配合後,無法繪出下列何角
度?(1)15° (2)22.5° (3)75° (4)105°。

78.(1)下列割面線表示法,何者正確?

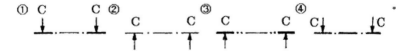

79.(2)線條之起訖與交接,下列何者是錯誤?

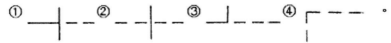

80.(4)中心線在線組中屬於(1)粗實線(2)中虛線(3)細實線(4)細鏈
線。

81.(3)為了在製圖上表示門窗複雜榫接結構，常以(1)草圖(2)立體圖(3)剖面圖(4)透視圖 來表示。

82.(3)表示兩塊相鄰木材的橫切剖面時，其剖面線(1)方向一致，間隔不同(2)方向一致，間隔一致(3)方向不同，間隔一致(4)方向不同，間隔不同。

83.(1)在製圖上不能用圖示及尺寸表達之資料，可以使用文字加以說明，稱為(1)註解(2)符號(3)圖形(4)字法。

84.(2) 繪製 1 ： 2 圖時，圖上尺寸標示為 1 2 0 mm，則此線條繪製 長度應為多少 mm ？(1)3 0(2)6 0(3)9 0 (4)120。

85.(3)木材加工經鉋削機時，刀頭 4 片刀，每分鐘旋轉 3600 次，進料速度每分鐘 50 呎，木面顯露刀痕數每吋(1)6(2)12(3)24(4)35。

86.(2)家具用可定位的絞鏈是(1)蝴蝶絞鏈(2)西德絞鏈(3)阿奴巴絞鏈(4)針車絞鏈。

87.(2)手工砂磨平面時以(1)轉圈圈(2)順木理(3)斜木理(4)橫木理研磨最佳。

88.(4)有關木材強度之敘述，下列何者錯誤?(1)含水率一定時，木材強度與木材比重成正比(2)含水率在纖維飽和點以下時，木材強度與含水率成反比(3)木材纖維與受力方向平行，則抗壓強度較垂直方向時為大(4)木材含水率在 20%以上時，其強度為定值。

單選題

1.(4)計算木材所謂之 1 才積是指(1)10 寸 x1 寸 x1 寸(2)1 寸 x1 寸 4 尺 (3)1 寸 x1 寸 x8 尺(4)1 寸 x1 寸 x10 尺。

2.(3)木釘之佈膠方式，以下何種方式最佳?(1)在釘孔佈膠(2)在木釘佈膠(3)同時在木釘與釘孔佈膠(4)在孔底佈膠。

3.(2)下面哪種門片，較不適合安裝西德活頁?(1)實木門框(2)木心板門 (3)空心板門(4)塑合板門。

4.(2)用木纖維或其他植物纖維製成的是(1)粒片版(2)纖維板(3)夾板(4)木心板。

5.(2)下述何項不是木螺釘的型式分類名稱?(1)圓頭(2)十字頭(3)平頭 (4)橢圓頭。

6.(3)安裝 200 公分高的櫥櫃門片時，要安裝幾個西德絞鏈最為正確?(1)2 個(2)3 個(3)4 個(4)5 個。

7.(1)以下哪一項不是影響木材強度與硬度的主要因子?(1)光線(2)纖維走向(3)比重(4)含水率。

8.(4)桌面板為了實用，在封實木邊時，下列何種方式最佳?(1)封實木邊條並使其凸出 3mm(2)封實木邊條並使其凹下 3mm(3)先貼薄片在封實木邊條(4)先封實木邊條再貼薄片。

9.(4)手壓鉋機的鉋削量預加大時，應如何調整？(1)出料台面調高(2)出料台面調低(3)進料台面調高(4)進料台面調低。

10.(1)下列對平鉋機之敘述，何者是不正確的?(1)毛料四周均可用平鉋機鉋成直角(2)進料滾軸可調整速度(3)下進料滾軸應略高於台面(4)後壓桿與切削圈同高。

11(3)下列何種接合方式，是不適用於粒片板(1)鍵片接(2)木釘接(3)鐵釘接(4)木螺釘接。

12.(4)下述何種材料的表面耐刮性最好?(1)美耐皿貼面板(2)PVC 熱塑成形板(3)PU 噴漆面板(4)美耐板。

13.(1)柳安木為由南洋進口，其品質以(1)紅色(2)白色(3)黃色(4)黑色為佳。

14.(2)木板鋸截後併合誤差值在(1)1mm(2)2mm(3)3mm(4)4mm。

15.(4)1 公尺等於幾台尺(1)0.3025(2)3.0(3)3.3025(4)3.3。

16.(4)天花板面線以下列何者表示?(1)HL(2)VL(3)PL(4)CL。

17.(2)木材經過人工乾燥使含水量達到(1)10~15%(2)25~30%(3)40~50%(4)60~70%時稱平衡含水量。

18.(3)依照建築技術規則規定，木絲水泥板，耐燃石膏及其他經中央主管建築機關認定符合耐燃二級之材料，稱為(1)不燃材料(2)耐水材料(3)耐火板(4)耐燃材料。

19.(3)1 立方公尺之木材約等於(1)100 台才(2)1000 台才(3)360 台才(4)33 台才。

20.(3)門楹一組，使用檜木尺寸如下：2 支-4 台寸 x1.5 台寸 x8 台尺與 1 支-4 台寸 x1.5 台寸 x3.2 台尺，則其總材積為幾才(1)4.8 才(2)6.72 才(3)11.52 才(4)13.44 才。

21.(3)木作工程美化收邊之主要材料，下列何者最適宜?(1)木心板(2)粒片板(3)線板(4)夾板。

22.(4)使用氣動釘槍釘固塑膠天花板在木作骨架上，應選用何種型式的釘子?(1)T 型釘(2)浪型釘(3)蚊釘(4)ㄇ型釘。

23.(3)一木材長 8 呎，寬 1 呎，厚為兩吋，其材積為(1)14(2)15(3)16(4)17。

24.(2)下列何者不是闊葉樹材(1)烏心石(2)肖楠(3)柚木(4)櫻木。

25.(4)門扇內以木角材，外以塑膠材質當門面，經高壓一體成型製成

為(1)空心夾板門(2)玻璃纖維門(3)實木雕刻門(4)塑合門。

26.(4)關於一般懸吊式木作天花板的施作，下述哪一項錯誤?(1)背襯結構角材間距要考慮板材尺寸(2)膠合劑及鐵釘為基本使用材料(3)施工前須先了解天花板上安裝的設備位置(4)若天花板高度為 4m 時，一般接使用馬椅施工。

27.(3)使用電熨斗貼合 0.3mm 的木薄片時，最好選用(1)強力膠(2)尿素膠(3)白膠(4)AB 膠。

28.(2)下列木材中何者為針葉樹材?(1)橡木(2)檜木(3)柚木(4)樟木。

29.(4)為增加木材之耐火性，可利用不燃材料覆蓋於木材表面，下列何者不適合做為木材表面覆蓋之材料：(1)金屬(2)耐火油漆(3)水泥砂漿(4)NC 透明漆。

30.(2)一般鋸路的大小約為鋸條厚度的(1)1 倍(2)1.3 倍(3)2 倍(4)2.5倍。

31.(2)備料後劃線的順序何者較好?(1)長度>方向、記號＞榫孔、榫頭(2)方向記號>長度＞榫孔、榫頭(3)榫孔、榫頭＞方向記號＞長度(4)長度＞榫孔、榫頭＞方向、記號。

32.(4)組合式家具通常採用下列何種作為接合零件(1)鐵釘(2)U 型釘(3)木釘(4)組合螺絲(釘)。

33.(2)家具分件成左右對稱(傳統長板凳)，下列哪個組合程序最為正常使用?(1)一次組合而成(2)先組合前後分件成側分組件，再整體組合(3)先組合左、右側之分件，再組合前後兩分組件(4)由於使用組合之工具不同，可一次組合而成，也可分次組合而成。

34.(3)有關木材膨脹收縮的敘述，何者不正確？(1)含水量未達纖維飽和點者，不會收縮(2)橫向收縮大於縱向收縮(3)弦向收縮小於徑向收縮(4)比重大的木材收縮率大。

35.(2)下列有關板材膠合之敘述，何者不正確？(1)各膠接合木材之木理應朝同一方向(2)各膠接合木材之年輪應朝向一方向(3)各膠接合木材含水率應相同(4)不同材質者亦可膠接合。

36.(2)當手壓鉋機輸出台面定位偏低時，將發生何種現象?(1)材面逆傷(2)材面後端有刀痕(3)材面前端有刀痕(4)鉋削困難。

37.(2)一部四面鉋機 rpm 為 3600，進料速度為每分鐘 15 公尺，今有每支 90cm 之角材 5000 支要鉋光，則標準工時應為(1)3 小時(2)5 小時(3)15 小時(4)45 小時。

38.(2)刀軸轉速不變，當按裝的刀具直徑加大時其切削速度(1)不變(2)增加(3)降低(4)與刀具直徑無關。

39.(3)有一批木料長 2540mm、寬 127mm，厚 51mm，數量 144 支，請問共幾板呎?(1)10(2)100(3)1000(4)10000。

40.(3)飾板、框條等之材料是以(1)體積(2)面積(3)長度(4)重量為估算單位。

41.(3)有關平鉋機的後壓桿，除壓住木料外，還有哪種功能?(1)折斷鉋花(2)增加推送力(3)防止木料末端翹起(4)防止木料後彈。

42.(2)下列有關木材性質之敘述，何者錯誤?(1)木材自然乾燥置空氣中濕度平衡者，是為氣乾比重(2)木材之比重以絕對乾燥比重最為重要(3)秋材叫春材比重大(4)纖維方向會影響木材強度。

43.(3)下列對平鉋機的敘述哪一項是錯誤的?(1)平鉋機可鉋出等厚的木料(2)平鉋機的下進料軸與鉋檯同高(3)平鉋機的鉋刀軸在鉋檯上方(4)厚度差異過大的木料不可同時鉋削。

44.(2)臺灣傳統家具除了木材外經常搭配下列何種材料?(1)皮革(2)竹篾與藤材(3)磁磚與木材(4)石材與鋼管。

45.(2)市場要求產品多樣化，配合營業之要求對木工機械之使用，下

列何種觀念最正確?(1)雇用單一機器熟練工(2)培養能快速換磨刀之多能工(3)購買專用機器(4)購買快速精密機器。

46.(1)家具框架結構,下列何種較不易變形?(1)三角形(2)正方形(3)長方形(4)多邊形。

47.(3)使用帶鋸機鋸切曲線時,哪項因素會影響鋸切半徑?(1)鋸齒粗細(2)鋸切速度(3)鋸條寬度(4)鋸條張力。

48.(2)台灣鐵杉 7 台尺 x6 台寸 x1 台寸=500 支,製成床道 68"X6"x1"=450 支,則材料利用率爲(1)45.5%(2)51.5%(3)55.5%(4)50%。

49.(3)3.5 台才約等於(1)2.9 板呎(2)2.97 板呎(3)4.13 板呎(4)4.32 板呎。

50.(4)各種木材的先爲飽和點約爲(1)90%(2)70%(3)50%(4)30%。

51.(1)下列何種結合強度最弱(1)斜接合(2)指接合(3)鳩尾接合(4)嵌槽兼溝槽接合。

52.(2)機械刀具之刀刃與木材材質之關係爲 (1)質軟角大(2)質硬角大(3)質硬角小(4)與木材材質無關。

53.(4)木材乾燥後,因弦向、徑向及縱向收縮不相等而發生之缺點,稱爲(1)弧邊(2)彎曲(3)龜裂(4)翹曲。

54.(2)鳩尾榫之斜度,如材料較軟時,應以(1)1/4(2)1/5(3)1/6(4)1/8。

55.(2)木材壓花機之壓花程序爲(1)使用花模,木材經蒸煮而後加壓成型(2)使用花模、加熱、刷油、加壓成型(3)使用花模、加壓成型(4)使用花模刷塗油、加壓成型。

56.(1)平鉋機鉋削材面,鉋削痕的間距是(1)與進材速度成正比(2)與進材速度成反比(3)與旋轉速度成正比(4)與進材速度無關。

57.(2)四軸作榫機由操作者方向開始的第一軸是(1)橫軸刀(2)橫軸圓鋸片(3)立軸刀(4)立軸距片。

▲四軸作榫機

58.(2) 平鉋機每分鐘轉速 3600 轉，刀軸上有三片刀，每分鐘進料 12 公尺則美公分刀痕數為(1)3(2)9(3)10(4)30。

59.(2)下列有關框架與嵌板構造的敘述，哪一項不正確?(1)形體穩定，高度、寬度，受潮溼影響較小(2)施工較包裹容易簡單(3)較大面積實木，不易翹曲(4)可鑲嵌其他材料。

60.(1)所謂切銷速度為(1)刀具圓周 xrpm(2)刀具半徑 xrpm(3)刀具直徑 xrpm(4)刀具半徑 xf.p.m。

61.(4)立軸式切削刀以(1)單刀式(2)二刃刀(3)三刃刀(4)多刃實心刀鉋削效率為佳。

筆記：

_____

_____

_____

_____

_____

_____

國家圖書館出版品預行編目資料

室內裝修木工材料及工法初步解析：木工相關技術士學科考試教材／柯一青、林木發著. ─初版.─臺中市：白象文化，2017.09

面： 公分.──

ISBN 978-986-358-531-2 （平裝）

1.木工

474　　　　　　　　　　　106011902

室內裝修木工材料及工法初步解析：木工相關技術士學科考試教材

作　　者　柯一青、林木發

專案主編　吳適意

出版經紀　徐錦淳、林榮威、吳適意、林孟侃、陳逸儒

設計創意　張禮南、何佳誼

經銷推廣　李莉吟、莊博亞、劉育姍、李如玉

營運管理　張輝潭、林金郎、黃姿虹、黃麗穎、曾千熏

發 行 人　張輝潭

出版發行　白象文化事業有限公司

　　　　　402台中市南區美村路二段392號

　　　　　出版、購書專線：（04）2265-2939

　　　　　傳真：（04）2265-1171

印　刷　宏偉印刷有限公司

初版一刷　2017年9月

初版二刷　2017年10月

定價　　　420元